决策中的环境考量
——制度与实践

耿海清　著

中国环境出版社·北京

图书在版编目（CIP）数据

决策中的环境考量：制度与实践/耿海清著. —北京：中国环境出版社，2017.6

ISBN 978-7-5111-3176-8

Ⅰ. ①决… Ⅱ. ①耿… Ⅲ. ①环境保护—研究—中国 Ⅳ. ①X-12

中国版本图书馆 CIP 数据核字（2017）第 100714 号

出 版 人 王新程
责任编辑 李兰兰
责任校对 尹 芳
封面设计 宋 瑞

更多信息，请关注
中国环境出版社
第一分社

出版发行 中国环境出版社
（100062 北京市东城区广渠门内大街 16 号）
网 址：http：//www.cesp.com.cn
电子邮箱：bjgl@cesp.com.cn
联系电话：010-67112765（编辑管理部）
010-67112735（第一分社）
发行热线：010-67125803，010-67113405（传真）

印 刷 北京中科印刷有限公司
经 销 各地新华书店
版 次 2017 年 6 月第 1 版
印 次 2017 年 6 月第 1 次印刷
开 本 787×960 1/16
印 张 17.75
字 数 310 千字
定 价 46.00 元

前 言

自18世纪下半叶工业革命率先在英国发生以来，西方国家经过近200年的工业化发展，积累的环境问题在1930—1970年集中爆发。其中，最严重的八大环境公害事件直接导致了大量的人员死亡、残疾和患病，对公众健康造成了巨大伤害。频繁爆发的环境公害事件，向工业化国家敲响了警钟，也直接推动了世界性环境保护运动的发展，社会各界开始深刻反思经济发展和环境保护之间的关系。其间，一些环保题材的文学作品在社会上引起广泛共鸣，对于提升社会环境意识发挥了巨大作用，比较有代表性的有1962年美国学者蕾切尔·卡逊（Rachel Carson）出版的《寂静的春天》，1968年美国斯坦福大学教授保罗·埃尔利希（Paul Ehrlich）出版的《人口爆炸》等。1972年，一个主要由科学家组成的非政府组织——罗马俱乐部发表了一份振聋发聩的研究报告——《增长的极限》，第一次通过翔实的数据向全世界敲响了警钟，宣告了能源与环境问题对人类社会发展的制约。同年，第一次联合国人类环境会议召开，通过了《联合国人类环境会议宣言》，呼吁各国政府和人民为维护和改善人类环境，造福全体人民，造福后代而共同努力。

在有史以来人类环保意识空前觉醒的时代背景下，世界环境保护运动风起云涌，推动以美国为首的西方国家从20世纪70年代初进入了环境立法高峰期。同时，倡导生态永继、草根民主、社会正义和世界和平的绿党在西方国家相继成立，成为国际舞台上保护环境的一支重要政治力量。1987年，以布伦特兰夫人为首的世界环境与发展委员会发表了《我们共同的未来》报告，正式提出了"可持续发展"概念。将可持续发展定义为"既能满足当代人的需要，又不损害后代人满足其需要的能力的发展"。"可持续发展"一词全面概括了人类社会对经济发展与环境保护之间关系的认识，在环境保护历史上具有划时代的意义。可持续发展的概念一经提出很快就被世界各国广泛接受，并成为很多国家的重大战略。在发展理念达成共识的基础上，1992年联合国在巴西里约热内卢召开了环境与发展大会，通过了《21世纪议程》，敦促世界各国将可持续发展理念进一步落实到行动上来，共同携手推进经济社会可持续发展。然而，要从根本上实现可持续发展，必须从决策源头上减少生态破坏和环境污染。为此，随着社会治理能力的提高，世界各国逐渐把环境保护作为决策制定过程中的重要考量因素，并通过制度建设将其纳入管理体系。

我国虽然属于发展中国家，但在环保工作上却基本做到了与世界潮流保持同步。从20世纪70年代初开始，我国的环境保护事业一直深受国际环境保护运动的影响。1972年第一次联合国人类环境会议召开后，周恩来总理认为我国的环境保护形势同样严峻。随后，国务院委托国家计划委员会于1973年8月召开了第一次全国环境保护会议，通过了新中国成立后的第一个环境保护文件——《关于保护和改善环境的若干规定》，提出了“全面规划、合理布局、综合利用、化害为利、依靠群众、大家动手、保护环境、造福人民”的32字环保工作方针。从32字方针来看，我国从一开始就认识到了从决策源头防治环境问题的重要性。只不过后来因为发展是第一要务，并没有建立起有效的源头预防制度。改革开放后，随着经济发展速度的加快，资源环境问题更加突出。在1983年12月第二次全国环境保护会议上，我国提出要把保护环境作为一项基本国策。1984年5月，国务院在《关于环境保护工作的决定》中，要求国家计划委员会、国家经济贸易委员会、国家科学技术委员会负责做好国民经济、社会发展计划和生产建设、科学技术发展中的环境保护综合平衡工作，环境保护开始纳入国民经济和社会发展计划。1992年，时任国务院总理李鹏在巴西里约热内卢联合国环境与发展大会上代表中国政府做出了履行《21世纪议程》的庄严承诺。随后，我国在1994年3月发布了《中国21世纪议程》白皮书，从多个领域提出了实施可持续发展的目标和行动方案。1996年3月，我国正式将可持续发展战略写入《中华人民共和国国民经济和社会发展“九五”计划和2010年远景目标纲要》，提出经济建设、城乡建设与环境建设要同步规划、同步实施、同步发展，标志着资源环境考量开始全面纳入决策制定过程。2002年中国共产党十六大以来，党中央提出了落实科学发展观、构建社会主义和谐社会、建设资源节约型和环境友好型社会、推进环境保护历史性转变、探索环境保护新道路等一系列新理念、新思想、新要求，在决策链前端考虑资源环境问题的制度和体制逐步建立和完善。2012年党的十八大将生态文明建设纳入中国特色社会主义事业“五位一体”总布局，要求把生态文明建设融入经济建设、政治建设、文化建设、社会建设的各方面和全过程，努力建设美丽中国，实现中华民族永续发展，标志着我国开始从建设生态文明的战略高度来认识社会经济发展和环境保护问题。迄今为止，我国环境保护事业经过40多年的发展，已经建立起了相对完善的制度体系，环境保护的理念和要求已经融入生产生活的各个方面。

从西方发达国家的环境保护历史来看，由末端治理转向源头防治是一个显著趋势。时至今日，从决策制定阶段就开始重视环境问题，并通过相应的外部约束和制度安排来尽可能地加强环境考量，防治重大环境问题，已经成为国际上的通行做法。当然，这也是西方国家在20世纪30—70年代付出了惨痛的资源环境代价，又经历了长期实践和探索之后的智慧结晶。我国作为一个文化传统和社会制度明显不同于西方的发展中国家，虽然在历史上曾经排斥过西方的环境保护思想、理念和做法，但随着改革开放的逐步深入，越来越重视学习和借鉴国际上的先进经验。特别是进入21世纪以来，我国在各个领域都加快了与国际接轨的步伐。在环境保护领域，除进一步加强法制建设外，社会、经济手段也明显增加，目前已经形成了多层次、多维度、综合性的环境保护制度体系。其中，很多做法都对决策制定具有直接影响，从而使资源环境问题从决策制定阶段就能得到高度重视。

作为一个尚未完成工业化和城镇化的发展中国家，我国迄今为止因重大决策失误付出的资源环境代价并不比西方发达国家小。例如，20世纪50年代的“以钢为纲”，导致大量原始森林被砍伐用做燃料；60年代的“以粮为纲”，使得毁林开荒、围湖造地等行为大行其道；80年代的农村城镇化道路，致使东南沿海地区“家家点火、村村冒烟”，对广大农村地区造成了严重的土壤污染和水污染；90年代一度将一些严重污染环境的行业和产品列入了重点支持之列，导致“十五小”企业在90年代中期一哄而起，造成了严重的环境危害；21世纪初加入世界贸易组织后，为了出口创汇，曾对一些“两高一资”产业实施关税补贴，进一步加剧了国内的资源消耗和环境污染。当然，之所以会出现上述问题，与我国当时所处的发展阶段也有很大关系，但决策本身的影响更为直接。

理念的转变和制度的完善是一个自然历史进程，更是一个系统工程，不能奢望在旦夕之间完成。从目前来看，我国在经历了40多年的高速发展之后，原有的粗放式增长已经难以为继，资源环境约束日益加剧，转变经济发展方式和改善环境质量已经成为当前的中心任务。党的十八大报告提出，要把生态文明建设放在突出地位，融入经济建设、政治建设、文化建设、社会建设各方面和全过程。为此，在借鉴国际经验的基础上，建立一套适合我国国情的、能够从决策源头防治环境问题的制度安排，无论是对于推进生态文明建设还是对于实现可持续发展均具有十分重要的现实意义。

笔者在多年的环境影响评价实践中发现，我国尽管很早就提出要在重大决策制定过程中考虑对资源环境的影响，但制度建设相对缓慢。现有制度并没有覆盖所有的决策形式，更没有覆盖整个决策链条，决策制定过程中仍然存在导致重大资源环境问题的制度性隐患。除一些明文规定的环境保护制度外，尽管各地区、各部门还有一些决策制定过程中考虑环境问题的习惯性做法，但程序上总体欠规范，内容上欠深入。此外，要改变我国长期形成的计划经济思维和决策模式也需要较长时间。因此，与一些西方国家相比，我国在决策制定过程中纳入环境考量的体制机制建设仍然任重道远。另外，从学术研究的角度来看，国内研究政策的学者很少从环境保护的角度来审视决策过程，而研究环境保护的学者又偏重技术层面，很少去考虑决策系统存在的问题。从生态文明制度体系建设的角度来看，我国需要建立的是一套覆盖整个决策链条，各项制度之间无缝衔接的，能够从决策源头预防资源环境风险的制度体系，而不是一些分布在不同部门的碎片化的习惯性做法。正是基于以上认识，笔者对国际上环境保护参与决策制定的制度性安排产生了浓厚兴趣，并希望能够在国际经验和我国国情之间找到结合点。

本书的主要目的，就是在梳理国际上决策制定早期阶段纳入环境考量的做法和经验的基础上，根据我国的决策体系特点和环境保护要求，提出可资我国借鉴的经验。本书共分为 6 章，第一章概括了国际上的主要决策理论，分析了决策模式与环境问题之间的关系；第二章从空间环境管制、行业环境管制、政策评估和战略环境评价四个方面总结归纳了国际上在决策制定阶段纳入环境考量的制度和做法；第三章重点剖析了我国的决策体系和决策形式；第四章分析了我国决策制定过程中存在的环境风险因素，指出了我国需要加强决策环境考量的重点领域；第五章从空间环境管制、行业环境管制、政策评估和战略环境评价四个方面总结了我国目前环境保护参与决策制定的现状、特点以及存在的主要问题；第六章在借鉴国际经验的基础上，根据我国决策体系的特点和环境保护要求，提出了在决策制定过程中增强环境考量的对策建议。

由于本书的写作时间较短，笔者水平有限，存在谬误在所难免，希望读者能够给予指正。

耿海清

2017 年 3 月

目 录

第一章

决策理论与环境考量

自从人类社会形成以来，公共决策的实践就已开始。然而，现代决策理论的形成和发展，则主要发生在第二次世界大战之后。其中，20 世纪上半叶西方国家的经济大萧条起到了重要的推动作用。1929—1933 年，世界主要资本主义国家爆发了史无前例的经济危机，股市大幅下跌、银行纷纷倒闭、工厂大量破产、失业率居高不下、人民收入水平显著下降，一些国家的经济体系甚至濒临瘫痪。为了摆脱困境，资本主义国家普遍采取了政府干预措施，如设置贸易壁垒、实行货币贬值等。其中，美国在总统罗斯福的领导下，政府全面介入了经济活动，对金融体系进行了整顿，对工业生产进行了计划指导，对农业政策进行了调整，并对失业工人开展了救济。与此同时，这次危机也使个别国家如德国、意大利、日本等走上了法西斯专制道路，对社会经济事务进行全面管制。无论如何，这次世界经济危机宣告了产业革命以来一直占据主导地位的自由放任市场经济思潮的结束，主张对社会经济活动进行国家干预的理论和实践全面登上历史舞台。

1936 年，英国经济学家约翰·梅纳德·凯恩斯（John Maynard Keynes）出版了《就业、利息和货币通论》（*The General Theory of Employment，Interest and Money*）一书，对传统的古典经济学理论进行了批判，论证了国家直接干预经济活动的必要性，并提出了以财政政策和货币政策为核心的宏观经济学理论体系。第二次世界大战结束后，一大批殖民地国家纷纷独立，世界迎来了难得的和平发展机遇。随着全球范围内工业化和城镇化进程的加快，基础设施建设问题、贫富差距问题、区域发展不平衡问题、社会保障问题、环境问题等单纯依靠市场调节无法解决的问题越来越多。为了弥补市场缺陷，很多国家都加大了对社会经济活动的干预。在这一过程中，旨在为政府干预提供理论和方法支持的政策科学也得到了迅速发展，一些有代表性的决策理论开始出现，政策科学的发展进入了黄金时期。

第一节 决策的概念与主要理论

一、决策的概念

“决策”一词对应的英文词组是 Decision Making，意思是做出选择或决定，在汉语中的解释是“决定的策略或办法”，强调的是如何去实现目标或解决问题。在现实生活中，“决策”是一个使用极为广泛的词语，与我们的日常生活息息相关。无论是国际组织、政府部门，还是企业和普通群众，每天都会做出很多决策，用以指导我们的具体行动。尽管决策对于我们如此重要，但对决策的理解和概念界定却一直没有形成统一的看法。总体来看，目前大体有以下三种理解：一是把决策看作是一个包括提出问题、确立目标、设计方案、选择方案，乃至实施方案的过程，重在强调决策的过程属性；二是把决策看作是决策者从多个备选方案中选择最优方案的行为，强调了决策者的作用；三是认为决策是对偶发事件的处理决定。在政策科学中，“决策”与“政策”往往具有相同含义，但其定义仍然难以统一。有的学者强调决策的设计功能，有的强调决策的利益分配功能，有的则强调决策的政治功能。从科学决策的角度出发，一般认为决策是人们为了实现特定目标，借助一定的技术手段，在广泛收集有关信息并科学分析的基础上，提出若干备选方案并从中选定最优方案的过程（史为磊，2011；李建军等，2009）。从不同的角度出发，可以对决策的类型做出进一步的划分。例如，根据决策的影响范围和重要程度，可以把决策分为战略决策和战术决策；根据决策主体，可将决策分为个人决策和集体决策；按照决策模式是否固定，可将决策分为程序化决策和非程序化决策；按照决策问题的可控程度，可将决策分为确定型决策、不确定型决策和风险型决策。由于决策的外延很难界定，因此在公共管理领域，几乎每一个管理行为都可以归入决策的范畴。

二、主要决策理论

决策是一个复杂的过程，既受主观因素的影响，也受客观条件的制约，并且政治文化、政治体制、风俗习惯、宗教信仰等对决策模式具有深刻影响。因此，不同国家、地区和组织在决策模式上都会存在一定的差异。为了对复杂的决策过程进行解释，从20世纪六七十年代开始，随着政策科学研究热潮的兴起，一些决策理论和决策模型相继成型。这些模型和理论是对决策过程的抽象和简化，为我们理解决策过程及其主要考虑因素提供了一个相对清晰的逻辑框架。从目前来看，国际上比较有代表性的决策模型和决策理论有完全理性模型、有限理性模型、渐进模型、系统模型、混合扫描模型、精英理论、制度理论、博弈理论、团体理论、公共选择理论等（李建军等，2009；Joseph Steward et al.，2011）。不同的决策模型和决策理论对决策目标、决策者、决策原则的假定，适用的具体决策行为等各不相同，具体见表1-1。其中，完全理性模型、有限理性模型、渐进模型和精英理论与现实决策过程的联系比较紧密，在应用上也更加广泛。

完全理性模型以“经济人”假设为前提，即假定决策者自私自利，以自身的利益最大化为决策目标。在决策过程中，决策者能够掌握所有与决策有关的信息，并且能够不受限制地穷尽所有备选方案。在此基础上，通过对各个备选方案的对比分析，能够根据明确的判断标准选出最优方案。从理论上讲，完全理性模型为我们提出了一个路径非常清晰、逻辑非常合理的决策模式，也比较符合我们进行科学决策的目标和期望。然而，由于完全理性模型的假设条件在现实中很难满足，因而现实中的决策很难做到完全理性。尽管如此，完全理性模型为我们的决策过程提供了一个非常有价值的指导框架，并且对其他决策理论也产生了深刻影响。有限理性模型和渐进模型都是在批判传统理性模型的基础上形成的。有限理性模型认为，现实中决策者的理性是介于完全理性和非理性之间的有限理性，决策者的价值取向和目标追求也是多元的。再加上现实世界复杂多变，做到完全理性的客观条件很难具备。因此，实际决策过程往往是发现和选择满意方案的过程，很难找到最优方案。渐进模型则认为，政策制定过程并不是一个程序严密的理性过程，而是一个对以往政策的补充和修正过程。也就是说，在面对政策问题时，决策者不必另起炉灶，只需要在原有决策的基础上，根据问题和环境的变化，对以前的决策进行局部补充和调适即可。在实际工作中，每个领域事实上都会有一些老的政策，完全推倒重来的情况的确很少发生，因而渐进模型更具现实意义。精英理论认为，公共政策主要是由政治精英们制定的，反映政治精英们的价值偏好，公众基本是处于被动地位，对政策的影响力很小，一般只能接受政策结果。由于政治精英处于社会顶层，出于自身利益考虑会维护现有体制，因而制定的政策一般都比较保守，往往推崇渐进式改革，而不主张全面革新。当然，不管是何种类

表 1-1 主要决策理论及其对比分析

序号	决策理论	提出者	决策目标	决策者	基本原则	适用决策	优点	缺点
1	完全理性模型	—	明确、单一	具有绝对理性和一致的价值判断	对各个备选方案进行成本—收益分析，选取净收益最大者	新决策	为实现最优决策提供了一个理想模式	理论前提难以满足，在实际工作中难以做到
2	有限理性模型	赫伯特·西蒙（Herbent A Simon）	模糊、多元	仅能做到有限理性，且价值取向和目标多元	在资源和时间有限的条件下，寻找能够满足决策期望的方案	所有决策	比较符合决策实践	决策结果具有不确定性
3	渐进模型	林德布洛姆（C E Lindblom）	明确、单一	保留对以往政策的承诺	强调政策的延续性，新政策是对旧政策的补充和修正	旧决策	阻力较小，容易执行	难以适应变革的需要；也无法解释战略决策
4	系统模型	戴维·伊斯顿（David Easton）	—	政治系统	公共政策是政治系统对外界压力做出的反应	所有决策	从理论和宏观角度对政策过程进行了解释	未能解释政策的形成过程
5	混合扫描模型	阿米泰·埃齐奥尼（Amitai Etzioni）	总体明确，具体不明确	对决策者无特定要求	总体上坚持理性主义模型，对重点问题采用渐进主义决策模式	覆盖范围广的决策	是对理性模式和渐进模式的综合	主要建立在理论推导之上，实用性不强
6	精英理论	维尔佛雷多·帕累托（V Pareto） 盖坦诺·莫斯卡（G Mosca）	—	政治精英，具有基本一致的价值观	公共政策主要由政治精英制定，反映政治精英的价值观和偏好	所有决策	适用于解释威权国家的政治过程	该理论难以证实，也不符合决策民主化的潮流

序号	决策理论	提出者	决策目标	决策者	基本原则	适用决策	优点	缺点
7	制度理论	道格拉斯·诺思（Douglass C North）	模糊、多元	具有某种制度特征的组织，由分散的个体组成	具有某种制度特征的组织必然会做出某种行动的选择	所有决策	从宏观上对政治行为的原因做出了解释	过于理论化，对具体政策的制定缺乏指导性
8	博弈理论	约翰·冯·诺依曼（John Von Neumann）	明确、单一	竞赛或博弈中每一个具有决策权的参与者	对比各种选择的最坏结果，选择损失最小者；对比各种选择的最小收益，选择最大者	对抗行动中的决策	冲突情境下的政策选择	应用范围狭窄，对具体政策缺乏解释力
9	团体理论	A. F. 本特利（A F Bentley）	—	有共同利益诉求和理想的团体	公共政策是利益团体相互斗争、妥协和平衡的产物	涉及利益分配的政策	较好地解释了政策过程中的动力因素	低估了政策制定者的能动性
10	公共选择理论	邓肯·布莱克（Duncan Black）	明确	自利的、理性的、追求效用最大化的个人或组织	公共政策是有特定利益诉求的个体联合起来形成利益集团，向政府部门施压的结果	分配性政策	使用经济学的分析方式探索政治上的决策过程	对于非民主国家的政策过程适用性不强

型的社会，政治精英对政策的影响力都要大于普通公众，精英理论只不过是突出了政治精英对决策的主导作用罢了。一个国家适用何种决策模式，往往与其政治体制有直接关系。在民主社会中，由于价值取向和利益主体都比较多元，决策过程比较透明，因而决策的制定往往需要经过不同利益集团之间的博弈，决策程序也更加符合理性决策的特点。威权社会由于社会分层比较明显，政治权力更加集中，政治精英和普通大众之间的信息更加不对称，因而其决策模式更加符合精英理论，做出的决策也大多是渐进式决策。

第二节　决策过程中的环境考量

随着人类社会生产力水平的提高，生态破坏和环境污染也日益加剧，很多国家和地区都把环境保护作为决策制定过程中的重要考量因素。在此过程中，不同决策模式由于适用条件、决策原则、决策程序等方面存在差别，环境保护参与决策制定的时机、重点和方法也各不相同。

一、决策模式与环境考量

如前文所述，尽管决策模型和决策理论较多，但在实践中应用较广的主要是完全理性模型、有限理性模型、渐进模型和精英理论。其中，虽然完全理性模型的假设条件在现实中很难满足，但其决策程序却非常符合科学决策的要求，因而从形成之日起就为科学决策提供了一个完美的分析框架，对于实际决策行为具有深远影响；有限理性模型是在继承和修正完全理性模型的基础上发展起来的，但其秉持的决策原则与完全理性模型并无本质区别，在实践中的应用也更加广泛；渐进模型主要适用于需要对政策进行持续干预的领域，特别是延续性政策，这类决策行为在现实中也广泛存在；精英理论则强调政治精英在决策过程中的作用，是威权社会中的主要决策模式。在以上四种决策模型中，有限理性模型和完全理性模型属于互斥关系；渐进模型和精英理论则可交叉使用，两者是从不同的角度来解释决策过程。例如，渐进决策也可以同时是精英决策，精英决策也可以同时是渐进式的。当然，完全理性模型或有限理性模型的应用也可以和渐进决策和精英决策交叉。因此，上述决策理论之间并不是完全孤立的关系，只是适用的政治情景和理论前提不同。在实践中，不管何种决策模式，都需要把环境问题作为重要的考量因素。根据以上四种决策模型和理论的特点，其适用的决策领域、产生环境风险的原因及环境考量的重点等见表 1-2。

表 1-2　决策模型及其环境风险与环境考量

决策理论	适用的决策领域	产生环境风险的原因	环境考量的重点
完全理性模型	所有决策，特别是涉及开发活动的决策；成本和收益容易量化的决策	决策者没有意识到或者不重视环境问题，没有把保护环境作为重要的决策目标	评价决策实施的资源环境代价，并与社会、经济等因素进行综合考量，实现总体利益最大化
有限理性模型	面向具体问题的实质性决策和行动方案，如具体政策、规划、计划等	没有把保护环境作为重要目标；资源环境信息不充分；决策资源不足、时间仓促等	为决策提供充足的资源环境信息；在实现决策目标的前提下，提出环境代价最小的备选方案
渐进模型	需要政府重点干预的领域，如社会福利、教育、医疗等领域的决策	原有体制机制和政策路径的刚性影响；既得利益者的影响；决策者的保守等	分析既有政策的资源环境效应及其发展演变规律，提出减缓环境影响的对策方案
精英理论	涉及价值判断，且综合性强、层次较高的战略决策	决策者忽视环境问题和出于自身利益的考量	提高决策者的环保意识；提醒决策者可能存在的重大资源环境风险

总体来看，决策模式与环境考量之间大致存在以下几个方面的关系：首先，决策的目标属性决定环境考量的难度。具体而言，为了便于制定更加具体的决策计划和决策行动、监测决策的实施过程，以及最后评估决策的实施效果，决策者往往需要预先设定决策目标。如果决策目标明确、单一，则决策方案也容易设计得更加明确和具体，如此则决策实施可能导致的资源环境问题也容易判断和预测，因而环境保护也更容易参与决策的制定过程，及时为决策者提出防范重大资源环境问题的对策建议。反之，如果决策目标模糊、多元，且目标之间存在冲突，则决策方案的设计往往陷入两难的境地，也很难具体、明确，决策实施的不确定性也随之增大。与此相对应，决策实施可能导致的资源环境问题也很难判断和预测，无疑会增加决策环境考量的难度。其次，决策主体的属性决定环境考量能够达到的深度。如果决策主体坚持科学决策和理性决策，必然会对各个备选方案进行深

入论证，其中也包括对各方案实施可能产生的资源环境问题的深入论证。反之，如果决策主体受自身的利益和偏好影响较大，不重视科学决策，则很难认真考虑决策实施可能存在的环境风险。此外，如果决策者的价值取向和目标不统一，则最终方案往往是利益集团博弈和妥协的结果，如此则很难形成理性和严谨的决策过程，决策本身也很难重视环境问题。在威权社会中，精英决策占据主导地位，出于自身利益考虑，往往对决策实施的环境后果更加没有兴趣，环境问题也很难得到认真考虑。最后，决策的过程属性决定环境考量的方式。理性决策需要从社会、经济、环境等多个维度对决策实施可能产生的影响进行定量分析，综合判断各个备选方案的净收益，因此成本—收益分析、成本—效果分析等是最核心的分析方法。相反，如果用于决策的时间和资源有限，或者决策者主要是出于社会道德层面的考量，或者最终决策是利益集团博弈的结果，就很难对决策方案比选投入太多精力。相应地，环境考量使用的方法也以定性分析为主，其主要功能一是防范决策可能隐藏的重大环境风险，二是制订减缓环境影响的具体措施。

二、决策过程与环境问题

（一）公共决策的基本程序

虽然完全理性模式受到了很多质疑和批评，但其基于理性“经济人”假设推导出来的决策程序却揭示了人类分析问题、解决问题的基本模式。在决策实践中，尽管理性决策所需要的内外部条件都很难满足，但我们仍然在自觉或不自觉地使用理性主义的模式制定决策。之所以如此，与人类追求决策科学化的初衷有直接关系。一般而言，一个理性的决策过程大致包含问题界定、目标确立、方案设计、方案比选、政策发布、政策执行、政策评估、政策调整等几个阶段（图 1-1）。由于政策过程是一个循环往复的过程，因此上一轮政策的修订也往往是下一轮政策的开始。同时，在现代社会，社会公众参与政策制定已经成为普遍现象，因此在整个政策生命周期中都要有广泛的公众参与。

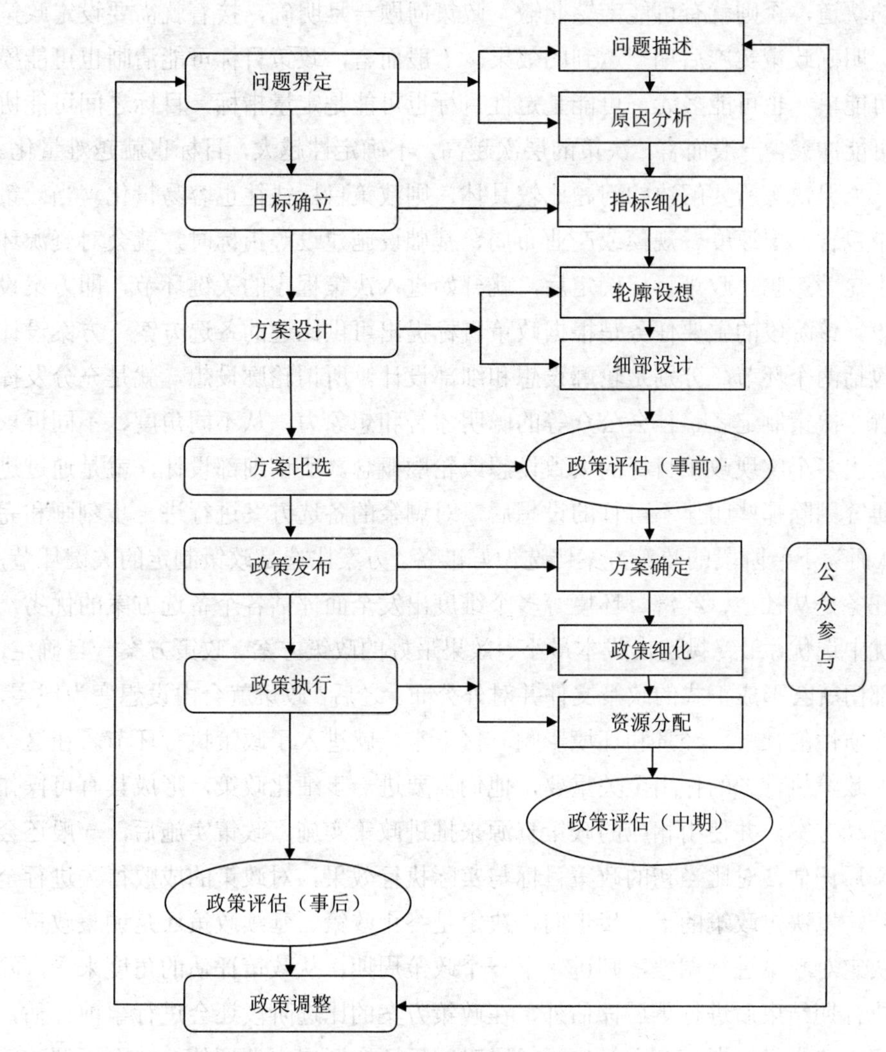

图 1-1　政策制定的基本程序

政策问题界定是政策制定过程的起点，该阶段的主要任务是对政策需要解决的问题进行识别和描述，对政策问题的性质、程度、范围等进行分析。在此基础上，找出政策问题产生的根源，以便有针对性地加以解决。需要注意的是，并非所有的社会、经济、环境问题都属于政策问题，只有那些引起社会广泛关注，进入政府议事日程，政府有权限也有能力解决的问题才属于政策问题。政策问题的识别是否准确，对于政策制定至关重要。只有问题识别准确，政策过程才能步入正确的轨道，否则就有可能南辕北辙。政策问题一旦明确，接着就需要设定政策目标，明确政策实施后期望达到的效果。一般而言，政策目标可能清晰也可能模糊，可能单一也可能多元，可能是定性目标也可能是定量指标，目标之间可能协调也可能冲突。一般而言，决策的层次越高，不确定性越大，目标也就越难量化。反之，如果决策所要解决的问题比较具体，则政策目标往往也容易量化。当政策目标中包含发展速度、规模或产业布局、基础设施建设等指标时，就会对资源环境产生显著影响。政策目标确定后，就开始进入决策程序的关键环节，即方案设计阶段。该阶段的主要任务是根据政策目标提出可供比选的备选方案。方案设计一般包括两个环节，分别是轮廓设想和细部设计。所谓轮廓设想，就是充分发挥决策者、决策制定者、社会公众等的聪明才智和想象力，从不同角度、不同诉求出发提出多个实现政策目标的大致设想或轮廓概念。所谓细部设计，就是通过进一步研究剔除那些明显不可行的设想后，对剩余的备选方案进行进一步刻画和完善，从而为下一阶段的政策方案比选做好准备。方案比选是政策制定的关键环节，主要任务是从社会、经济、环境等多个维度出发全面评估各个备选方案的优劣，以便优中选优，最终挑选出成本最小、效果最好的政策方案。政策方案一旦确定，决策部门就会形成正式的政策文件并对外公布。之后，政策就会由设想变为现实，产生实质性的社会、经济和环境影响。接下来，就进入了政策执行环节。在这一阶段，政策执行者的作用至关重要，他们需要进一步细化政策，形成具有可操作性的行动方案，并使用相应的政策资源来推进政策实施。政策实施后，一般还会进行事后评估，对比当初的政策目标与实际执行效果，对政策的成败得失进行全面总结，以决定政策的下一步走向，决定是终止政策、延续政策还是调整政策。如果决定对政策进行调整，则进入下一个政策周期。从政策评估的角度来看，除政策执行期结束后进行事后评估外，在政策方案的比选阶段还会进行事前评估，为方案比选提供依据；在政策执行一段时间后还会开展中期评估，全面了解政策执行过程中存在的问题，以便及时改进管理，提高政策的执行效率。

（二）可能导致环境问题的决策因素

尽管基于完全理性模式可以推导出一套完美的决策程序，但由于理性决策所需要的内外部条件很难满足，因此在实践中仍有可能出现决策失误。当然，决策失误产生的不良后果不会仅仅局限于某一个方面，有可能是社会影响，也有可能是经济或环境影响，抑或是同时包含以上多个方面。这里，着重分析理性决策程序与环境问题之间的关系。事实上，在决策的每一个环节，都有可能出现偏差，进而产生重大环境问题。

首先，在政策问题界定阶段，如果对问题的认识不深入、不全面，没有找到产生问题的根源，就有可能制定出错误的政策，导致严重后果。例如，过去我国对房价的调控主要是采取了限购政策，结果却越调越高，更加助长了房地产商的开发热情，进一步加剧钢铁、水泥等行业的产能过剩，也间接对资源环境造成重大影响，就是因为没有认识到或者不敢触碰高房价的真正根源，即供给不足的问题。其次，在政策目标设定阶段，如果目标模糊、多元，甚至相互冲突，就有可能被政策执行部门有选择性地执行，从而导致重大环境问题。例如，我国西部大开发的决策目标中就包含了矿产资源开发和环境保护两类难以调和的目标。尽管相关部门一再强调西部地区资源环境保护的重要性，但由于矿产资源是西部各省区工业化的主要优势所在，因此西部地区在开发过程中普遍存在重开发、轻保护的倾向，迄今为止一些地区的资源环境问题已经非常严重。再次，在方案设计阶段，由于决策所需的资源环境信息很难完备，政策制定者受各种条件限制也不可能穷尽所有可能的备选方案，因此最终进入考察视野的方案未必就是环境友好的方案。例如，根据自然保护区管理条例，自然保护区内不得开展开发活动。然而，由于未能及时了解开发区域的自然保护区划定情况，一些区域开发规划确定的开发范围经常与当地的自然保护区重叠。最后，在方案比选阶段，受决策者自身价值取向、技术水平等因素的影响，更容易出现重大失误。完全理性模型假定其无论是作为个体还是群体，都有一致的价值判断和利益诉求，这在现实中是很难满足的。如果决策者的价值取向不一致，则对最优方案的认定必然出现分歧，难以做到理性决策，就有可能导致重大环境问题。如果决策者具有完全一致的价值取向，则其价值观直接决定了是否会对资源环境产生深刻影响。如果坚持环保优先，就有可能选择环境友好的政策方案；反之，如果坚持经济优先，就有可能置环境问题于不顾。我国 20 世纪 50 年代的“大炼钢铁”、60 年代的“以粮为纲”、80 年代的“大矿大开、小矿小开”“有水快流”等政策，都是决策者在片面追求经济增长速度这一价值取向下做出的选择。此外，方案比选阶段的技术因素也对方案选择具有重要影响。理性决策在方案比选阶段最基本的技术工具就是成本—收益分析。然而，受人类认识水平所限，并不是所有的成本和收益都能够进入考察的视野。在实际计算过程中，由于资源环境成本很难量化，往往存在成本估算偏小的情况。在政策执行阶段，如果存在执行政策所需要的机构、人员、经费等资源不足，执行机构的能力有限，政策对象不配合等情况，也会影响政策走向，产生一些非预期的不良环境影响。

可能导致决策失误的因素不仅来自决策系统内部，也有可能来自决策系统外部。具体而言，外部因素主要是指时间、资源和环境。首先，坚持完全理性模式需要耗费较长的时间，而现实中的决策经常是有时限要求的。特别是有些决策需要在很短的时间内出台，政策制定者根本没有足够的时间去进行方案搜寻和细部设计；其次，寻找并评价每个备选方案的环境后果需要耗费较多资源，如深入的调查研究、广泛的数据收集、准确的分析和计算等都需要经费，而现实中却常常面临预算不足的窘境。最后，即使政策方案本身是完美无缺的，在实施过程中也可能面临缺乏配套政策支持、外部环境变化等因素的影响，从而导致政策走样，产生资源环境问题。例如，国家虽然出台了很多政策文件来鼓励煤矸石发电，但由于审批手续复杂、上网存在困难等原因，导致大量的煤矸石难以得到综合利用，不仅浪费了资源，还污染了环境。

三、决策制定纳入环境考量的途径

正如前文所述，即使采用完全理性主义的决策模式和决策程序，在现实中也会受到各种内外部条件的制约，导致最终决策方案难以达到最优，甚至隐藏重大资源环境风险。为了从决策源头预防和减缓不良环境影响，国际上逐渐形成了一些环境保护参与决策制定的制度化手段。这些制度或手段可大致分为两类：一类是为决策过程设置外部限制性条件，从而使决策从一开始就在符合环境保护要求的框架内进行，在实践中主要表现为空间环境管制和行业环境管制；另一类是对决策是否符合可持续发展的要求进行专门评价，通过外部评价来优化政策方案，在实践中主要有政策评估和环境影响评价两种。其中，空间环境管制和行业环境管制对所有的决策都有约束力，是决策者必须遵守的边界条件。空间环境管制是从环境保护的角度对不同区域空间提出限制性要求，以使区域开发活动与其资源环境承载能力相匹配。在空间环境管制中，环境敏感区域是世界各国的关注重点，一般都会提出限制和禁止开发的保护性要求。行业环境管制是针对不同行业、不同产品、不同工艺提出的限制性管理规定，其目的是推动一个国家和地区的产业升级，减轻生态破坏，防治环境污染，以及保护人体健康。空间环境管制和行业环境管制在内容上一般会有交叉，即空间环境管制有时会涉及具体行业，行业环境管制也会具有空间指向。通过空间和行业的“条块结合”，可以总体上对区域开发格局和开发内容做出初步限定，从而使有关决策不至于明显偏离区域可持续发展目标。

尽管空间环境管制和行业环境管制从可持续发展的角度为具体决策设置了外部条件，但由于现实世界的复杂性，这种限制更多的是针对重点区域和重点行业，很难覆盖全部国土和全部行业。从另一方面来讲，即使空间环境管制和行业环境管制非常具体，但是由于信息不对称，在制定具体决策时也会出现不符合管制要求的现象。此外，由于不同区域的资源环境承载能力差异较大，不同行业的资源环境影响也各不相同，因而在制定具体决策时仍然需要认真考虑开发活动与区域资源环境条件之间的关系。基于以上问题，很多国家都设计了通过外部评估来保障决策符合可持续发展要求的制度，在实践中主要有政策评估制度和环境影响评价制度。其中，政策评估属于综合性评估，包括了社会、经济、环境等多个方面的内容，一般针对综合性较强的“政策”开展。环境影响评价属于专项评价，主要是从环境保护角度对决策进行专项评价。对于环境影响评价，根据评价对象的不同，又可划分为针对政策、规划、计划等高层次决策的战略环境评价和针对具体建设项目的建设项目环境影响评价。从目前的发展趋势来看，政策评估中环境保护方面的内容正在不断增加，而战略环境评价也在向社会、经济等议题延伸。

不同国家由于文化传统、风俗习惯、政治体制等存在较大差异，因而决策体系和决策形式也千差万别，并没有一个统一的标准和模式。但是，为了便于比较，国际上一般将决策自上而下分为 policy、plan、program 和 project 四个层级，简称“4p”。如果将“4p”与我国的决策体系相对比，则大体是政策、规划、计划和建设项目。由于建设项目在决策体系中居于最底层，并且在不同国家之间基本可比，因而与其对应的环境保护制度和手段也差别不大。从目前来看，各个国家都普遍使用建设项目环境影响评价制度（Environmental Impact Assessment，EIA）来防治其可能带来的不良环境影响。对于其他三类决策，随着层级的升高，在国家之间的可比性渐次降低，其决策过程中用于预防和减缓不良环境影响的制度和手段也表现出了多样化的趋势。具体而言，以上几种决策形式及其制度化环境保护手段之间的关系如图 1-2 所示。由于我们通常谈论的决策并不包含具体的建设项目，并且建设项目环境影响评价制度在我国也已经比较完善，因此本书所提到的决策仅指高于建设项目层级的决策，具体包括计划、规划、政策、法规等。

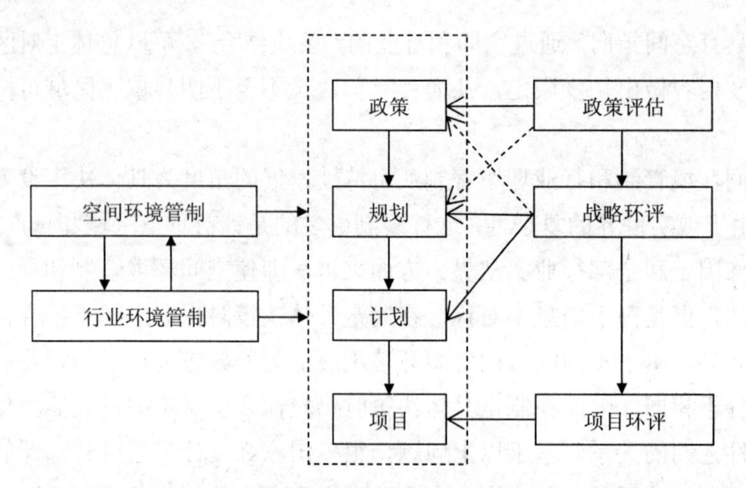

图 1-2 环境保护参与决策制定的途径与制度

基于以上考虑，本书针对高于建设项目层级的决策，分别从空间环境管制、行业环境管制、政策评估和战略环境评价四个方面来总结国际上环境保护参与决策制定的制度化手段，进而分析目前我国空间环境管制、行业环境管制、政策评估和战略环境评价的现状和存在的主要问题，然后针对我国决策体系和各类决策形式的特点，提出我国增强决策环境考量的制度建设建议。

第二章

国外决策制定纳入环境考量的主要方式

在工业化的早期阶段，由于资源环境问题不突出，因而决策中的主要考量因素是社会和经济问题，如增加就业、发展生产、保障福利等。随着工业化进程的推进，资源环境问题逐渐凸显。进入工业化中期后，特别是在重化工业发展阶段，一般生态破坏和环境污染均会达到顶峰，人地矛盾空前尖锐，因而资源环境问题就会成为某个国家或地区制定重大决策时不得不考虑的重要因素。进入工业化后期，由于社会公众对环境质量的要求普遍提高，因而资源环境因素甚至会超越社会经济因素，成为决策制定过程中的首要考量因素。因此，综观世界各国对环境保护的态度，发达国家要严于发展中国家，发展中国家又严于落后国家。从环境保护参与决策制定的具体途径来看，主要有空间环境管制、行业环境管制、政策评估和战略环境评价四类。其中，前两类管制分散在不同的管理行为中，后两类的制度化程度则相对较高。

第一节　空间环境管制

空间（区域）是人类生存和发展的载体，也是生产、生活资料的主要来源。随着全球人口数量的增加和生产力水平的提高，生态破坏和环境污染日益加剧，并逐渐对可持续发展构成威胁。在此背景下，空间的可持续利用就成为一个重大命题，而空间环境管制又是其中的重点。对于决策行为或决策过程而言，空间环境管制主要是为决策方案设定空间限制条件或者空间边界。也就是说，人类的某些生产、生活行为并不是在所有的区域都可以进行的，而是只能在特定的区域开展，并且同一区域对不同的行为也有不同的环保要求。只有这样，空间的开发利用才不至于混乱和无序，各个区域才能为人类的生存和发展发挥最大效用。从经济学的角度来讲，空间管制的目的就是实现“空间资源”的最优配置。

一、空间管制的概念

“管制”对应的英文单词是“governance”。该词起源于希腊语，原指控制和操纵，具有在众多不同利益共同发挥作用的领域达成一致以便实施某项计划的含义。后来，“governance”被广泛使用于管理领域，可以指任何组织的管理行为或管理过程。自20世纪90年代以来，一些经济学家和政治学家在学术研究中对其进行了重新定义，并在联合国、国际货币基金组织、世界银行等国际组织中广泛使用，从而使“governance”在某种程度上逐渐向专有名词的方向演变。从政治学意义上来讲，“governance”主要是指政府部门为实现公共利益而进行的管理活动和管理过程。与传统的政府管理模式相比，“governance”突出了权力分散、主体多元、网络化、过程互动等特点，更加符合现代政治民主的发展要求。在汉语中，“governance”的释义一般是“管制”或“治理”。尽管对应的英文单词相同，但在汉语语境下，“管制”与“治理”却存在较大差异。前者自上而下的控制意味仍然较浓，后者则强调多元主体的共同参与。在世界各国的空间开发与保护活动中，由于政府一般均居于主导地位，因此，无论是我国的政府部门还是学术界，在谈及空间事务时大多仍然使用“管制”而不是“治理”。

在国际上，空间管制的内涵十分丰富，可以泛指一切与土地利用规划、社会-生态系统恢复、公共政策制定以及社区参与等有关的研究和实践，并且一般都与可持续发展议题有关（Mart，2012；Vries，2003；Fricke，2014）。在这里，为了突出空间管制的管理功能，将其定义为：出于规范空间开发秩序、促进区域协调发展、提高资源配置效率、保护生态环境等目的，将特定区域划分为不同的空间单元，并辅以差别化的配套政策，从而对不同空间单元的开发和保护行为进行控制和引导的过程。空间管制的依据是空间划分，一般需要专业部门通过一定的技术手段来实现。空间管制单元一旦确定，与产业布局、资源开发、环境保护、基础设施建设等有关的配套政策就需要进一步跟进，以便维持和强化空间管制单元的功能。在空间管制过程中，空间规划一般由政府制定，而其实施则需要政府、企业、个人和社会团体的共同参与。

总体来看，由于西方国家大多实行市场经济体制，政府基本不干预企业的微观经营活动。为此，通过空间规划来确定国土开发框架，对土地用途进行管制，划定生产活动受到限制甚至不得进入的空间范围，从而为开发行为提供空间边界，引导人类活动有序进行，就成为西方国家宏观调控的重要手段。因此，空间管制在西方国家的政府管理体系中具有十分重要的地位。

二、空间管制的历程

自 18 世纪工业革命以来，人类对自然界的改造能力迅速增强，人类活动的触角几乎延伸到了地球的每个角落，从而使得空间逐渐成为一种稀缺资源。因此，为了更加合理、有效地利用空间，就必须进行有效的管制。同时，随着人类生产生活组织化程度的提高，进行空间管制也是维护公共秩序、协调公共利益和私人利益的必要手段。由于空间管制需要针对特定的空间单元进行，因而必须以空间规划为基础。其中，人类对自然、经济、社会规律的认识水平，以及不同时期面临的主要矛盾，是决定区域规划理念和实践的主要因素。

从时间上来看，早在 19 世纪初，霍迈尔（H G Hommeyer）就提出了地表自然区划和主要单元内部逐级分区的概念，并设想了小区（Ort）、地区（Gegend）、区域（Landschaft）和大区（Land）4 级地理单元（Agena，2009）。1898 年，Merriam（2010）对美国的生命带和农作物带进行了详细划分；1899 年，俄罗斯学者道库恰耶夫（Dokuchaev）在其发表的《关于自然地带的学说》中提出，地球的气候、植物和动物分布均按一定的严格顺序由北向南有规律地排列，这一学说为区划工作提供了坚实的理论依据，促进了世界上一大批以气候和植被为依据的区划工作的开展。1930 年，Veatch 提出了以“自然地理分区”和“自然土地类型”的概念来划分土地单元的设想（Veatch，1938，1950）；1976 年，美国学者 Bailey 分地域（Domain）、区（Division）、省（Province）和地段（Section）4 个等级开展了美国生态区划（Bailey，1983，1985），其目的是为不同尺度上管理森林、牧场和有关土地提供依据，该区划被认为是最早具有实用价值的区划工作。1989 年，Bailey 进一步编制了世界生态区域图，1995 年编制了北美和美国范围内的陆地生态区域图和海洋生态区域图。

从以上发展历程来看，世界上的早期区划主要是以自然现象或自然特点为依据，划分标准比较单一。从 20 世纪五六十年代开始，随着人类对自然资源开发强度的加大和人地矛盾的恶化，社会、经济、人口、资源、环境等与人类活动关系密切的要素日益成为区域划分和管制的重要依据（郑度等，2005；Dwyer，2004），区域划分的理论和实践也取得了突破性进展。从目前来看，世界上的区划工作已经不再局限于自然或生态领域，以社会和经济要素为依据的区划也得到了长足发展。例如，美国经济分析局根据经济中心分布、县与县之间的通勤量、报纸的出版与阅读等因素，将全国划分为179个经济区（EA）（Johnson et al.，2004）。欧盟在综合考虑各国现有行政区划、区域特点、经济发展水平、人口规模等因素的基础上，将成员国统一划分为3级统计单元（NUTs）（Cristina，2008）。上述划分均已成为美国和欧盟识别问题区域、制定区域政策和开展统计分析的基本依据。

三、空间环境管制的概念

综观世界各国的环境保护工作，其最终落脚点主要集中在资源利用、污染防治和空间利用三个方面。其中，资源利用问题自人类出现以来就一直存在，其核心是如何扩大资源的利用范围和提高资源的利用效率。从环境保护的角度来看，倡导优先使用可再生资源和对环境无害的资源，同时通过提高资源利用效率来减少污染物的产生量和排放量。对于污染防治，其核心是污染源的防治，即通过行政、技术和经济等手段减少企业和居民向环境排放污染物的数量和强度。至于空间环境管制，则是资源利用和污染防治问题发展到一定阶段，人地矛盾较为突出后出现的一种更为宏观的管理手段。具体而言，随着生产力水平的提高，人类活动的区域化、网络化倾向日益明显。在此过程中，生态系统不断遭到破坏，导致适合人类生产、生活、休憩的空间资源变得越来越稀缺。在此情形下，如果继续任由不同决策主体出于自身利益考量来安排开发活动，就有可能造成空间秩序混乱，生态环境退化，经济效率低下。对此，1968年英国加勒特·哈丁教授（Garrett Hardin）在 *The tragedy of the commons* 一书中提出的“公地悲剧”模型给出了形象的描述和解释。他在书中描述了这样一个例子：在公共草地上每增加一只羊一方面会增加放牧者的收入，另一方面会加重草地负担。然而，在个人利益的驱使下，每个牧羊者都会不顾草地的承受能力而增加羊的数量，其最终结果是导致公共草地被过度使用，草地状况迅速恶化。“公地悲剧”揭示的规律是：公共物品由于不具有排他性，很难避免被竞争性地过度使用，甚至有可能导致功能完全丧失。由于大多数空间资源的产权难以界定，在使用上不具有排他性。因此，随着人类对自然空间利用强度和广度的加大，从环境保护的角度出发进行管制就是必然选择。

自20世纪初开始，通过空间管制来规范空间开发秩序就逐渐成为西方国家实现可持续发展的重要举措，例如，德国、美国、日本、法国等国家开始通过编制区域规划来对本国的空间资源进行统筹安排。从这些国家的空间规划实践来看，开发建设内容不断淡化，社会和环境考量不断加强是一个明显趋势；从规划范围来看，日益重视以整个国家为对象的国土规划，甚至开始编制跨国或以大洲为对象的区域发展规划，如欧洲空间展望计划等；从规划的权威性来看，其法律地位不断提高，甚至成为一国开发建设和生态保护工作的统领性规划。在环境保护领域，除编制综合性的空间规划外，将具有重要生态保护价值的区域识别出来进行专门保护，也是世界上较为通行的做法。

从目前来看，世界各国已经在空间环境管制方面发展出了一套系统化的制度安排，并且具有普遍意义。本书将空间管制中与环境保护工作密切相关的制度化手段单独提取出来，将其统称为空间环境管制。具体而言，空间环境管制就是指从资源环境保护的角度出发，对区域空间进行类型划分，明确不同类型地域空间的管制边界、管制目标和管制手段，确保区域空间有序、协调，能够充分满足人类生存和发展对资源、环境的需求。因此，空间环境管制的目标是通过空间划分和空间管理来促进区域社会、经济和环境协调可持续发展。从世界上空间管制的实践来看，早期往往偏重于经济目标。当经济发展达到一定水平后，对和谐的社会秩序、优美的生活环境、安全的资源保障等社会、环境方面的追求会日益加强。因此，从发达国家的空间管制来看，大部分空间规划都与资源环境保护密切相关。为了与一般意义上的空间管制有所区别，本书中的空间环境管制主要是指那些在内容上直接涉及资源环境保护的管制规划和管制行为。具体而言，主要是指从区域整体格局上为规范空间开发秩序、提高空间利用效率、保护生态环境进行的管制，以及专门针对生态环境重要和敏感区域的空间管制。

四、空间环境管制的途径

空间环境管制同样需要有明确的作用对象，因而需要以空间规划为基础。对于具有管制传统的国家来说，空间规划的种类一般较多且经常更新，内容涉及社会经济活动的方方面面。对于奉行自由市场经济理念的国家来说，空间规划的数量往往较少，空间环境管制对象和管制政策也具有较强的稳定性。尽管不同国家的空间环境管制方式存在较大差异，但也有很多共同之处。首先，空间环境管制往往从发展理念和指导政策开始，直到作用到具体地块，是一个层层嵌套的体系和过程；其次，空间环境管制具有重点针对性，对不同区域的管制力度和管制方式各不相同，其中产业密集区、环境敏感区、资源保护区等人地矛盾突出的区域一般是重点管制对象；最后，空间环境管制会随着社会、经济、环境等条件的变化而进行动态调整，也就是说相关空间规划会适时修编。在管制方式上，编制综合性国土开发规划、专门整治问题区域、保护具有重大生态价值的区域、划定城市增长边界和进行土地用途管制是国际上比较通用的做法。

（一）制定国土开发规划

在工业化和城镇化早期阶段，人类对自然资源的开发利用能力有限，空间并不是社会经济发展的主要制约因素，因而规划中的空间考量往往只是出于经济目的，关注点主要是如何节省运输成本，增强产品的价格优势。例如，早期德国经济学家杜能（Johann Heinrich von Thünen）的农业区位理论，韦伯（Alfred Weber）的工业区位理论以及克里斯塔勒（Walter Christaller）的中心地理论（杨万忠，1999），都是从节约交通成本的角度考虑产业和居民点布局的合理性问题。后来，随着西方工业化和城镇化进程的推进，人地矛盾日益尖锐，环境污染日趋严重，环境公害事件不断爆发，人类的生存和发展开始受到威胁。在此背景下，如何协调人类活动与自然环境之间的关系，实现可持续发展，逐渐成为西方发达国家空间规划的重要内容。通过制定综合性的空间规划，可以从决策源头规范空间开发秩序，促进生产空间、生活空间与生态空间相互协调。其中，编制覆盖整个国土空间、具有战略意义的国土规划，是一个重要的尝试和创新。

在亚洲国家中，日本的国土规划理念和实践远远走在了其他国家的前面。第二次世界大战之后，在美国的主导下，日本进行了一系列政治和经济体制改革，为以后的经济复兴奠定了制度基础。随后，借助战后重建和美国援助，日本经济得以快速发展。在这一过程中，人口和产业向东部太平洋沿岸地区高度集中，不仅导致整个日本的空间开发格局严重失衡、地区经济差距拉大，而且大城市出现了建成区无序蔓延、基础设施供给不足和生态环境恶化等诸多问题。在此背景下，日本于1950年颁布了《国土综合开发法》，目的是根据自然条件，从经济、社会、文化等多个角度出发，实现国土开发利用、生态保护和产业布局的合理化，提高社会总体福利水平。1962年和1969年，日本分别制定了第一个和第二个《全国综合开发规划》（简称“一全综”和“二全综”）。“一全综”和“二全综”的主要目的是解决区域发展的不平衡问题，主要空间管制措施是在全国建设若干“反磁力中心”，阻截人口和产业向太平洋沿岸大城市过度集中。“一全综”共在太平洋沿岸城市群之外选择了15个地区作为“新产业城市”来重点建设，并在东京、大阪、名古屋和北九州之间选择了6个地区作为“工业建设特别地区”进行重点开发。通过设立新的开发地区，促进全国范围内产业和城镇布局的均衡。“二全综”的重点是全国交通、通信等基础设施和重点工业基地的建设，并将全部国土划分为三个圈，初步奠定了产业布局和城镇建设的基本格局。其中，“广域生活圈”为“一次圈”，首都圈、中部圈、近畿圈、北海道圈、东北圈、四国圈和九州圈为“二次圈”，整个日本国为“三次圈”（翟国方等，2014）。“一全综”和“二全综”制定之时，正值日本社会经济高速发展时期，因此其主要内容也以开发为主。

随着日本工业化和城镇化进程的快速推进，资源环境问题日趋严重，环境公害事件在20世纪六七十年代集中爆发。与此同时，人口和产业向太平洋沿海城市群过度集中的问题也没有解决。因此，1977年的“三全综”和1987年的“四全综”在继续引导全国经济均衡布局的同时，环境保护和可持续发展的色彩明显增强。其中“三全综”的核心是“定居构想”，在全国范围内选择了44个“示范定居圈”（一般是县政府所在地之外的第二大或第三大城市）进行重点建设。在“示范定居圈”的建设中，把建设田园城市、改善人居环境作为重要目的。通过“示范定居圈”的建设，一方面促进人口和产业均衡布局，对大城市的过度扩张起到抑制作用，另一方面也能够促进自然、生活和生产环境的和谐发展。1987年，日本“四全综”提出了“多级分散型”的国土开发战略目标，旨在通过立体交通体系将整个国土空间连成一体，其中的一个出发点就是要改变首都东京人口和产业过度集中的状态。在措施上，除进一步加强定居圈的建设外，还把加强交通和通信体系建设、创造更多的国内和国际交流机会作为规划目标，以适应经济全球化、网络化的需求（蔡玉梅，2008）。

经过近50年有计划的开发，到20世纪末期，随着城镇化进入成熟阶段，日本的全国交通运输体系基本建成，国土开发框架也基本确定，过去政府主导的大规模开发模式已经不能适应时代的要求。在这一背景下，1998年的“五全综”提出了“参与和协作”的国土开发理念，希望通过政府、企业、社会团体、居民等多元主体的共同参与，实现保障国土安全、保护自然多样性、促进地域文化发展等多元目标。在空间管制方面，“五全综”提出了“多轴型国土结构”的目标，即通过东北国土轴、日本海沿岸国土轴、太平洋沿岸新国土轴、西日本国土轴的形成，实现人口和生产力均衡布局的目的（李国平，2001；翟方国，2009）。2005年，日本将《国土综合开发法》修订为《国土形成规划法》，其调控策略也从“国土开发”转向“国土管理”。随后，2008 年编制完成的“六全综”将可持续发展的日本，具有超强抗灾能力且安全而有弹性的国土，以及美丽国土的管理与继承等作为重要目标；将防灾抗灾、国土利用与保护、环境与景观保护作为重要内容。“六全综”根据地区人口和经济规模，基础设施建设情况以及资源环境承载能力等因素，将整个国家分为北海道、东北、关东、中部、北陆、近畿、中国、四国、九州和冲绳共 10 个广域经济圈，希望形成“广域地区独立发展并相互连带”的国土结构，最终将日本建设成为经济实力强大而且环境优美的国家（姜雅，2009）。

综上所述，作为一个具有管制传统的国家，日本能够始终紧扣时代脉搏，及时根据国内外形势的变化和自身发展需要调整国土开发规划，既优化了国土开发格局，也为日本深度融入世界经济体系，发挥自身比较优势，增强国家竞争力创造了条件。六次国土综合开发规划虽然都有多重目标，但通过确定国土开发和基础设施建设格局，有效防止了各地区的产业重复建设和无序布局，提高了整个国家的资源配置效率，其资源环境效应难以估量。

在欧洲，荷兰的空间规划具有一定的代表性。荷兰的国土面积虽然仅有 4 万多平方公里，区位优势却十分突出，不仅是亚欧大陆桥的起点，而且是欧洲的门户。独特的区位优势，促进了人口和产业集聚，使得荷兰成为世界上经济活动和人口密度最高的地区之一。因此，如何更好地利用有限的土地资源，在保证良好生态环境的基础上满足城镇建设和工农业发展的需要，并增强国家竞争力，就成为荷兰政府需要认真考虑的问题。此外，荷兰四分之一的国土低于海平面，长期遭受水患困扰，治水问题也需要从国家层面来统筹考虑。正是这种突出的人地矛盾，促使荷兰形成了编制空间规划的传统。与日本的情况类似，荷兰空间规划的主题和目标也在随着工业化和城镇化进程而不断调整。

荷兰 1965 年开始实施《空间规划法》（*Spatial Planning Act*），其空间规划体系分为国家、省级和市级三个层次。其中，国家层面的规划主要是制定空间发展政策和安排重大项目建设，以及提出省、市空间规划应当遵循的准则，由国家议会批准实施。省级空间规划不需要经过国家批准，各省核准后即可生效。省级规划把比较重要的空间划分为现有都市区、都市扩张区、主要的国家及区域基础建设工业区、各种类型的农业区、休闲区、自然保育区、主要水源及水体区等几大类，用以指导市级规划。市级层面的规划分为两个层次，一是结构规划，主要阐述全市发展政策；二是土地利用规划，核心内容是不同类型土地的分配和使用方案，对开发建设活动具有直接约束力（张书海，2014；陈利，2012）。荷兰的空间规划虽然具有明显的层级特征，但上下级规划之间却并非强制与服从的关系。如果两级政府之间出现不同意见，通常通过对话和磋商进行解决，而不是行政干预。

在编制全国性的空间规划之前，1958 年荷兰首先编制了兰斯塔德发展纲要，对这一城镇集聚区的城镇建设、产业布局、环境保护等事项进行了统筹安排，提出要优先发展兰斯塔德地区，把该地区打造成具有多个中心的绿色大都市区。在空间管制方面，提出在城市之间建设绿色缓冲带，并加强对农业用地的保护。本次规划虽然进一步增强了兰斯塔德地区的竞争优势，但负面影响是进一步拉大了地区之间的发展差距。于是，荷兰从 1960 年开始编制全国空间规划，第一次空间规划的主要目标是解决区域发展的不平衡问题，重点是分散兰斯塔德地区的人口和就业，同时扶持斯塔德外围地区的发展。1966 年第二次空间规划提出要建立交通走廊，重点开发交通干线两侧区域，同时加强兰斯塔德南、北两翼的建设，以应对城市郊区化过程中大城市地域空间的无序蔓延问题。1974 年的第三次空间规划是为了疏解大城市的人口和产业压力，强调分散集聚的空间布局模式，认为新增人口和就业应尽量布局在兰斯塔德以外的地区。1988 年的第四次空间规划是为了提高城市土地的集约化利用水平。2004 年第五次空间规划的目标则是实现区域可持续发展。其中，从第四次规划开始，环境保护的色彩逐渐增强，在决策中充分考虑了环境因素。在第四次空间规划中，一是提出了紧凑城市（compact city）的概念，要求新建项目尽量布局在已有的城市建成区及其附近，并要充分利用已有的交通、娱乐、教育等设施，避免功能单一可能引发的拥堵、环境污染等问题；二是突出了户外开敞空间和重要生态功能区域的保护，在该版规划中确定了 5 个国家级的限制区和 4 个省级的保护区。第五次规划提出了红线控制和绿线控制的概念，红线是针对城市建设空间的控制轮廓，即城市建设活动必须控制在红线范围内，并要求所有省级空间规划中必须画出红线。绿线是针对农村地区的限制建设的空间范围，要求农村地区的建设活动必须在绿线范围外进行。红线和绿线之外的区域叫作均衡区域，允许部分有利于提高农村综合质量的小的开发活动。此外，本轮规划还强调了基于城镇和交通设施的空间网络系统的构建，以适应经济网络化、全球化的时代要求，并全面阐述了东部、南部、西部、北部四个地区的空间规划目标与政策方针。近年来，随着荷兰国土开发格局的明朗和基础设施建设的完善，国家层面空间规划的重心逐渐向基础设施和环境保护领域转移，留给地方和市场的空间则逐渐增大。总体而言，荷兰通过五轮空间规划，对于规范空间开发秩序、提高空间利用效率、控制城市无序蔓延、保护重要生态区域发挥了重要作用。

世界上的其他国家如德国、英国、澳大利亚、韩国等也非常重视空间规划的编制，并且随着工业化和城镇化进程的推进，日益把基础设施建设和生态保护作为空间管制的重点。或者说，空间规划日益向公共产品和具有外部性的领域集中。通过确定空间开发的基本框架，划定禁止和限制开发的区域，为企业选址提供了行为边界，既不破坏市场经济的自由准则，又能充分发挥政府的宏观管控作用，应该说代表了当代空间规划的发展方向。

在一些经济一体化程度较为深入的跨国区域，空间一体化也已提上议事日程，其中欧盟无论理念还是实践都远远走在了其他区域性国际组织的前面。具体而言，随着欧盟一体化进程的推进，成员国之间的空间边界日益模糊，城市之间的经济联系不断加强。在此背景下，某一成员国的空间政策就会对其他国家产生深刻影响。为了协调各成员国之间的空间政策，促进整个欧盟的可持续发展，欧洲委员会在 1999 年 5 月发布了《欧洲空间发展展望——面向欧盟的均衡和可持续发展》（*European Spatial Development Perspective-Towards Balanced and Sustainable Development of the Territory of the European Union*，ESDP）。欧盟之所以会在 1999 年发布 ESDP，还有一个重要原因就是 1999 年 1 月 1 日起欧元已经开始在 11 个国家正式发行。当时欧盟预料到实施统一的货币政策后，各成员国之间的发展差距有可能会进一步拉大，因此有必要通过空间一体化来保障欧盟国家之间的均衡发展。ESDP 没有法律约束力，主要作用是为欧共体及其成员国制定空间政策提供一个总体框架，以促进欧盟内部经济和社会的整合，加强对自然资源和文化遗产的保护，并保持各成员国之间的均衡竞争态势。ESDP 包括两部分内容：第一部分重点阐述了空间发展政策的作用；第二部分分析了欧盟空间发展趋势和存在的问题，并提出了空间整合方案。

从 ESDP 的内容来看，欧盟的空间发展指导方针主要有三条：一是建设多中心城市体系，并加强城乡合作，形成多个具有国际竞争力的区域；二是建设一体化的交通、通信等基础设施体系；三是合理利用和保护自然与文化遗产。针对上述三个目标，ESDP 分别提出了指导原则和具体政策建议，供欧盟和各成员国在制定空间政策时参考。在环境保护方面，提出要加强建设“Natura 2000”提出的欧洲生态网络，在整个欧盟范围内建立一个保护珍稀和濒危物种及其栖息地的系统。从目前来看，“Natura 2000”已经覆盖了欧盟18%的陆地和6%的海域，有效保护了欧盟范围内的生物多样性和生态系统的完整性。在生物多样性丰富的地区，ESDP提出要制定整体性的空间发展战略，平衡开发与保护的关系。

为了推动ESDP的实施，欧盟鼓励一些基金来对符合空间整合目标的项目进行支持，如欧洲区域发展基金（ERDF）、欧洲农业指导与保证基金（EAGGF）、渔业发展措施（FGI）等。在这些基金的支持下，欧盟制订了大量计划来推进ESDP的实施，如INTERREG创新计划、MEDA计划等。ESDP是世界上首个超越国界的综合性空间规划，为跨国经济一体化区域的空间政策协调提供了借鉴。

（二）整治问题区域

问题区域（problem region）是一个区域经济学中的概念，《区域经济政策》（张可云，2005）一书中将其定义为：“是由中央政府区域管理机构依据一定的规则和程序确定的受援对象，是患有一种或多种区域病而且若无中央政府援助难以靠自身力量医治这些病症的区域”。这一定义强调了问题区域与中央政府援助之间的关联性，说明问题区域是区域政策的空间作用对象。据此，不同国家从不同的视角、目的和标准出发，可以识别出不同的问题区域，如落后区域、贫困区域、欠发达区域、边远区域、危机区域等，我国中央政府的很多财政援助和转移支付事实上也是重点针对问题区域，特别是老少边穷地区。尽管问题区域有多种类型，但在区域经济学中，重点关注的一般是落后区域、萧条区域和膨胀区域三类。其中，落后区域是指农业区域或自然条件较差的区域，其典型特征是产业结构低级、收入水平低下、发展环境不佳；萧条区域是指在历史上曾经辉煌过，但后来因为发展环境变化而陷入衰退的区域，一般以老工业基地居多；膨胀区域则是指经济高速发展造成人口和经济密度过高，集聚效益减弱，环境开始恶化的区域。以上三类区域都与发展直接相关，落后区域发展不足、膨胀区域发展过度、萧条区域发展过时。由于发展问题与环境问题密不可分，因此以上三类区域或多或少都存在一定的资源环境问题，其中膨胀区域和萧条区域的资源环境问题尤为突出。

西方国家的区域政策虽然偏重于社会和经济方面，但也会涉及环境政策。对于落后区域，因其迫切需要加大基础设施建设和自然资源开发力度，因而普遍存在环境恶化的威胁。因此，区域政策的一个重要方面就是协调经济发展与资源环境保护之间的关系。由于落后区域大多处于一国的偏远地带，自然条件复杂，生态环境敏感，因而空间环境管制的基本原则是“点上开发、面上保护”，在开发资源和发展工业的同时尽量不要造成大范围的生态破坏和环境污染。萧条区域由于经济发展陷入困境，当务之急是发展接续产业和替代产业，创造新的经济增长点。在这一过程中，一方面要通过空间管制来为新产业的发展提供有序的外部环境，另一方面要加强对历史遗留生态环境问题的治理，同时通过改善区域环境质量来增强区域竞争力。膨胀区域面临的问题是如何降低人口和经济密度，除解决自身存在的基础设施不足、环境质量下降等问题外，还需要在更大的范围内推动各地区的均衡发展。在空间管制方面，一方面要限制人口和产业进一步向中心地带集聚，另一方面需要在外围地区建设“反磁力中心”来起到分散和阻截的作用。在环境保护方面，应规划好区域生态空间和农业用地，通过空间阻隔来促进人口和产业的分散布局。

“问题区域”虽然是一个区域经济学中的概念，却是一个空间管制领域普遍存在的现象，环境保护工作中也有很多类似做法。例如，1952 年英国发生伦敦烟雾事件后，有关部门通过源解析发现，污染物主要来自工业和家庭燃煤。随后，1956 年颁布的《清洁空气法》提出了“无烟区”的概念，要求在“无烟区”内推广使用清洁炉灶和燃料，对陈旧设备进行改造。1968 年对《清洁空气法》进行了修订，进一步提出了“烟尘控制区”的概念，要求“烟尘控制区”内禁止直接烧煤。之后，伦敦政府还决定增加“烟尘控制区”内清洁能源的比例，推广使用无烟煤、电和天然气，冬季采取集中供暖，并将发电厂和重工业设施迁至郊外。同时，政府采用补贴的办法帮助居民改造燃具，市区和近郊区所有的工业企业都不准用煤炭和木柴作为燃料。到 1976 年，大伦敦地区“烟尘控制区”的面积已经占到 90%。从 1995 年起，英国又制定了国家空气质量战略，规定各个城市都要进行空气质量的评价与回顾，对达不到标准的地区，政府必须划出空气质量管理区域，并强制在规定期限内达标。为了进一步控制汽车尾气污染，英国政府部门 2015 年宣布，将于 2020 年在伯明翰、利兹、诺丁汉、德比和南安普敦 5 座城市划定“清洁空气区”，向进入该区域的高污染车辆收费，以减少机动车尾气排放。

在美国，1943 年洛杉矶烟雾事件发生后，加利福尼亚州迅速加大了大气污染治理力度，1947 年通过了《空气污染控制法》，要求每个县都要建立空气污染控制区，并对所有工业企业提出了大气污染排放的限制性要求。1969 年，加州政府在空气污染严重的南部地区划定了南海岸空气盆地（South Coast Air Basin，SCAB），包括整个橙县和洛杉矶县、河滨县、圣贝纳迪诺县的非沙漠地区，目的是更有针对性地加强空气质量管理和污染治理。一开始，南海岸空气盆地涉及的

4 个县都设有空气质量管理机构。为了强化联合治理，1976 年，这 4 个县的空气质量管理机构进行了合并，成立了统一的南海岸空气质量管理区（South Coast Air Quality Management District，SCAQMD），专门负责南海岸空气盆地的固定污染源管理（移动源的管理由加州空气资源委员会负责），其管理对象大到发电厂、炼油厂等大型企业，小到建筑涂料、家具油漆等具体产品。该机构通过推行空气质量管理计划，制定污染物排放标准，并通过检查、监测、公众参与等多种方式进行了综合治理，对于改善区域空气质量发挥了重要作用。在西部城市大气污染有所缓解的同时，东部城市的臭氧污染又成为一个突出问题。1977 年，有学者研究发现，美国中西部的氮氧化物和挥发性有机物的长距离传输是东北部城市臭氧超标的重要原因。于是，1990 年美国《清洁空气法修正案》正式授权划定臭氧传输区域，并要求未达标区域使用合理可行的控制技术来降低氮氧化物和挥发性有机物的排放。同时，臭氧污染严重的东北部缅因州、弗吉尼亚州与哥伦比亚区联合建立了“臭氧传输协会”（Ozone Transport Commission，OTC）。该机构由各州代表以及美国国家环保局成员组成，从 1991 年开始协调制定区域氮氧化物和挥发性有机物减排策略并督促实施。

日本在经历过 20 世纪五六十年代的高速发展之后，累积性环境问题开始集中爆发。为了治理日趋严重的二氧化硫污染，日本同样采取了对重污染区域专门整治的做法。其中，为了治理城市中心区域因化石燃料使用而造成的二氧化硫污染，1970 年修订的《大气污染防治法》对燃料标准做出了规定。1974 年，日本再度修改《大气污染防治法》，在世界上首次实施了污染物总量控制，并进一步加强了工业密集、污染严重地区的二氧化硫污染治理。在札幌、广岛等 14 个城市的特定区域（一般是市中心），根据具体情况提出燃料的含硫量限值要求。例如，札幌市中心区的燃料含硫量不得超过 0.5%，广岛市中心区的燃料含硫量不得超过 1.0%。如果企业不能在规定的期限内完成整改，就会受到惩罚。同时，对于此类区域内新建的烟气发生设备制定了更为严格的排放标准，即特别排放标准（周军英等，1999）。

区域环境污染不仅与生产环节有关，与流通、消费等环节也有很大关系，必须通过企业、公众、政府等多种利益主体的协同治理，最终才能取得较好的效果。因此，对于环境污染比较严重的地区，在空间识别的基础上进行区域综合治理是一个比较好的做法，其他国家如日本、法国等也有类似的立法和治理行为。在管理上，当问题区域被确定之后，有关部门一般会制定有针对性的计划、政策和标准来解决相关问题，与医学中通过外科手术来消除病症非常相似。并且，针对问题区域，一般都会成立专门的区域管理机构，对区域内的特定资源环境问题进行专门整治。在这个过程中，专门针对问题区域的要求会成为其他决策的重要环境考量因素。随着人们对资源环境问题重视程度的提高，环境保护领域的问题区域必定会越来越多，从而成为空间环境管制的重要途径。

（三）设立保护地

通过禁止和限制某些人类活动来保护有特殊自然、生态和文化价值的区域，使其免遭人类开发活动的破坏，是国际上的通行做法，此类区域统称为保护地（protected areas）。根据世界自然保护联盟（International Union for Conservation of Nature，IUCN）的分类体系，保护地可划分为严格的自然保护区和原野保护区（strict nature reserve & wilderness area）、国家公园（national park）、自然纪念物（natural monument or feature）、栖息地/物种管理区（habitat/species management area）、陆地/海洋景观保护区（protected landscape/seascape）、自然资源可持续利用保护区（protected area with sustainable use of natural resources）等六种类型（夏友照等，2011；王智等，2004）。根据世界自然保护联盟和联合国环境规划署统计，截至 2014 年 7 月，全世界符合世界自然保护联盟标准的自然保护地共有 207 201 处（李琡等，2016）。从目前来看，几乎每个国家都建立了符合本国国情的保护地分类和管理体系，但未必完全符合世界自然保护联盟提出的标准，或者能够与其分类体系完全对应。

在所有保护地中，国家公园是国际上比较通行的一种。根据世界自然保护联盟的标准，国家公园应符合以下条件：①生态系统没有受到明显破坏，物种、地质遗迹、栖息地等具有科研、教育和旅游价值，或者具有非常美丽的自然景观；②国家已经开始采取行动来阻止或消除区域内的开发活动和土地占用，并加强生态、地貌及美学方面的保护；③受保护自然区域的面积不小于1 000 hm^2；④区域保护具有法律依据；⑤具有预算和组织保障，能够得到充分、有效的保护；⑥区域内除体育运动、捕鱼、管理活动和基础设施之外，没有任何自然资源开发行为（包括水坝）；⑦在特定情况下，游客可进入开展教育、文化、旅游等活动。根据上述标准，国家公园首先强调的是如何保护区域内景观的原始性。在做好保护工作的基础上，可以在特定区域内开展一定的科研、教育、娱乐等活动，为社会公众提供服务。自 1872 年美国建立世界上第一个国家公园——黄石公园

（Yellowstone National Park）至今，全球已有 200 多个国家共建立了 10 000 余处国家公园，对保护自然生态系统发挥了重要作用。

美国是世界上较早建立保护地的国家，其保护地种类非常繁杂。根据管理主体，美国的保护地可分为不同的体系，并且联邦、州和地方政府都有自己管理的保护地。国家层面的保护地可分为国家公园体系、国家森林体系、国家景观保护体系等。每个体系都包含多种类型的保护地，如国家公园体系中有国家公园（national park）、国家保护区（national preserves）、国家海滨（national seashores）、国家湖滨（national lakeshores）四种；国家森林体系中有国家森林（national forests）和国家草地（national grasslands）两种；国家景观保护体系中的保护地类型多达十种。联邦层面比较知名的保护地有国家公园、国家森林、国家野生动物保护区、国家荒野保护区等。其中，国家公园由内政部国家公园管理局管理，国家森林由农业部林业局管理，国家野生动物保护区由内政部鱼类和野生动物管理局管理，国家荒野保护区则可由国家公园管理局、林业局、鱼类和野生动物管理局以及土地管理局等多个部门设立和管理。各州的保护地主要是州立公园，有些州立公园的面积甚至比国家公园还要大。此外，县、市层面也有自己的保护地，种类繁多、名称各异。美国保护地的资金来源主要有三个渠道：一是政府财政拨款，二是非政府机构和企业捐赠，三是自身经营活动实现的创收。截至 2015 年，美国共有各类陆域保护地 25 800 处，面积约 129 万 km^2，占其陆地国土面积的 14%。此外，还有 787 处国家海洋保护地，占其海域面积的 12%。美国建立各类保护地的目的是保护生态系统、动植物物种、独特的地质构造或具有历史意义和考古价值的地点，管理目标是兼顾保护自然资源和促进当地经济发展，因此在管理上并不单纯强调保护，而是力求在保持生态完整性和生物多样性的前提下，充分发挥其旅游和休闲功能，在保护和利用之间取得平衡。

在美国的各类保护地中，国家公园是知名度较高、管理也比较严格的一类。根据 1916 年《国家公园管理局法案》，美国设立国家公园的目的是“保护自然风光、历史遗迹和野生动植物，在为当代人提供休闲享受的同时，将其完好地留给子孙后代”。美国国家公园由隶属联邦内政部的国家公园管理局（National Park Service）归口垂直管理，并下设 7 个地区局，各地区局再下设若干分支机构（朱华晟等，2013）。迄今为止美国共在全国范围内建立了 59 座国家公园，分布在 27 个州内。其中最大的国家公园是兰格尔-圣伊莱亚斯国家公园与保护区，面积达 32 000 km^2，最小的是温泉国家公园，面积为 24 km^2，国家公园的总面积为 21 万

km^2，对自然生态环境起到了良好的保护作用。与国家公园重点强调保护功能不同，美国的国家森林（national forest）则更具有限制类开发区域的属性。国家森林由联邦农业部林业局管理，其管理重点是资源保护、林业采伐、牲畜放牧、流域保护、野生动植物保护和旅游休闲。与国家公园相比，国家森林允许资源开发。此外，国家森林还可在特定时间和特定区域内进行越野、采集、野营、打猎等活动。目前美国共有 155 个国家森林，总面积 769 000 km^2，超过了国家公园，占美国国土面积的 8.5%。国家森林建立的初衷是协调资源开发和生态保护之间的矛盾，从目前来看是较好地发挥了这一作用。国家公园、国家森林，再加上其他类型的保护地，使美国最具生态价值的区域得到了妥善保护。

澳大利亚也是世界上较早建立保护地的国家，第一个国家公园于 1879 年在新南威尔士州设立，起初只称为“国家公园”，1955 年后改称皇家国家公园（Royal National Park），其建立时间仅比美国的黄石公园晚 7 年。截至 2014 年，澳大利亚共有各类保护地 10 339 个，总面积 137.5 万 km^2，占国土面积的比例高达 17.88%。按照管理主体，澳大利亚的保护地可分为四类：第一类由联邦、州和领地政府管理，约 70%的土地属于公有，此类保护地的面积约 65.7 万 km^2，占国土面积的 8.54%；第二类保护地由土著社区拥有和管理，称为原住民保护区（indigenous protected areas），面积约 55 万 km^2，占国土面积的 7.16%；第三类保护地由各类主体联合管理，面积约 9.5 万 km^2，占国土面积的 1.24%；第四类保护地由私人管理，面积约 7.2 万 km^2，占国土面积的 0.94%（澳大利亚环境与能源部，2014）。在类别上，澳大利亚的保护地可分为国家公园、国家森林、保护区、自然公园、原住民保护区等。在澳大利亚的各类保护地中，国家公园的数量超过 500 个，面积超过 28 万 km^2，是各级政府管理的保护地的主体。

澳大利亚国家公园的保护对象主要有两类，一类是自然资源，如大堡礁珊瑚虫景观、乌鲁鲁的爱丽丝岩等；另一类是人文景观，如卡卡杜国家公园的土著人壁画、蓝山国家公园的土著人遗址等。对于国家公园的管理目标，首先是保护自然生态系统，其次是为国民提供游憩机会。在管理体制上，联邦政府与各州、领地政府均设有国家公园管理机构。其中，澳大利环境与能源部下属的国家公园管理局负责国家层面的国家公园等保护地管理工作，各州和领地政府设立的管理机构则负责管理本地的保护地。对于国家公园的运作经费，主要来自联邦政府和各州政府的拨款，以及环保组织的捐赠。澳大利亚在国家公园的保护和开发过程中，非常注重研究工作，并能将研究成果应用到管理中去。例如，对于旅游开发强度，一般通过承载能力来确定。通过计算国家公园的旅游承载能力，确定游客密度、土地利用强度和经济发展强度，使旅游活动不至于对保护对象产生明显的损害，从而在保护和开发之间取得平衡。

英国的保护地体系也比较复杂，但大体可归入四个范畴，其保护对象分别为自然景观、生物多样性、地质多样性和文化与历史遗迹。其中，国家公园是一类最严格的保护地。1949 年，英国通过了《国家公园与乡村进入法》（*National Park and Access to the Countryside Act*），确立了国家公园保护体系，并于 1951 年设立了首批共 4 处国家公园，分别是达特穆尔国家公园（Dartmoor）、湖区国家公园（Lake District）、峰区国家公园（Peak District）和雪墩山国家公园（Snowdonia）。截至 2012 年，英国共设立了 15 处国家公园，涵盖了最具景观和生物多样性保护价值的山地、草甸、森林、湿地等生态类型，其中英格兰有 10 处，威尔士有 3 处，苏格兰有 2 处，每个国家公园均设有独立的公园管理局（National Park Authority，NPA），其资金来源主要为财政拨款。由于英国国土面积小，人口密度大，因而英国的国家公园与美国和澳大利亚有所不同，主要以乡村为主，属于半自然景观。根据 1995 年的英国《环境法》（*The Environment Act*），其国家公园的管理目标是：①保护与提高国家公园的自然美景、野生生物和文化遗产；②为公众理解和欣赏特殊品质提供机会。由于英国是由英格兰、苏格兰、威尔士和北爱尔兰组成的联合王国，且土地私有制实行得比较彻底，因此国家公园在管理体制上呈现出以公园管理局为核心的多元共治的特点。相关参与主体分别有环境、食品和乡村事务部、成员国政府层面的国家公园管理机构、非政府机构、国家公园内的乡村等（王应临等，2013）。除国家公园外，英国的保护地还有自然美景保护区（Area of Outstanding Natural Beauty）、特殊景观区（Special Landscape Area）、国家风景区（National Scenic Area）等。以上区域共同搭建起了英国的空间管制体系，确保具有重要价值的区域能够得到妥善保护。

除美国、澳大利亚和英国外，其他国家也都根据自身需要建立起了相应的保护地管理体系，对最具原始特征和保护价值的区域进行专门保护，以发挥保护生态环境、提供旅游机会、规范空间开发格局等作用。包括国家公园在内的保护地一旦划定，就成为空间开发活动必须避让的区域，对相关决策的制定具有很强的约束作用。

（四）划定城市增长边界

城市增长边界（Urban Growth Boundary，UGB）是一些西方国家用来控制城市无序蔓延的空间管制手段。Sybert（1991）认为："城市增长边界是一条在城市外围划定的用以遏制城市空间无限扩张的线。" Bengston（2004）则将城市增长边界定义为："将城市化地区与郊区生态保留空间进行区分的重要分界线，由政府在地图上标示，并通过区划和其他政策工具来保障实施。" 一般而言，城市增长边界可分为刚性边界和弹性边界。刚性边界一旦划定便不再更改，对城市建设用地扩展具有刚性约束作用。弹性边界则可根据城市发展状况，在经过评估、审核等程序后进行适当调整。城市增长边界划定后，边界以内属于城市增长空间，用于高密度城镇建设，边界之外则作为低密度的开敞空间，用于发展农业或生态用地。在城市增长边界的划定过程中，如果不同部门或利益主体之间存在争议，一般由城市规划管理部门进行协调。城市增长边界一经划定，就具有法律效力，不得随意调整。因此，城市增长边界是控制城市过度扩张的重要手段。当然，划定城市增长边界的目的并不是要限制城市的发展，而是要把城市的发展限制在一个明确的地理空间中。

从实践来看，英国早在20世纪上半叶就有了限制城市地域空间扩张的思想和做法。具体而言，英国自工业革命以来，经过近一个半世纪的快速工业化和城镇化，很多城市出现了不加限制的空间扩张现象，不仅大量侵占了周围农村土地，生态环境和自然景观也遭到了严重破坏。在此背景下，1926年，英国城镇规划委员会主席帕特里克·艾伯克隆比爵士（Patrick Abercrombie）发表了环保作品《英国的乡村保护》，对英国城市建筑沿着道路两侧不断侵吞周围乡村的自然和传统人文景观提出了质疑。通过此书，艾伯克隆比爵士呼吁成立一个委员会来抗争城市的无限制扩张，这一提议得到了很多人的支持和肯定。于是，在同年10月，英国乡村保护运动（Campain to Protect Rural England，CPRE）宣告成立。这一组织成立后，主要致力于控制城市无序蔓延、保护乡村中具有较高景观价值的区域，以及在城市周围设置绿化隔离带等运动。通过不断地呼吁和游说政府官员，促成了英国很多环保法令的颁布，如1947年的《城乡规划法》（*The Town and Country Planning Act*），1949年的《国家公园与乡村进入法》（*National Parks and Access to the Countryside Act*），以及1955年的《绿化带建设法》（*Green Belt Circular*）等。1935年，大伦敦地区规划委员会正式提出在伦敦市周围设置绿带以阻止城市无序蔓延的建议。1947 年《城乡规划法》颁布后，伦敦市就在第一个规划中正式纳入了建设绿带的要求。1955 年《绿带建设法》颁布后，更多城市在规划和建设中引入了绿带的做法。后来，越来越多的国家和地区通过各种方式为城市增长设置边界，用以保护城市外围的开敞空间和休闲用地，这种限制城市建成区扩张的做法事实上就是城市增长边界的雏形。

一般认为，美国是世界上最早正式提出城市增长边界概念，并在实践中广泛使用的国家。1976 年，美国俄勒冈州为了解决塞勒姆市与其相邻的波尔克和马里恩两县在城市规划管理中的冲突，为塞勒姆市划定了城市增长边界，规定边界以内的土地可以用作城市建设，边界以外的土地则不可用于城市开发建设。随后，俄勒冈州制定了设置城市增长边界的有关政策，要求每个城市都要制定一个长期规划，妥善处理城市建设用地扩张与保护周围开敞空间之间的关系。其城市增长边界包含了未来 20 年城市发展所需的空间，并每隔 4～7 年进行一次评估，根据评估结果进行适当调整（王颖等，2014）。城市用地增长只能在城市增长边界内，边界外只能用于发展农业、林业和其他非城市建设用途。后来，华盛顿州、田纳西州、加利福尼亚州等也颁布了相关规划法令，要求各城市通过设立增长边界来限制城市无序扩张，确保城市用地增长避开需要保护的区域。

从目前来看，划定城市增长边界的做法得到了越来越多国家的认可。例如，澳大利亚 2002 年在《墨尔本 2030 大都市发展战略》中也设定了城市增长边界，对城市边缘区的土地利用提出了法律限制，以此来控制城市向外围地区无序蔓延。其他国家和地区如加拿大、法国、新西兰、南非、中国香港等也采取了类似的做法，它们虽然没有使用“城市增长边界”一词，但限制城市建成区扩张的做法均可归入城市增长边界的范畴。由于不同国家的国情不同，因而划定城市增长边界的做法也不可能统一。从目前来看，城市增长边界更多是作为一种理念和思想在发挥作用，在实施过程中需要与具体的规划体制相融合。

（五）进行土地用途管制

因为空间利用事关公共秩序，因此一个国家不论土地私有还是公有，一般都会实施土地用途管制。特别是在人口较多和建筑较高的区域，土地用途管制尤为必要。其中，编制土地利用规划和城市规划是最常见的形式，很多国家和地区都在开展此类工作。与我国空间管制领域存在多个法定规划不同，国外在市县层面往往是用一个规划来整合土地利用、城市建设、环境保护等多个方面的管制要求，用一张蓝图来描绘发展愿景，并作为政府部门的管理依据。

新加坡作为一个面积仅为 719.1 km^2 的城市国家，为了提高土地利用效率，建立了包括三个层级的土地规划体系。其中，第一个层级是概念规划，主要着眼于未来 40～50 年的长远发展。概念规划并非法定文件，重在凝聚共识，描绘蓝图。其主要功能是明确土地利用的方向，为下阶段编制总体规划提供理性基础。新加坡的概念规划最早编制于 1971 年，以后每十年修编一次，迄今为止已进行了四轮修编，但最初确定的开发格局并未发生根本变化。第二个层级是总体规划，主要功能是将概念规划提出的战略构想和空间部署落实到土地利用层面，确定具体地块的用途。总体规划需要国会批准，具有法律效力。新加坡最早的总体规划编制于 1998 年，以后每五年修编一次，可以指导未来 10～15 年的发展。总体规划采用“发展指导图”的方法，将整个新加坡分为 55 个区，并为每个区制定一套发展指导规划，内容上包括每一地块的具体规划用途、开发密度、容积率、建筑限高等。第三个层级是市镇、交通、公园等专项规划。专项规划要根据概念规划和总体规划，对本行业、本区域涉及的土地利用进行进一步的细致安排。例如：工业园区规划会明确其功能定位和范围；公共组屋规划会明确组屋的设计形式和组屋的修缮计划等（曹端海，2012；王才强等，2012）。综上所述，新加坡的土地利用规划通过三级控制，每一块土地的用途都被明确限定，从而能够保证土地利用的有序和高效。

美国虽然地广人稀，并且大部分土地归私人所有，但却是世界上较早实施土地用途管制的国家之一。早在 1916 年，纽约市就制定了《综合分区规划条例》，并开展了美国历史上第一个土地利用分区规划，随后，各州纷纷效仿，分别建立了适合本州特点的土地用途管制制度。对于土地用途管制，美国也主要是通过土地利用规划来实现的。具体而言，美国的土地利用规划分为州土地利用规划和地方土地利用规划。州土地利用规划更像是一种政策文件，主要是目标和指导性要求，一般不具有法律效力。地方土地利用规划分又为总体规划和分区规划。其中，总体规划的主要内容是明确土地开发方向、基础设施水平、公共设施预留空间及开放空间等，具有法律效力（魏莉华，1998）。根据总体规划，各个城市一般会进一步制定分区规划，限定土地用途。一般而言，美国将城市土地用途分为住宅、商业、工业、农业等类型，大城市还可根据实际需要做进一步细分。在分区的基础上，还会进一步提出具体地块的使用规则，以及人口密度、容积率、建筑高度、建筑密度等方面的规定。除此之外，由于美国是联邦制国家，各州在土地用途管制方面还有很多各具特色的做法。例如，马里兰州的乔治王子郡将全郡划分为优先发展区、经济发展潜力区、限制发展区、延续发展区等，以此对都市空间地域形态发挥引导作用，这也是规范空间开发秩序的重要手段。此外，为了限制建设用地大量侵占农业用地，美国在 1981 年制定了《农地保护政策法》（*Farmland Protection Policy Act*），将全国的农地划分为基本农地、特种农地、州重要农地和地方重要农地四种类型，并对不同类型的农地提出了差别化的开发和保护要求。其中，基本农地和特种农地的用途禁止改变，这种做法也属于土地用途管制的范畴。

由于土地资源越来越稀缺，土地用途管制逐渐成为国际社会的通用做法。特别是在城市，土地用途管制已经成为优化资源配置、维护公共秩序、保护生态环境的重要手段。

第二节　行业环境管制

不同行业的社会贡献、经济贡献和环境影响各不相同，因而政府部门在制定决策时，需要根据本地区所处的发展阶段、主要矛盾和发展战略，在综合考虑以上三方面因素的基础上，对不同行业的发展提出不同的要求，尽可能地引导产业发展融入区域发展战略。在这一过程中，政府部门对行业和产品提出的限制性、引导性要求均可称之为行业管制。因此，行业管制的内容十分广泛，涉及社会、经济、科技、环保等多个方面。随着全球范围内人地矛盾的凸显，环境管制日益成为行业管制的重点内容。

一、行业环境管制的概念

不同行业对环境的影响存在较大差异，因而在进行污染治理时，不能眉毛胡子一把抓，而是要抓住主要矛盾，优先治理那些污染贡献大的行业。通过重点治理，可以在短期内取得事半功倍的效果。除对主要污染行业进行末端治理外，更需要通过法律、行政、经济等手段，从根本上规范政府、企业和公众的管理、生产和消费行为，从而起到从决策源头防治环境污染和生态破坏的作用。从西方发达国家的发展历程来看，在其工业化和城镇化发展的中期阶段，特别是重化工业阶段，同样出现了严重的环境污染和生态破坏问题，最为典型的就是 20 世纪中叶在英国、美国、日本等国家爆发的环境公害事件。之后，环境保护运动在世界各地风起云涌。通过社会各界施压，一些污染贡献较大的行业成为西方国家重点管制的对象。事实上，在应对环境公害事件的初期，西方国家也采用了一些行政手段。之后，由于西方普遍奉行自由经济原则，因此更多的是通过立法和标准来对污染源进行控制，并建立起了相对完善的环境保护规制，以此来推动环境质量逐步改善。

这里所说的行业环境管制，是指政府管理部门从改善环境质量的角度出发，对相关行业和产品的生产工艺、污染设施、污染排放等提出的限制性、引导性要求，既包括法律手段，也包括行政手段和经济手段。通过行业环境管制，不仅可以起到控制污染排放的作用，还可以促进资源由传统行业向新兴的环境友好型行业转移，从而推动整个国家和地区的产业结构升级，最终在改善环境质量的同时提高产业竞争力。因此，有效的行业环境管制可以促使一个国家和地区更快走上可持续发展的道路。

二、行业环境管制的途径

（一）制定排放标准

通过制定严格的排放标准来减少某些行业的污染排放，是西方市场经济国家最为普遍的行业环境管制手段。20世纪中叶，西方发达国家在对城市大气污染的治理过程中，就将汽车尾气排放标准作为改善空气质量的主要抓手。其中，美国洛杉矶和英国伦敦的做法具有一定的代表性。

洛杉矶位于美国西海岸，西临太平洋，背靠圣加布里埃尔山。优越的区位条件，使其在20世纪初就成为一座世界知名的国际大都市，工商业极为发达。然而，洛杉矶三面环山的地形条件，导致大气扩散条件极差，这也是后来频繁爆发大气公害事件的重要原因。由于经济发达，早在20世纪40年代初，洛杉矶市就有250多万辆汽车，每天消耗汽油上千吨。再加上炼油厂、供油站等其他排放源，每天向大气排放大量的碳氢化合物、氮氧化物、一氧化碳等污染物。这些污染物在阳光照射下，原有的化学链遭到破坏，形成以臭氧为主的光化学烟雾，致使整座城市上空变得混浊不清。受光化学污染影响，易感人群出现了眼睛痛、头痛、呼吸困难等症状，严重时甚至可以致人死亡。洛杉矶光化学烟雾出现后，研究机构立刻对污染物进行了源解析。起初认为，造成居民患病的污染源主要是二氧化硫，于是便大力削减工业部门的二氧化硫排放量，但收效甚微。随后又发现，碳氢化合物同二氧化氮或空气中其他成分一起在紫外线照射下形成的有机化合物才是罪魁祸首，于是又着手控制石油提炼厂储油罐的石油挥发物，但空气质量仍然未见明显改善。直到 1952 年，加州理工学院化学家 Arie J Haagen-Smit 才发现光化学烟雾的形成与汽车尾气有直接关系，并指出臭氧是洛杉矶烟雾的主要成分。此后，加利福尼亚州（以下简称加州）开始把汽车尾气排放作为大气污染控制的重点，把排放标准作为主要抓手，并取得了显著效果。直到今天，加州仍是全美国汽车尾气排放标准最严格的地区。

1959 年，加州开始着手控制汽油车碳氢化合物和一氧化碳的排放，并于 1966 年制定了汽车尾气排放标准；1964 年要求 1966 年生产的汽车采用最小排放控制系统；1988 年，要求 1994 年开始生产的汽车装备汽车诊断仪，监测尾气排放；1994 年，颁布了清洁燃料和低排放汽车计划 CF/LEV，规定从 1995 年起实施严格的低污染汽车标准，分四个阶段进行：过渡低排放车（TLEV）、低排放车（LEV）、超低排放车（ULEV）和零排放车（ZEV）。表 2-1 为 1994 年以来美国加州的轻型汽车尾气排放限值，可以看出排放标准在不断收紧（朱庆云等，2004）。从 2004 年开始，加州实施更加严格的 Tier2 标准；从 2015 年开始实施 LEV Ⅲ标准。同时，为了引导汽车产业从根本上减少尾气排放，加州空气资源管理局从 20 世纪 90 年代初期要求销售到加州的轻型车要有一定比例的零排放汽车，并且这一比例逐年增加。

表 2-1　美国加州轻型汽车排放限值　　单位：g/km

标准	实施年份	CO	NMOG*	NO_x	PM	甲醛
Tier1	1994	2.11	0.6	0.25	0.05	0.16
Tier2	2004	1.06	0.08	0.124	0.05	—
TLEV	1995	2.11	0.08	0.25	0.05	0.009
LEV		2.11	0.047	0.125	0.05	0.009
ULEV		1.06	0.025	0.125	0.025	0.005
ZEV		0	0	0	0	0
LVEIII	2015	4.2	$NMOG + NO_x \leqslant 0.16$		0.01	0.004

* NMOG 为非甲烷有机气体。

注：均指汽车行驶里程在 80 000 km 以内或使用年限不超过 5 年时，各项汽车尾气排放指标对应的标准。

除控制汽车尾气排放外，不断提高汽油质量也是加州改善空气质量的重要举措。1971 年，加州制定了有关汽油 RVP[①]和溴的限值标准；1975 年，制定了有关汽油硫、锰和磷含量的标准；1987 年开始禁铅，1990 年彻底禁铅并制定加州第一阶段新配方汽油（CaRFG1）标准；1992 年实施 CaRFG1 标准，1996 年实施 CaRFG2 标准，2003 年实施 CaRFG3 标准（朱庆云等，2004）。CaRFG3 和 CaRFG2 相比，硫含量和苯含量均有明显降低，其他指标也多有调整。

美国联邦政府一开始采用加州的汽车尾气排放标准，随后从 1972 年起制定了联邦标准。之后，污染物排放限值也在不断收紧。在立法方面，美国联邦政府于 1965 年专门发布了《机动车空气污染控制法》。根据这部法律的规定，卫生和公共服务部、教育部等联邦机构可以对新生产的汽车设置一定的标准，要求其充分考虑开发和使用最先进的技术，减少大气污染物排放。1970 年，美国联邦政府通过《清洁空气法》，制定了车辆的认证、检测、减排配件应用等多项制度，对燃料的生产也做出了明确规定，并对环保车型提供免税和一定的贷款补贴。1988 年，加州通过了《加州洁净空气法》，较联邦政府《洁净空气法》中关于汽车尾气污染控制的要求更为严格（姜欢欢，2015；Fredric，2004）。除立法和制定标准外，加州还采取了一些其他措施来控制汽车尾气排放，主要有削减炼油厂和加油操作过程中的油气挥发，柴油货车及公共汽车采用丙烷代替柴油，淘汰含铅汽油等。美国针对汽车行业的尾气排放标准和相关政策措施，提高了汽车行业的环保准入门槛，对汽车工业的生产、销售、使用等产生了巨大影响，不仅从源头上减少了汽车尾气排放，而且促进了汽车工业的技术进步，提高了产业竞争力。

英国在大气污染治理方面的举措与美国类似，也主要是通过立法和标准来控制汽车尾气排放，同时不断提高油品质量。1973 年，英国颁布了《机动车辆制造和使用规则》，禁止使用尾气不达标的车辆，并积极引导采用新技术来处理汽车尾气和耗油量的问题（许建飞，2014）。1974 年，英国颁布《污染控制法》，对机动车燃料的组成，以及机动车油品中硫的含量做出了规定。20 世纪 80 年代以后，英国大气污染治理的重点进一步向机动车倾斜，政府陆续出台或修订了一系列法案，如《汽车燃料法》（1981 年）、《道路车辆监管法》（1991 年）等。此外，英国政府还加强了对汽车工业的技术改造，设计生产先进的环保型轿车，并多次修订完善《清洁空气法》，不断增加关于机动车尾气排放的规定。从 1993 年 1 月开始，

---

① RVP：称为雷德蒸气压，它是衡量汽油在使用中是否产生气阻的指标。

英国强制所有在国境内出售的新车都必须加装催化器以减少氮氧化物排放，对汽车尾气中一氧化碳、氮氧化物以及碳氢化合物等成分进行严格控制，并在汽车年检中检测尾气中一氧化碳、氮氧化物等是否达标。此外，从2012年起，英国要求所有新出租车都需要达到欧V排放标准，并取消车龄超过15年的出租车的运营资格。通过不断加强对机动车污染源的控制，英国各城市的环境空气质量得到了明显改善。

其他国家如日本、德国、法国等也把汽车尾气排放控制和油品质量提升作为大气污染控制的重点，把严格污染物排放标准作为主要抓手，在实施过程中取得了较好的效果。对于其他重污染行业，西方国家也普遍实施了以污染物排放标准为核心的行业管制。例如，自20世纪70年代以来，美国基于最佳可行控制技术，重点开展了针对电力、建材、石化、冶金、印刷等行业的污染控制，制定了大量针对具体行业的污染物排放标准。其中，针对VOCs排放较为突出的涂料行业，1990年《清洁空气法》修正案提出了严格的限值要求。企业为了实现VOCs达标排放，需要对化学配方、原料、包装、存储等多个环节进行改造（闫静等，2016）。此后，美国还进一步颁布了《国家建筑涂料VOCs排放标准》《国家汽车修补涂料VOCs 排放标准》等更为具体的行业污染物排放标准。基于污染物排放标准的行业环境管制，不仅改善了环境质量，同时推动了产业升级和技术进步，进一步增强了相关行业的国际竞争力。

（二）设置行政许可

与具有政府管制传统的亚洲国家相比，西方国家很少使用行政手段来进行环境管理。如果使用行政手段，一般也需要法律授权并制定严格的执行程序。在行政手段中，总量控制制度和排污许可证制度具有一定的代表性。作为一种行政许可，总量控制制度基于区域环境容量，为不同区域和不同企业设置了污染物排放量上限。排污许可证制度则为建设项目污染物排放设置了前置条件，规定了排放源必须遵守的污染物排放限值和相关的法律法规要求。

1．总量控制制度

所谓污染物总量控制，就是基于环境质量目标，在综合考虑社会、经济、技术等因素的基础上，对某一区域某一时间段内特定污染物排放总量实施控制的管理制度。换句话说，就是区域内某些污染物的排放总量在规定的时间段内不能超过某一上限值。它涉及三个方面的内容：一是污染物的排放总量；二是污染物排放控制的地域范围；三是排放污染物的时间跨度。实施污染物总量控制的目的是维持或改善区域环境质量，促进产业技术进步和产业结构升级。尽管总量控制对象是特定的区域，但最终作用的对象却是区域内具体的行业和企业。为了尽快实现区域总量控制目标，相关管理机构一般会优先管制那些污染物排放量较大的行业，因此这里将其归入行业环境管制的范畴。此外，污染物总量控制制度还是排污权交易的基础，政府部门分配给企业的污染物排放量指标构成其初始排污权。

一般认为，日本是世界上最早提出污染物总量控制的想法并将其付诸实践的国家。具体而言，日本国会于 1968 年通过了《大气污染防治法》，对二氧化硫污染控制区域提出了实行 K 值控制的要求，其计算公式为：$Q=K\times H_e^2/1\,000$，其中，Q 是二氧化硫的允许排放量；H_e 是烟囱的有效高度；K 是地区系数，根据不同地区的污染程度和地理情况确定。一般而言，污染程度越严重，人口密度越高的地区 K 值越小。随后，K 值几乎每年都要修订，并且越来越小。企业为了满足 K 值要求，只能不断减少二氧化硫排放总量，或者增加烟囱高度。日本通过实施基于 K 值的总量控制，一方面引导企业不断降低燃料中的硫含量，另一方面促进企业大量安装脱硫设施。在继续加强 K 值控制的同时，1974 年日本再次对《大气污染防治法》进行修订，正式导入了总量控制的概念（邓华龙等，1988；刘舒生等，1995）。并且，在某些总量控制的重点地区，还采取了更加严格的总量限制措施。日本通过二氧化硫排放总量控制，环境空气质量很快得到明显改善。截至 1979 年，日本的二氧化硫污染问题已经基本解决，1995 年二氧化硫环境质量达标率高达 99.7%（周军英等，1999）。

美国的污染物总量控制制度起源于 1979 年实施的“泡泡政策”。所谓“泡泡政策”，就是把包含多个污染源的一家工厂或一个地区当作一个“泡泡”，泡泡内所有污染源的空气污染物排放总和不得超过政府部门规定的排放量。在不超出污染物排放总量控制目标的前提下，泡泡内的污染源可以相互调剂污染物排放量。实施“泡泡政策”的目的是在实现区域污染控制目标的同时尽量降低经济代价，即鼓励那些减排成本低的企业优先进行污染治理，把削减下来的排污量有偿转让给污染治理成本高的企业。这种企业之间可以相互调剂污染物排放量的做法，后来进一步发展为美国的排污交易制度。进入 20 世纪 80 年代后，美国因火力发电导致的二氧化硫污染日趋严重。为此，美国国会 1990 年通过了《清洁空气法》修正案，提出了“酸雨计划”，要求在电力行业实施二氧化硫排放总量控制，目标是 2010 年二氧化硫排放量比 1980 年减少 1 000 万 t。“酸雨计划”分两个阶段实施，

1995—1999 年为第一阶段，主要针对美国东部和中西部 21 个州排放最为集中的 110 个电厂；2000—2010 年为第二阶段，管制对象包括规模 2.5×10^4 kW 以上的所有电厂，以及 1991 年后开始投产运营的新电厂（李玲等，2010；吴柯君，2011）。

通过污染物总量控制和排污权交易相互配合，最后会将减排压力传导到那些污染物排放量较大、减排成本较高的行业和企业上去，从而推动重点行业加快技术升级改造的步伐，促进区域产业结构不断向高级化、绿色化方向发展。

2. 排污许可证制度

排污许可证制度是目前国际上比较通行的环境保护制度，其中美国的做法具有一定的代表性。美国国家环保局（EPA）负责排污许可证的发放和监督，但一般授权州政府在各自的辖区内核发许可证并进行管理；对于未得到授权的州，由美国国家环保局区域办公室负责许可证的核发。由于美国的污染物排放许可证是通过单项立法制定的，因此大气污染物排放许可证和水污染物排放许可证分别发放。许可证的主要内容包括排污位置、排放限值、监测和报告要求等。企业需要建立一个包括监测数据、图表或其他必要基础资料的文件，以证明其实际排放情况，并定期向当地的环境管理机构报告。此外，排污许可证也会载明企业违法排污可能受到的惩罚。通过排污许可证，企业明确了自身的排污权利和污染控制责任，政府有了明确的监管依据，双方责权清晰，极大地提高了管理效率。

《清洁空气法》（*Clean Air Act*）是大气污染物排放许可证的法律依据，共规定了两类许可证，分别是建设许可证和运营许可证。建设许可证适用于新建排放源或者现有排放源的改（扩）建，运营许可证适用于现有排放源。因此，建设许可证是体现“源头预防”思想的重要环境管理手段。具体而言，《清洁空气法》规定，新建固定排放源企业或者对原有固定排放源企业进行实质性改建时，必须在开始建设前获得许可证。在空气质量达标地区发放的建设许可证称为防止严重恶化许可证，在未达标区发放的许可证则称为新源审查许可证。对于新源审查许可证，其附加条件是必须对区域内的现有污染物进行等量或倍量削减，也就是说，新建污染源不能增加当地的污染物排放总量，类似于我国的“增产不增污”。迄今为止，美国大气污染物排放许可证已经覆盖了包括臭氧、颗粒物、一氧化碳、氮氧化物、二氧化硫、铅等常规污染因子和二噁英、苯并芘等 189 种有害物质。

《清洁水法》（*Clean Water Act*）是美国水污染物排放许可证的法律依据，规定任何向水体排放污染物的点源设施，不论是否会对受纳水体产生污染，都必须获得排污许可证，并遵守许可证规定的排放限值标准和排放时间表。其中，典型点源包括市政污水系统、市政和企业雨水收集系统、工业和商业设施以及规模化养殖场。水污染物排污许可证涵盖的污染物分为三类：第一类是常规污染物，包括 BOD_5、总悬浮物、大肠菌群、pH 和油脂等；第二类是有毒污染物，包括重金属、人造有机化合物等；第三类是非常规污染物，如氨、氮、磷等。在许可证的制定过程中，要同时研究基于技术的废水排放限值和基于水质的废水排放限值，然后从中选择较为严格的一种。美国的水污染物排放许可证分为个体许可证（individual permits）和一般许可证（general permits）。前者适用于个别设施，后者适用于区域内具有某种共同性质的特定排污设施。许可证有效期一般为 5 年，在许可证到期之前，排污设备运营者须申请新的许可证。

除美国外，德国、日本、澳大利亚、瑞典等国家也建立起了针对固定污染源的排污许可证制度，并普遍将污染物排放限值与区域环境质量挂钩，确保项目建成后区域环境质量不会明显恶化。围绕排污许可证制度，以上国家同时建立起了许可证发放、监督、处罚、公众参与等一整套管理体系。污染物排放许可证与环境影响评价制度、总量控制制度等相互配合，较好地发挥了从开发建设源头防治环境污染，改善区域环境质量的作用。

（三）进行有害物质管制

1986 年 11 月，美国加利福尼亚州颁布了《1986 年饮用水安全与毒性物质强制执行法》（*Safe Drinking Water and Toxic Enforcement Act of 1986*），其目的是保护加州的饮用水水源免遭有害物质污染，并告知加州公民有关暴露在他们所购买的物品、家里或工作场所中的化学物质或释放进入环境的化学物质的危害。要求企业在生产和销售过程中，如果涉及把任何人暴露于可致癌或可致出生缺陷的化学品下，必须事先给予“清晰和合理”的警告。加州政府至少每年修订一次可致癌和可致出生缺陷的化学品清单，该清单上的化学物质目前已经超过 800 种，涉及陶瓷材料、玻璃制品、服装、玩具、化妆品、珠宝等诸多产品。《1986 年饮用水安全与毒性物质强制执行法》要求任何生产、使用、释放有毒有害物质清单上的化学物质的企业必须遵照下列规定：一是不容许将列入清单的有害物质排放到饮用水水源中，或者排放到容易传导到饮用水水源的陆地上；二是要提供清晰且合理的警告标志，包括在产品上加贴警告标签，在工作场所张贴标志，在报纸上登报通知等。一旦某种化学物质被列入有毒有害物质清单，企业将有 12 个月的时间来进行调整以达到规定要求，否则将面临处罚。在所有的有毒有害物质中，铅和镉是涉及产品最多的物质。这种通过清单对公众“广而告之”的做法在西方市场经济国家中具有一定的代表性，属于“负面清单”管理范畴，既避免了政府部门对企业微观经营活动的生硬干预，又能敦促企业减少其产品中的有害物质，可以说是一种比较符合市场经济要求的管理模式。

欧盟2007年6月1日起开始实施的化学品监管体系REACH，涉及化学品的生产、贸易和使用，也是一种针对有毒有害物质的清单式管理办法（HSE，2017）。所谓REACH，是欧盟制定的《化学品注册、评估、许可和限制规章》（*Regulation concerning the Registration，Evaluation，Authorization and Restriction of Chemicals*）的简称。根据REACH监管体系的要求，年产量或进口量超过1 t的所有化学物质均需到欧盟化学品管理局注册，只有通过注册的物质才能在欧盟内生产或进口。化学品注册后，欧盟化学品管理局会对其进行评估，包括档案评估和物质评估。档案评估是核查企业提交的注册卷宗的完整性和一致性；物质评估是确认化学品对人体健康和环境的危害，并分析其可控性。根据评估结果，欧盟化学品管理局会对有毒有害物质的生产和使用提出限制性要求。目前受REACH体系管制的化学品有3万余种，涉及纺织、机电、家具、药品等诸多行业。其中，具有持久性、生物累积性、致癌性、生殖毒性的高度关注物质（Substances of Very High Concern，SVHC）是REACH体系监管的重点。REACH法规第7.2条款规定，如果某类物品含有SVHC清单中物质的比例超过0.1%，且该物质每个公司进入欧盟超过1 t/a时，则该物品的生产商或进口商必须向欧盟化学品管理局提出申请，除非能够排除其对人体或环境造成暴露的可能性。截至2016年6月，欧盟化学品管理局共公布了15批高度关注物质清单，共包含169种化学物质。在清单中，每一种物质的名称、编号和常见用途都会被标明，以便企业和公众辨识。该清单公布后，无论是生产商还是进口商都会高度关注，并尽力限制其在产品中的使用。欧盟REACH体系的实施，至少具有以下几个方面的作用：首先，对于那些希望进入欧盟市场的产品，提高了其有毒有害物质含量的透明度；其次，对于那些对人类健康和环境影响尚不清楚的化学物质，阻止了其直接进入欧盟市场的可能性；最后，对于欧盟的消费者，提高了对于商品中是否含有有毒有害物质的知情权。SVHC清单公布后，无论是企业还是政府部门都会高度重视，是其决策中不得不考虑的重大影响因素。通过对有毒有害化学品的限制，有效控制了相关产品在欧盟境内的生产和使用，对于保护欧盟成员国的公众健康和生态环境具有重要作用。同时，REACH 体系也成为其他国家产品进入欧盟市场的绿色壁垒，进一步增强了欧盟企业的竞争力，可以说是一个一举多得的环境管制手段。

除 REACH 体系外，ROHS 也是欧盟对有毒有害物质进行管制的重要手段。ROHS 的全称是《关于限制在电子电器设备中使用某些有害成分的指令》(*Directive on the Restriction of the Use of Certain Hazardous Substances in Electrical and Electronic Equipment*)，于 2006 年 7 月 1 日正式生效，在欧盟成员国中具有法律效力，目前已经成为企业必须遵守的一项标准。该指令的主要目的是限制电器和电子产品中某些有毒有害物质的含量，使之更加有利于人体健康及环境保护。欧盟的 ROHS 指令目前共规定了铅、汞、镉、六价铬、多溴联苯和多溴二苯醚 6 种物质的含量限值，其中镉的限值是 100×10^{-6}，其他 5 种物质的限值是 $1\,000\times10^{-6}$；ROHS 涉及的产品类别共有 11 个，包括大型家用电器、小型家用电器、照明器具、电动工具、医疗器械等。如果生产商的某一产品希望进入欧盟市场，必须委托欧盟认可的检测机构对其产品中上述 6 种有毒有害物质的含量进行检测，并取得权威检测报告，以证明其产品符合 ROHS 标准。如果不做 ROHS 检测认证，可能导致其产品无法进入欧盟市场。即使进入欧盟市场，也有可能无人问津，并且一经查出将受到高额罚款。目前，除欧盟外，美国、韩国、日本等国家也提出了类似的认证要求。由于世界上建立 ROHS 标准的国家越来越多，一些跨国公司为了减少麻烦，甚至自行建立了更为严格的内部标准。ROHS 标准在国际上使用范围的扩大，对一些国家和企业的有关决策产生了深远影响，直接从产品源头减少或降低了有毒有害物质的使用，对于保护人体健康和生态环境发挥了重要作用。

（四）通过经济手段调节

通过经济手段引导生产要素向环境友好型行业流动，限制生产要素向高消耗、重污染行业集中，是一种比较符合市场经济规律的宏观调控手段，一方面可以贯彻国家的产业结构调整意图，另一方面也有利于实现环境保护战略目标。其中，环境税和绿色金融是国际上最为普遍的两种经济调节方式。

1．环境税

福利经济学创始人庇古（Arthur Cecil Pigou）在其 1920 年出版的著作《福利经济学》（*The Economics of Welfare*）中，最早系统地研究了环境与税收的理论问题，提出了“庇古税”的概念，后来成为环境税的理论依据。按照庇古的观点，导致市场资源配置失效的原因是经济主体的私人成本与社会成本不一致，从而私人的最优资源配置并非社会的资源最优配置。这两种成本之间的差异不可能依靠市场机制来解决，只能通过政府征税或者补贴来矫正。在这一理论的指导下，从20世纪70年代开始，国际上形成了“污染者付费”原则，一些国家开始尝试对污染企业征收一定的税费，以使其外部成本内部化，从而促进污染物减排，这可以看作是环境税的雏形。20世纪80年代后，国际上环境税的种类日益增多，大气污染税、水污染税、固体废物税、垃圾税、噪声税等纷纷出现，通过立法建立环境税收体系的国家也越来越多（黄润源等，2008）。

美国是世界上最早征收大气污染税的国家。根据1972年颁布的《二氧化硫税法案》，在二氧化硫浓度为一级标准以下的地区（高浓度地区），每排放一磅二氧化硫征税15美元，达到一级标准但不到二级标准的地区，每排放一磅二氧化硫征税10美元；达到二级标准的地区免税。从而促使生产者安装污染控制设备，同时转向使用含硫量低的燃料。此后，法国、瑞典、荷兰、挪威、日本、德国、丹麦等国家也开征了二氧化硫税。在税收设计上，大部分国家是根据二氧化硫的实际排放量来征税（如美国），个别国家也会同时把化石燃料的特点（如含硫量）作为课税依据，如瑞典二氧化硫税的课税对象是煤、泥炭、石油等化石燃料；对于煤和泥炭，排放每公斤二氧化硫征收30克朗；对于石油，含硫量比重达到0.1%的每立方米征收27克朗，含硫量低于0.05%的免税（卢中原，2007）。除二氧化硫税外，氮税、碳税也是国际上比较流行的大气污染税。

荷兰是世界上较早征收水污染税的国家，其1970年通过并颁布的《地表水污染防治法》将水污染税界定为政府对排污者向地表水（直接排污）或水净化工厂（间接排污）排放污染物、废弃物及有毒物质而征收的一种税，征税标准根据污水中的耗氧量和重金属含量确定（马克和，2015）。联邦德国于1976年制定了《向水源排放废水征税法》，并从1981年起开征水污染税，以废水的“污染单位”为基准，实行全国统一税率。对于征收的税款，法律规定只能用于保护和改善水质，如修建污水处理厂、研究水污染防治技术、对管理人员进行培训等。政府把这些税收用于水污染治理，对于改善水环境质量发挥了重要作用。此外，美国、法国、新加坡、挪威等国也先后开征了水污染税。

随着可持续发展理念日益深入人心，各国纷纷建立起了有利于环境保护的税收体系，环境税逐渐成为一种常用的环境经济技术手段，征税的污染物种类也越来越多。通过对环境污染和生态破坏严重的行业征收环境税，可以抑制这些行业的发展，促进生产要素向那些环境友好型行业转移。在此过程中，不仅能够促进产业升级和技术进步，而且能够发挥从源头防治环境问题的作用。

2．绿色金融

所谓绿色金融，是指金融机构把环境保护作为重要的决策考量因素，把与资源环境问题相关的潜在收益、成本和风险融入日常业务，在经营活动中注重生态保护和污染治理，通过对经济资源的引导，促进经济社会可持续发展。绿色金融的实践起源于 1980 年美国的《综合环境响应补偿及责任法》（*Comprehensive Environmental Response Compensation and Liability Act*，CERCLA），该法案的最初动因是为了修复历史遗留的众多污染场地。为了解决资金问题，同时建立了有害物质反应信托基金（The Hazardous Substance Response Trust Fund），由于数额较大，该基金被称为超级基金，该法案相应地也被称为《超级基金法案》。《超级基金法案》授权美国国家环保局对全国污染场地和有害物质进行管理，美国国家环保局可责令相关责任主体对污染严重的场地进行修复。对于找不到责任主体或责任主体没有修复能力的，由超级基金来支付污染场地修复费用。对于尚未找到责任主体的污染场地，可由超级基金先支付污染场地修复费用，再由美国国家环保局向能找到的责任主体追索治理费用。《超级基金法案》从法律上确认了责任主体必须对其污染行为终生负责的原则，因而不仅促使企业更加重视环保问题，也使得商业银行高度关注企业潜在环境污染有可能对其造成的信贷风险。

2002 年 10 月，世界银行下属的国际金融公司和荷兰银行在伦敦主持召开了一次由 9 个商业银行参加的会议，讨论项目融资中的环境和社会问题。会议认为，金融机构在进行项目投资时，应该对该项目可能导致的环境和社会影响进行综合评估，并利用金融杠杆促进该项目在环境保护和社会和谐发展方面发挥积极作用，该原则后来经进一步充实后被称为“赤道原则”，目前已经成为国际项目融资的一个新标准。根据赤道原则，金融机构在贷款和投资前，首先需要根据项目的潜在环境和社会影响将其归入 A 类、B 类或 C 类（分别具有高、中、低级别的环境或社会风险），对于 A 类和 B 类项目，要进行社会和环境风险评估并给出评估报告。对于评估发现的有问题的借款人，要制订以减轻和监控环境社会风险为内容的行动计划和环境管理方案。从目前来看，接受“赤道原则”的商业银行越来越多，已经成为实践绿色金融的主体。一些商业银行除坚持“赤道原则”外，还建立了更加全面的绿色金融体制。例如，花旗银行还设立了环境与社会评估委员会，建立了覆盖所有银行业务的环境与社会风险管理体系。日本瑞穗实业银行（MHTB）在评估项目风险时采用矩阵式管理，在按照赤道原则将环境和社会影响分为 A、B、C 三大基本类的同时，进一步将各基本类分成高中低三个亚类，共形成 9 种不同的行动管理计划。随着政府、企业和公众环保意识的提高，接受赤道原则的金融机构越来越多。截至 2015 年，全球共有 82 家金融机构采用了赤道原则，遵循赤道原则的融资额占到全球总融资额的 80%以上。

除按照赤道原则来投资和发放贷款外，绿色金融的实践方式还有很多种。例如，美国为了控制温室气体排放和改善环境空气质量，自 2005 年以来由能源部组织实施了大量贷款担保项目，用以支持可再生能源、电力传输、新能源汽车等行业的发展（王佳存，2012）。德国对于环保、节能绩效好的项目，可以给予持续 10 年、贷款利率不到 1%的优惠信贷政策，利息差额由中央政府予以补贴。1990—2006 年，德国在 CO_2 建筑改造项目（CO_2 Building Rehabilitation Programme）中，通过政策性银行复兴银行（KFW）对现有建筑的节能改造项目进行贴息，大幅减少了能源消耗和碳排放（王桂娟等，2015）。除政府贴息贷款外，绿色债券也是一种比较常见的绿色金融手段，并在近年来得到了快速发展。截至 2015 年 9 月底，全球共发行了 497 款绿色债券，融资规模达到了 420 亿美元。在政府部门的政策指引下，金融机构优先支持那些绿色产业通过发行企业债券向社会融资，既减轻了政府负担，也为企业提供了便利。

随着可持续发展理念日益深入人心，金融企业无论是从防范信贷风险，还是从维护自身社会形象的角度出发，都在不断加强业务工作中的环境考量，对贷款项目进行环境影响评估。根据评估结果，优先对环境友好型行业提供贷款扶持并实施优惠性低利率，对污染型企业进行贷款额度限制并实施惩罚性高利率。通过调节不同行业和企业的融资成本，可以起到优化产业结构、促进技术进步、推动可持续发展等作用。当然，绿色金融的发展，必须由政府做好顶层设计，提供适当的政策性支持，并为绿色金融的开展提供良好的外部环境。

3．排污权交易

排污权交易制度起源于美国，其理论基础来源于美国经济学家戴尔斯（Dales）1968 年发表的《污染、财产与价格：一篇有关政策制定和经济学的论文》（*Pollution, Property &Prices：An Essay in Policy-making and Economics*）。戴尔斯认为：政府作为社会的代表和环境资源的所有者，可以把排放污染物的权利向股票一样卖给出价最高的投标者。该思想后来被美国国家环保局用于大气污染源和河流污染源的管理，并据此建立了排污权交易制度。1977 年，美国国家环保局在《清洁空气法》修正案中提出了补偿政策，允许未达标地区的新上项目可以通过替代现有企业完成减排任务而得到相应的排污权，并且要求在环境空气质量未达标地区新建或改建污染源都必须持有许可证（吴柯君，2011）。随后，德国、英国、澳大利亚等国家也相继建立了排污权交易制度。在实践中，排污权交易一般通过以下方式实现：首先，政府管理部门根据区域环境质量目标确定区域环境容量，并据此确定污染物的最大允许排放量；其次，管理部门将最大允许排放量进行分割，并将其分配给区域内的排污企业，形成企业的初始排污权；最后，政府通过建立排污权交易市场，允许相关主体合法地买卖排污权。具体而言，企业可以从政府手中购买这种权利，也可以向拥有排污权的企业购买，同时企业相互之间也可以买卖排污权。在不同行业污染源治理成本存在差异的情况下，排污许可证交易可促使治理成本较低的企业优先采取措施减少污染排放，将排污权出售给那些污染治理成本较高的企业，从而在调动企业污染治理积极性的同时，也为政府进行行业重点治理提供了便利。从目前来看，排污权交易已经成为全球使用最广泛的环境经济政策之一（陈德湖，2004）。

碳交易则是为了应对气候变化而建立起来的，在全球范围内进行部分大气污染物排放量交易的规则体系。根据 1997 年《京都议定书》的规定，2012 年所有发达国家二氧化碳、甲烷等 6 种温室气体的排放量要比 1990 年减少 5.2%。由于发达国家的能源结构已经比较先进，因此进一步减排的成本很高。但是，发展中国家由于能源效率较低，减排成本相对较低。这种状况导致同一减排量在不同国家之间存在成本差，碳交易市场由此而生。清洁发展机制（Clean Development Mechanism，CDM）、排放贸易（Emissions Trade，ET）和联合履约（Joint Implementation，JI）是《京都议定书》规定的 3 种碳交易机制。尽管这 3 种机制在规则上有所不同，但都允许联合国气候变化框架公约缔约方在国与国之间进行减排单位的转让。碳交易机制建立后，对于推动发达国家减少温室气体排放起到了推动作用。例如，欧盟所有成员国都制定了国家分配方案，明确规定了每一成员国每年的二氧化碳许可排放量，各国政府再根据本国的总许可排放量向各企业分发碳排放配额。如果企业在一定期限内没有使用完碳排放配额，就可以在市场上将其出售；如果企业的排放量超出配额，就必须从没有用完配额的企业手中购买。目前欧盟的排放贸易体系中已有上万家大型企业，包括能源、采矿、有色、水泥、玻璃、陶瓷、制浆造纸等行业。通过这种方式，可以促进企业发展节能技术，减少温室气体排放。由于发展中国家的碳减排潜力较大，因此碳交易机制对于促进发展中国家节能减排的作用尤其巨大，可以激励后发国家优先采用先进的生产工艺和污染控制技术，在一定程度上避免重走发达国家“先污染、后治理”

的老路。同时，碳交易的实施，也使很多国家认识到"碳排放权"的重要性，从而将碳减排内化为决策系统的重要考量因素，并引发了一系列节能减排领域的创新。例如，英国为了加快能源结构调整，在2000年颁布了《2000年公用事业法》（*UK's Utilities Act 2000*），从2002年开始实施"可再生能源义务证书制度"（renewable obligation），规定了电力运营商每年生产可再生能源的比例，2003年为3%，以后逐年递增。如果企业自身不能完成，则可以从市场上购买可再生能源义务证书。通过可再生能源义务证书交易，可以提高市场分配效率，降低可再生能源生产成本。自该项政策实施以来，英国可再生电力比例迅速从2002年的1.8%增长到了2010年的7.4%（王田等，2012）。

第三节　政策评估

20世纪30年代以前，自由市场经济体制在西方国家占据主导地位，政府对市场的干预很少。1929—1933年以美国为首的资本主义国家发生经济危机之后，既有政府干预也有市场调节的混合经济逐渐成为世界经济的主流。特别是第二次世界大战之后，随着凯恩斯主义的兴起，政府干预经济活动更是有了坚实的理论依据，西方国家对宏观经济的干预逐渐成为常态。20世纪80年代以后，可持续发展思想的影响力与日俱增，政府也被赋予了更多的公共管理权限，公共政策成为西方国家政府部门管理公共事务的重要工具。在政策的制定过程中，为了从机制上保障决策的科学化和民主化，就需要对政策过程的各个环节进行评估，其中也包括对政策实施后可能或已经造成的环境影响的评估。

一、政策评估的概念

所谓政策评估（或政策评价），是指按照一定的程序、方法和标准对政策进行评价的过程或行为。在政策科学中，一般把整个政策生命周期划分为议题设定、政策形成、政策执行、政策评估、政策调整、政策终止等不同环节。如果从狭义的角度来看，政策评估只能发生于政策执行之后。然而，目前无论是学术界还是政府管理部门，都把政策评估看作是一个外延极其宽泛的概念，可以在政策周期的任何阶段展开，并发挥不同的作用。一般而言，根据政策评估在政策周期中开始的时点，可将其划分为事前评估、事中评估和事后评估三种。其中，事前评估发生于政策形成阶段，主要工作是预测不同政策方案实施后可能产生的后果或影响，并根据一定的标准从中选择最优方案；事中评估又称过程性评估，在政策的执行阶段开展，主要是评估政策工具的有效性，以及政策执行过程中存在的管理问题，以便提高执行效率；事后评估则在上一轮政策执行完结之后进行，主要是将当初制定的政策目标与实际产生的效果进行对比，对政策的成败得失进行全面分析，为下阶段的政策走向提供依据。如果从政策评估的形式和程序是否规范出发，又可将政策评估分为正式评估和非正式评估。所谓正式评估，就是由特定的评估人员事先制订评估方案，并按照规范的程序和标准进行的评估，最后一般会形成规范的评估报告；非正式评估则对评估人员、评估方案、评估程序、评估标准等没有严格要求，媒体评论、领导讲话、下级部门的汇报等均可归入非正式评估的范畴。根据评估主体来划分，还可将政策评估分为内部评估和外部评估。内部评估是由政策制定部门或政策执行部门进行的评估，外部评估则是由政策制定部门和政策执行部门之外的，与政策过程没有直接利害关系的第三方进行的评估。无论是何种形式的政策评估，都是决策科学化、民主化的重要保障。对于比较规范的政策评估，一般都要涉及方案设计、标准确定、方法选择、资料搜集、数据分析、报告编写等工作。

与规划、计划等决策形式相比，政策在决策体系中的层级一般会更高一些，并且往往带有一定的政治色彩，因而政策评估不能仅仅停留在技术或事实层面，还需要涉及价值层面的问题。在技术层面，重点是评价政策的效果、效益、效率、效能等，一般需要借助定量分析工具来实现，并且要有明确的评价标准。在价值层面，则主要是评估政策是否符合公平、正义、正当等原则，是否符合主流社会的价值取向。由于不同国家的文化传统不同，因而对同一政策的态度往往大相径庭。例如，计划生育政策在我国基本上能够被社会各界理解和接受，并不存在不可调和的文化阻力。然而，在笃信基督教的国家，由于相信生育是神赋予家庭的权利和责任，并且堕胎与基督教教义相悖，因而计划生育政策很难被主流社会认可。即使在同一个国家，不同利益主体的价值判断也存在差异，对某项政策是否符合公平正义原则也会有不同看法，因而价值层面的评价具有主观性。与环境影响评价、社会影响评价等专题评价相比，政策评估的综合性极强，在内容上往往同时涵盖社会、经济、环境等多个方面；既包括近期影响，也包括远期影响；既包括直接影响，也包括间接影响；既包括正面影响，也包括负面影响；既包括预期影响，也包括非预期影响；既包括定量影响，也包括定性影响；既包括有形影响，也包括无形影响。

由于本书的研究主题是决策制定过程中的环境考量，因而这里的政策评估主要是指政策形成阶段的事前评估。通过在政策制定阶段开展政策评估，可以起到以下作用：一是使决策者在政策出台之前就能比较全面、客观地了解政策执行可能产生的主要后果；二是增加政策制定过程的透明度，减少权力寻租和利益集团干扰；三是通过政策评估过程中的公众参与，可以促进政策方案优化，并增强其合法性；四是通过政策评估工作，使政策制定者更加深入地了解与拟议政策有关的问题，从而提高制定政策的能力和水平；五是通过政策评估可促进利益相关者达成共识，使社会各界更加了解拟议政策，从而减少政策执行过程中的阻力。西方国家之所以开展政策评估，一方面固然是希望从技术层面提高政策方案的科学性，另一方面也是其政治民主化的必然要求。也就是说，无论是政策的支持者还是反对者，都需要通过政策评估来为其观点提供论据，并且政策评估过程也是一个各方面利益相关者协商和妥协的过程。

二、国际上政策评估的现状

从 20 世纪 90 年代开始，美国、日本、法国、韩国等国家，以及欧盟、世界银行等国际组织陆续建立起了规范的政策评估制度。从目前来看，政策评估已经成为世界各国实现决策科学化和民主化的重要手段。尽管政策评估的综合性较强，内容非常广泛，但一般都会涉及资源环境问题，并且随着时间的推移，资源环境考量在政策评估中的重要性正在不断增强。

美国是建立政策评估制度较早的国家。1993 年 9 月，克林顿总统签署了 12866 号总统令《监管规划与评估》（*Regulatory Planning and Review*），提出了一套对联邦政府部门“重大管制行动”（significant regulatory action）进行评估的准则和程序，目的是增强政策制定过程的科学性，并促进各类管理规定之间相互协调。根据该总统令，联邦政府机构只能在以下几种情况下制定政策：一是法律授予了制定某项政策的权力；二是需要对现有法律做出进一步解释；三是市场机制无法解决，且与公众健康、安全、环境、福利等密切相关，需要政府进行干预。12866 号总统令所谓的“重大管制行动”，主要有以下几类：一是每年的经济影响超过 1 亿美元，或者对经济、生产力、竞争力、就业、环境、公众健康、安全以及州政府、当地政府、部落政府、社区等可能产生负面影响的政策；二是与其他联邦机构已经出台的政策或拟议政策明显不协调的政策；三是对政策客体的授权、准许、收费、贷款、权利和义务等方面产生预算影响的政策；四是根据法律规定、总统优先事项或本行政命令确定的原则新提出的法律和政策要求。2011 年 1 月，奥巴马总统进一步签署了 13563 号总统令《改进管理和管制评估》(*Improving Regulation and Regulatory Review*)，除重申并详述克林顿总统已经签署的 12866 号总统令的原则外，特别强调了政策制定机构要在政策发布之前尽量多地了解那些可能受政策影响的利益相关者的态度；政策评估过程中要尽量使用最新技术手段来准确地定量评估拟议政策实施的成本和收益；政策评估所用的数据资料要尽可能地真实和客观。此外，13563 号总统令还要求联邦政府机构适时在网站上发布与政策制定有关的信息，为社会公众通过互联网对拟议政策进行评估提供机会。对于已经发布的政策，13563 号总统令还要求政策制定部门定期对政策的执行情况进行评估，以便尽可能地提高政策效率或者减少预算支出。美国的两任总统都签署了关于政策评估的总统令，充分反映了美国政府对政策评估工作的重视。对于新政策，美国的政策评估主要涉及以下几个方面的问题：一是政策的合法性和必要性；二是政策方案与现有政策的协调性；三是基于成本—收益分析的政策方案比选。在政策方案比选环节，需要评估每个政策方案（包括无政策方案）的成本和收益，并选择净收益最大者，成本和收益须涵盖经济、环境、公众健康、公共安全、公平等多个方面。在评估过程中，须尽量将成本和收益定量化。只有对于实在难以定量的部分，才会进行定性评价。为了保障政策过程的开放性，政策制定过程中始终把公众参与作为重要事项，特别重视征求利益相关者的意见，具体形式包括召开听证会、论证会、研讨会等。政策评估报告完成后，为了保证质量，还需要递交信息和监督事务办公室（The Office of Information and Regulatory Affairs，OIRA）(隶属总统执行办公室）进行审议。根据 12866 号总统令，美国各联邦机构每年开展评估的政策数量均有几百项之多，如仅 2015 年就有三百多项。对于完成评估的政策，信息和监督事务办公室均会在网站上以可扩展标记语言（XML）的形式公布相关信息（不公布具体内容)。尽管资源环境问题不是美国政策评估中最重要的内容，但通过政策评估也能在早期阶段识别潜在的重大不利环境影响，从而使决策部门能够尽可能地选择环境友好的政策方案。

1998 年，日本颁布了《中央政府部门和机构整顿基本法》，把政策评估作为政府部门改革的一项重要内容。为了落实该项法律提出的政策评估要求，日本总务省于 2001 年 1 月颁布了《政策评估标准指针》。2001 年 6 月，日本进一步颁布了《政府政策评估法案》（*Government Policy Evaluations Act*，GPEA），自 2002 年 4 月 1 日起开始实施。该法案为日本实施政策评估奠定了法律基础，并建立起了规范的评估体系。根据该法案，日本的政策评估包括事前评估和事后评估两种，评估的目的是反映政策制定和实施的结果，公开政策制定的相关信息，提高行政行为的效率和效益，为政府部门制定预算提供依据，并确保政府履行向公众解释其政策的义务（董幼鸿，2008）。政策评估的对象主要是政府机关在其职权范围内，为实现特定行政目的而制定和实施的方案或行动（杜一平，2013）。政策评估的主体是政府各部门和总务省，政策评估的重点领域是研究开发、公共事业和政府开发援助等，评估内容包括政策的必要性、有效性、效率等，重点是政策绩效。评估方法主要是成本—效果分析和专家咨询，其中能够定量评价的要尽可能定量评价。为了做好政策评估，《政府政策评估法案》要求各政府部门均应自行编制适合本部门的政策评估导则，制订政策评估计划，并建立政策评估领导机制，对重要事项进行审议。对于具体评估工作，一般由政府部门内部的专业司局组织开展，然后由部门中专门负责政策评估的处室综合归总。形成评估结果后，要向大臣等政府部门的领导报告。为了保证不同政府部门之间的政策相互协调，在各行政机关自我评估的基础上，日本总务省行政评价局还会对其评价结果开展二次评估。此外，政府部门每年还需要向国会报告政策的制定和实施情况。日本通过政策评估，主要起到了以下几个方面的作用：一是为政策调整或终止提供了重要依据；二是使政策目标朝着定量化和可考核的方向改进；三是使预算编制更加合理。尽管日本政策评估重点是政策绩效，但也会涉及资源环境议题，因此在一定程度上可以发挥从决策源头防治环境问题的作用。

一些国际机构也把政策评估作为政策制定的重要依据，其中欧盟的做法具有较强的代表性。早在 2002 年，欧盟就建立起了政策评估体系，对可能造成重大经济、社会和环境影响的决策在正式出台前开展影响评估。通过此项工作，能够在以下两个方面发挥重要作用，一是能够事先告诉决策者不同政策方案实施后可能产生的后果，为其科学决策提供技术支撑；二是能够在决策者和利益相关者之间建立沟通桥梁，使利益相关者理解决策的必要性及其主要考量，从而消除或减小政策执行的阻力。2009 年，欧盟颁布了《影响评估导则》（*Impact Assessment Guideline*），建立起了规范的评估程序，并制定了一些针对专门领域的评估导则。经过多年实践，在总结经验的基础上，欧盟 2015 年又制定了《更好的管理导则》

（*Better Regulation Guideline*），对政策制定、影响评估、利益相关者参与、政策执行、总结性评估等多个环节提出了技术要求，事实上将政策评估扩展到了整个政策周期，不仅包括事前评估，也包括事中评估和事后评估。《更好的管理导则》对"更好的管理"（better regulation）的概念进行了界定，是指科学地设计政策和法律，以最小的代价来实现既定目标；政策制定过程要尽量开放、透明，尽量基于证据，并且要有利益相关者的广泛参与。

在政策制定早期阶段开展系统、全面的影响评估，是欧盟政策评估体系的一大亮点，也是欧盟政策评估体系与其他国家的差别所在。大体来看，欧盟的政策评估对象主要包括三类：一是立法建议；二是对将来的政策具有限定作用的非立法建议，如白皮书、行动计划、财政计划、国际协议谈判指南等；三是执行性和委派性行动。影响评估的基本原则和关键要求主要有以下几点：一是要在政策问题与潜在的驱动力、政策目标及备选方案之间建立起清晰的逻辑关系；二是要确保利益相关者能够在影响评估开始之时就提出反馈信息。要做到这一点，评估人员需要及时提供关于政策问题、成员国态度、政策目标、备选方案及其可能造成的影响、应对措施等方面的信息；三是基于互联网的公众参与要满足 12 个星期的时长要求，同时还应专门征求特定利益相关者的意见；四是影响评估报告应全面对比各个备选方案的经济、社会和环境影响，对于能够定量评价的要尽可能定量评价；五是影响评估报告要附带篇幅约 2 页纸的执行总结。对于影响评估报告的内容，至少应包括以下几个方面：一是政策实施可能对环境、社会和经济造成的影响。如果以上影响不显著，则应给出明确说明；二是政策的影响对象和影响方式；三是政策对中小企业的影响；四是政策实施对欧盟国家竞争力的影响；五是要对公众参与过程和结果进行详细说明。为了保证评估报告的质量，所有报告均须监管审查委员会（Regulatory Scrutiny Board）进行审查，其审查意见与最终的评估报告一道对外公布。例如，2015 年提交监管审查委员会进行审议的政策评估报告共有 30 部，其中 47%的报告被提出负面评价，需要修改后重新提交[①]。

在执行层面，欧盟的政策影响评估工作由负责制定政策的总司牵头开展。政策制定工作一旦立项，提出政策的总司就需要判断是否需要开展影响评估，并准备初始评估文件（Inception IA）。如果拟议政策需要开展影响评估，则应在初始评

① Impact Assessment Board / Regulatory Scrutiny Board 2015 activity statistics。

估文件中对政策问题、备选方案、政策制定计划、准备开展的评估工作，以及利益相关者的参与情况等进行说明。如果认为拟议政策不需要开展影响评估，也需要在初始评估文件中说明理由。一旦某项拟议政策进入评估程序，则按照以下步骤来开展正式的评估工作：①组建跨部门的工作组来一起编制影响评估报告。对于那些列入欧盟委员会工作计划的拟议政策（或者其他重要和敏感的政策），报告编写组则需要在欧盟委员会总秘书处的主持下开展工作；②初始评估文件定稿后，需要将政策问题、备选方案、可能产生的影响以及对成员国权益的考虑等信息在欧盟委员会的网站上公布，征求利益相关者的意见；③通过互联网开展的公众参与需要满足为期 12 周时长的硬性要求，并确保评估工作中的每一关键问题都有公众反馈；④对数据资料、科学建议、专家观点、利益相关者的意见等进行分析处理；⑤起草政策影响评估报告；⑥将影响评估报告提交监管审查委员会进行质量评估，并根据其意见进行修改完善；⑦如果监管审查委员会给出肯定评价，则将政策影响评估报告与政策草案一并提交有关部门征求意见。欧盟委员会（European Commission）在形成最终政策建议后，会对政策文件是否符合成员国的权力自主原则、相称性原则、更好的管制原则等进行说明。最后，欧盟委员会将其认可的政策方案和影响评估报告一并提交欧洲议会和欧洲理事会审议，审议通过后即可正式印发。

根据《更好的管理导则》，影响评估报告需要重点回答以下关键问题：①拟议政策所要解决的问题是什么，它为什么会成为政策问题？②欧盟为什么应该采取行动？③需要达到的目标是什么？④实现政策目标有哪些可以考虑的备选方案？⑤这些备选方案的经济、社会和环境影响是什么，会影响哪些利益相关者？⑥这些备选方案在效益和效率（成本和收益）方面的对比情况如何？⑦政策实施过程中的监测和回顾性评价该如何组织？为了便于评估人员准确地把握这 7 个问题，《更好的管理导则》对每个问题的关注点都给出了进一步的解释和说明。从欧盟编制的影响评估报告来看，一般都是严格对照上述 7 个问题来进行章节编排和开展工作的，有的甚至直接将这 7 个问题作为各章的标题。与美国和日本的政策评估相比，欧盟明确将环境影响与社会和经济影响并列，作为决策早期阶段的主要考量因素，更能发挥从决策源头防治环境问题的作用。

下面，以 2013 年欧盟《关于热水器和热水储存罐的生态设计要求，在热水器、热水储存罐以及热水器和太阳能装置包装上张贴能效标签的管理规定》[①]影响评估报告为例，对欧盟政策影响评估报告的主要特点作一简要介绍。该影响评估报告由欧盟委员会能源总司牵头，气候行动总司、竞争总司等 11 个部门共同参与编制。

该政策文件的出台背景是：欧盟领导人认为提高能源效率和减少能源消费对于欧盟具有重大社会、经济和环境效益，他们决定到 2020 年将一次能源消费量减少 20%，大约可节约 3.68 亿 t 油当量。这一节能举措同时有助于实现欧盟在《低碳路线图 2050》（*Low Carbon Roadmap 2050*）中提出的愿景，也就是到 2050 年将欧盟建成资源利用效率高、碳排放水平低的经济体。然而，要实现这一目标，就必须采取节能措施，而节能的最佳选择是提高能源效率。同时，《生态设计框架指令》（*The Ecodesign Framework Directive 2009/125/EC*）要求欧盟市场上销售量较大、环境影响突出但具有很大改进潜力的产品采取生态设计措施，并把热水器列入了实施这一指令的优先领域。《能源标签指令》（*The Energy Labelling Directive 2010/30/EU*）也要求那些节能潜力大但能效差别显著的产品张贴能效标签。因此，欧盟委员会决定制定《关于热水器和热水储存罐的生态设计要求，在热水器、热水储存罐以及热水器和太阳能装置包装上张贴能效标签的管理规定》。从另一方面来讲，制定该政策也是在落实欧盟 2009/125/EC 和 2010/30/EU 指令提出的要求。此外，欧盟还有很多指令和规划也都提出了类似的政策需求。这里重点对热水器和热水储存罐提出节能方面的政策要求，还有一个重要原因就是市场上消费者购买环境友好型产品的动力不足。因此，该政策的一个重要诉求就是通过政府引导来提高欧盟热水器市场上高能效产品的市场占有率。

政策影响评估报告严格按照《更好的管理导则》中提出的分析框架来编制，由以下 7 个部分组成：

第一部分是关于程序和利益相关者参与情况的介绍。为了做好政策制定工作，欧盟委员会能源总司专门委托第三方机构开展了前期研究，并在 2008 年召开了两次关于热水器和热水储存罐生态设计的咨询会。影响评估报告从 2011 年 5 月开始征求欧盟委员会内部其他相关机构的意见，并对反馈意见进行了认真考虑。此外，

---

① COMMISSION STAFF WORKING DOCUMENT IMPACT ASSESSMENT *Accompanying the document* Commission Regulations implementing Directive 2009/125/EC of the European Parliament and of the Council with regard to ecodesign requirements for water heaters and hot water storage tanks and supplementing Directive 2010/30/EU of the European Parliament and of the Council with regard to the energy labelling of water heaters, hot water storage tanks andpackages of water heater and solar device。

该部分还着重介绍了影响评价局（Impact Assessment Board）提出的意见及其采纳情况。随后，报告按照利益相关者的类型，分别介绍了欧盟成员国政府、制造商（供应商和安装商）、环保和消费领域的非政府组织三类群体对政策草案的意见。以上三类利益相关者均表示理解和支持拟议政策方案。对于利益相关者提出的意见和关切，在政策方案修订时均给予了认真考虑。

第二部分是问题界定。报告认为，对于热水器和热水储存罐市场，尽管节能技术早就存在，但市场渗透能力一直低于预期。究其原因，主要是两个方面：一是消费者难以获得完整的能效信息，并且缺乏降低使用成本的意识和兴趣；二是生产商缺少提高能效的激励机制和投资热情。前期研究通过对市场、建筑、技术等多方面因素的分析，得到以下结论：一是水加热装置对欧共体的环境具有重大影响；二是热水器产品具有很大的改进空间，而且不需要明显增加成本；三是热水器使用阶段的电力（天然气）消耗和氮氧化物排放情况可以纳入立法考量；四是对热水器提出一氧化碳和碳氢化合物排放方面的设计要求在目前看来仍然是不合适的，原因是缺乏合适的监测技术。前期研究还以 2005 年为基准，在假定欧盟对热水器和热水储存罐不制定任何能效管理政策，同时考虑热水器销售量变化、产品替代和能效提高等因素的基础上，预测了 2020 年的能源消费量和二氧化碳、氮氧化物排放量。该情景在后面的方案比选部分还被作为无行动方案可能导致的影响，与其他方案进行了对比分析。此外，报告还对不同尺寸的水加热装置进行了最小生命周期成本效率分析。

第三部分是设定政策目标。在问题界定的基础上，该部分的主要任务是设置政策目标。对于政策的总体目标，主要有以下几个方面：一是确保市场上所有的热水器都能达到预定的能效水平；二是建立激励生产商提高热水器能效的机制；三是市场上的热水器提供能效信息，并使消费者关注其能效差别；四是设立热水器能效分级，以便成员国政府在制定相应的政策和激励机制时使用，从而进一步提高高能效产品的市场渗透能力。在实现总体目标的同时，要重点实现下列次级目标：一是提高高能效热水器的市场占有率；二是减少热水器的能源消费量和氮氧化物排放量；三是为终端消费者节省成本；四是确保受政策影响的产品能够在欧盟市场上自由流动。此外，还有一个目标，也可看作是政策设计的边界条件，就是要满足《生态设计框架指令》对生态设计实施措施的要求，主要有以下几个方面：一是不能对产品功能造成明显的负面影响；二是不能对人体健康、安全及环境产生负面影响；三是不能对消费者产生明显的负面影响，特别是在经济承受能力和使用成本方面；四是不能对行业竞争力产生明显的负面影响；五是不能使某些厂商因此而获得排他性专利；六是不能明显增加针对生产商的行政管理成本。

第四部分是提出政策方案。根据政策目标，报告共提出了 7 个备选方案。其中，方案 1 是无行动方案，也就是说在欧盟层面不采取任何旨在提高热水器能效和减少氮氧化物排放的行动。方案 2 是自我管理方案。方案 3 是只对热水器张贴能效标签，也就是说只是依照《能源标签指令》的要求张贴能效标签，并不提出生态设计要求。方案 4 是只进行生态设计，也就是说只按照《生态框架设计指令》的要求对热水器进行生态设计，同时不张贴能效标签。方案 5 是对热水器提出最低能效要求的同时张贴能效标签，也就是说同时采用《能源标签指令》和《生态框架设计指令》提出的相关要求。方案 6 是只根据《建筑物能源表现指令》（*The Energy Performance of Buildings Directive*，EPBD）的要求对科技建筑系统提出最低能效要求，也就是说通过对建筑物提出能效要求来促使建筑物内的热水器提高能源效率。方案 7 是将《能源标签指令》、《生态框架设计指令》和《建筑物能源表现指令》的相关要求有机结合。针对每个备选方案，报告对其优势和劣势都进行了分析，并对生态设计、能效标签等措施针对的产品范围以及具体技术参数等进行了分析，也就是说对政策方案进行了细部设计。由于此类问题技术性较强，此处不再赘述。

第五部分是影响分析。在这一部分，报告以方案 7 为基础，根据生态设计中能源消费强度和氮氧化物控制措施的松紧程度，又进一步提出了 5a、5b、5c 三个次级方案。同时，由于报告认为方案 2 和方案 3 没有进一步研究的价值。因此，报告最后只对方案 1、方案 4、方案 5、方案 7 以及由方案 7 衍生出的三个次级方案进行了同等深度的影响分析。其中，之所以要对方案 1 进行影响分析，主要是为了对比欧盟层面采取行动和不采取行动之间的差别，这也是西方国家进行方案比选时的惯用做法。对于比选的内容，主要包括环境影响、对消费者的影响、对商业的影响以及边界条件等多个方面，涵盖了环境、经济和社会等多个领域，具体见表 2-2。

表 2-2　备选方案经济、社会和环境影响结果一览表

主要影响			2020 年情景						
			1	2	3	4	5a	5b	5c
根据 2009/125/EC 相关条款			方案 1	方案 4	方案 5	方案 7	方案 7+NO_x		
环境									
欧盟	一次能源	10^{15}J/a	2 243	1 969	1 840	1 802	1 790		
	温室气体	10^6t CO_2/a	129	114	106	104	103		
	大气污染	10^3t SO_x/a	603	603	482	482	476	475	473
消费者									
欧盟	费用	10^9 欧元/a	50.6	47.1	46.1	46.3	46.2		
	购买成本	10^9 欧元/a	4.5	5.8	7.0	7.8	7.9		
	使用成本	10^9 欧元/a	46.1	41.3	39.1	38.5	38.2		
单位产品	产品价格	欧元	265	340	411	459	464		
	安装成本	欧元	133	170	205	229	232		
	能源成本	欧元/a	297	246	213	194	193		
	投资回收期	年	参照过去	1.5	2.1	2.6	2.9		
商业									
欧盟营业额	生产商	10^9 欧元/a	1.6	2.1	2.5	2.8	2.8		
	批发商	10^9 欧元/a	0.5	0.6	0.8	0.8	0.8		
	安装商	10^9 欧元/a	8.0	8.4	8.9	9.2	9.2		
就业									
工作	欧盟产业	1 000 岗位	15	19	23	25	26		
	非欧盟产业	1 000 岗位	7	9	11	13	13		
	批发商	1 000 岗位	2	2	3	3	3		
	安装商	1 000 岗位	80	84	89	92	92		
	总计	1 000 岗位	103	115	125	133	134		
	其中欧盟	1 000 岗位	96	105	114	120	121		
	欧盟额外	1 000 岗位	参照过去	9	18	24	25		
	中小企业	1 000 岗位	参照过去	6	12	16	16		
边界条件（应该无负面影响）			2020 年/2025 年情景						
产品功能			+	+	+	+	+	+	+
健康、安全和环境			+	+	+	+	+	+	+
购买能力和生命周期成本			+	+	+	+	+	0	−
产业竞争力			+	+	+	+	+	+	+
不形成技术专利			+	+	+	+	+	+	+
不增加行政成本			+	+	+	+	+	+	+

5a 方案为 NO_x 排放水平为 90 mg/kWh；5b 方案为 NO_x 排放水平为 70 mg/kWh；5c 方案为 NO_x 排放水平为 35 mg/kWh

注：“＋”表示无负面影响，“－”表示有负面影响。

第六部分是形成结论。经综合对比，最后认为最符合政策目标的方案是 5a，并具体解释了选择方案 5a 的理由。

第七部分是提出监测和后评估要求。该部分提出了政策实施后的监督和后评估要求，主要包括以下要点：一是在政策实施 5 年后，要对其范围、规定和局限性等进行评估，并充分考虑技术进步和利益相关者、成员国政府的投入等因素；二是法规符合性分析要执行欧盟 CE 认证中关于“新办法”的有关规定；三是政策的落实情况检查应主要通过成员国政府的市场监督手段来进行；四是欧盟委员会和各成员国政府应通过加强合作来提高市场监管能力；五是政策的监测和后评估也可以与国际合作伙伴共同来开展。

三、国际上政策评估的特点

从目前掌握的资料来看，美国是世界上较早建立政策评估制度的国家，并对其他国家和国际组织的政策评估模式产生了深刻影响。继美国之后，很多国家也陆续建立起了较为规范的政策评估制度，如日本、法国、韩国等。通过相关立法，不仅对政府部门制定政策的领域和权限提出了限制，而且规定了政策制定和政策评估的程序。这些做法一方面反映出西方国家的政策制定程序日益向决策科学化和民主化的方向迈进，另一方面也反映出政策制定的实用性和技术性在逐步增强。总体来看，国际上的政策评估具有以下几个方面的共性特点：一是评估对象主要是政府部门制定的决策。由于西方国家大多实行“三权分立”的政治体制，因而政策主要是指政府部门管理公共事务的工具和行为。对于立法部门制定的法律，一般不作评价；二是政策评估一般由政策制定部门牵头开展。由于政策的考量因素比较多元，涉及的问题比较复杂，因而政策评估工作一般由政策的提出部门牵头，联合相关部门共同开展。当然，对于具体的技术工作，也可以委托相关研究机构来实施。为了保证评估的客观性和公正性，一般在政策评估完成后，还要由专门机构进行质量审查；三是政策评估过程事实上就是政策的制定过程。政策评估作为决策辅助手段，只有在早期阶段介入政策制定过程，并与政策制定过程融为一体，才能最大限度地发挥决策咨询作用，这一点在欧盟的影响评估工作中体现得尤为明显；四是普遍开展多方案比选。从理论上来讲，决策的核心就是多方案比选，因此多方案比选是科学决策的必经环节。从目前来看，这已经成为西方国家决策模式中一个非常鲜明的特点，也是政策评估报告的主体内容；五是政策评估的重点是成本—收益分析。以最小的代价来实现政策目标，几乎是所有西方国家政策设计的基本原则，因而政策评估中十分重视不同政策方案的成本和收益。受此影响，决策目标的定量化逐渐成为一个趋势，而这反过来又会进一步促进政策评估更加重视成本—收益分析；六是重视公众参与。西方国家从其政治民主化的角度出发，追求政策制定过程的公开和透明，因而公众参与是政策评估的重要环节。同时，政策评估也承担着向社会公众解释说明政策合法性、必要性和可行性的职能；七是政策评估涵盖了经济、社会和环境等多个方面的内容。西方国家的政策评估大多数侧重政策绩效评估，偏重政策的投入—产出和成本—收益分析，承担着优化预算编制的职能，因而评价重点偏重于经济影响。但从目前来看，资源环境、公众健康、公共安全等与人民福祉相关的内容正在不断增加，特别是成本—收益分析中一般会纳入环境因素。随着人民对环境质量要求的提高，环境因素在政策评估中的地位有必将进一步上升。在欧盟的影响评价中，已经把环境和经济、社会因素并列；八是政策评估的外延在不断扩大。过去，无论是学术界还是政府部门，往往把政策评估等同于政策的事后评估，对事前和事中评估重视不足。然而，从西方国家的实践来看，政策评估工作正在逐步向政策的整个生命周期扩展，特别是越来越重视事前评估。例如，无论欧盟、美国还是日本，都已将事前评估作为政策制定的必需环节。从全球范围来看，随着决策科学化和民主化进程的推进，政策评估向整个政策生命周期扩展的趋势必将更加明显。

第四节　战略环境评价

所谓战略环境评价（Strategic Environmental Assessment，SEA），是指对拟议计划、规划、政策乃至立法等高层次决策开展环境影响评价的过程或行为，目前已经成为国际上比较通行的决策辅助手段。从起源和发展历程来看，战略环境评价仍然属于环境影响评价的范畴，是环境影响评价的高级形态。因此，要完整地理解战略环境评价，必须从环境影响评价谈起。对于环境影响评价（Environmental Impact Assessment，EIA）的概念，一般认为最早出现于1964年在加拿大举行的国际环境质量评价会议上，当时只是指一种方法或技术手段（汪劲，2006）。直至1969年美国《国家环境政策法》（*National Environmental Policy Act*）出台，要求联邦机构所有可能产生重要环境影响的法规和重大行动建议，均需在正式决策前开展环境影响评价，环境影响评价才首次在世界上成为一项环境保护制度。随后，其他国家也纷纷仿效。迄今为止，世界上已经有100多个国家和地区建立了环境影响评价制度，世界银行、欧盟等国际组织也建立了环境影响评价管理体系。

从20世纪80年代中后期开始，国际上出现了有别于建设项目环境影响评价的战略环境评价。战略环境评价的初衷是弥补建设项目环境影响评价“只见树木、不见森林”的缺陷，并尽量从决策链上游防治环境问题。战略环境评价出现之后，环境影响评价制度就不断向建设项目环境影响评价和战略环境评价两个方向分化。对于建设项目环境影响评价，由于评价对象在不同国家之间差别不大，因而其评价模式也大体相似；对于战略环境评价，由于不同国家在政治文化、决策形式、决策程序等方面存在较大差异，呈现出了多样化的发展倾向，并且至今仍在不断分化。其中，美国的环境影响评价从一开始就涵盖了所有可能对环境产生重大影响的决策，包括建设项目、计划、规划、政策、立法等。然而，与美国不同的是，其他国家的环境影响评价制度大多没有一步到位地涵盖所有层次的决策，而是首先针对建设项目开展环境影响评价，而后再逐步拓展评价对象的层次和类别。

从目前来看，在所有从决策源头防治重大资源环境问题的制度中，战略环境评价制度可以说是最系统、最全面、最专业的一项制度。随着环境议题区域化、全球化的进一步凸显，以及可持续发展战略在世界各国的深入实施，战略环境评价从决策源头防治重大资源环境问题的作用还将进一步增强。

一、战略环境评价概述

（一）战略环境评价的概念

尽管美国的环境影响评价体系从创立之初就涵盖了政策、规划、计划等高层次决策，但从随后的发展来看，世界上战略环境评价的研究重心却主要在欧洲和世界银行、联合国等国际组织。并且，随着评价对象不断向更高层次决策的延伸，战略环境评价的内涵和外延都在发展和演化。从目前来看，一般认为国际上较早的战略环境评价概念是Riki Therivel在1992年针对建设项目环境影响评价的缺陷提出来的，当时主要偏重于评价的形式、过程和结果。表2-3是国际上比较有代表性的几种战略环境评价定义。

表 2-3　国际上有代表性的几种战略环境评价定义

提出者	时间	定义	特点
Riki Therivel	1992	战略环境评价是对政策、规划或计划及其替代方案的环境影响的正式、系统和综合的评价过程，包括准备基于评价结果的书面报告并将其结果应用于公共决策中	强调替代方案、过程和结果
Sadler and Verheem	1996	战略环境评价是评价拟议政策、规划或计划草案的环境影响的系统过程，以保证环境问题能够在决策早期得到充分考虑，并与经济和社会问题一起得到妥善处理	强调过程和早期介入
Partidario	1999	战略环境评价是在早期的某一恰当阶段，对政策、规划、计划等拟议公共决策中的替代方案和发展愿景对环境质量可能造成的影响及其他后果进行系统、持续地评价的过程，旨在保证生物物理、经济、社会和政治等因素都得到了全面考量	强调早期介入、替代方案、过程和综合性
Christopher Wood	2003	战略环境评价的目的是为决策者和受影响的利益相关者及时提供有关政策、规划和计划潜在环境影响的信息，进而通过调整决策减轻其不良环境影响	强调信息提供和方案调整
Riki Therivel	2004	战略环境评价是在战略决策中纳入环境和可持续性考量的过程	强调过程
UNEP	2004	战略环境评价是指正式、系统地分析和处理政策、规划、计划和其他战略举措环境影响的过程	强调程序和过程
Barry Sadler	2005	战略环境评价是将适当的环境关切和环境标准纳入政策和规划制定过程中的前瞻性做法	强调过程
OECD	2006	战略环境评价是服务于战略决策的分析性和参与性工具，旨在将环境考量纳入政策、规划和计划之中，并且评估与经济和社会考量之间的内在关系	强调手段和综合性
Thomas B Fischer	2007	战略环境评价是一个系统的决策支持过程，旨在确保环境和其他可持续发展问题能够在政策、规划和计划制定中得到有效考量	强调过程属性

从以上几种关于战略环评的典型定义来看，呈现出这样几个演变趋势：一是由早期主要关注对自然环境的影响，逐渐发展到将环境因素与社会、经济等因素综合考虑，关注内容更为广泛的可持续发展问题；二是由早期突出多方案比选，逐渐发展到重视决策参与行为，即战略环评在决策的各个阶段都可以参与，不必拘泥于决策制定阶段；三是开始强调战略环评在战略制定中的信息提供、标准指导、公众参与等作用；四是战略环评从一种参与早期决策的辅助工具，逐渐向具有灵活性的环境治理手段靠拢，对决策形式和决策过程呈现出较强的适应性。尽

管如此，有两点认识还是比较连续和一致的，一是始终将政策、规划和计划作为评价对象；二是始终强调了战略环评的过程属性。

（二）战略环境评价的对象

正如前文所述，“战略环境评价”是一个外来概念，对应的英文表述是 Strategic Environmental Assessment，评价的对象是“Strategy”。在英语语境下，“Strategy”一般是指长期性的战略、策略和行动计划。因为对应的汉语翻译有差别，因此香港将其翻译成“策略性环境影响评估”，而台湾则称之为“政策环境影响评估”。随着学术交流的加强，目前“战略环境评价”逐渐成为中国大陆和港澳台地区的统一称谓。对于战略环境评价的对象，Riki Therivel 将其统称为战略行动（strategic action），基本上包含了除建设项目之外的所有决策类型，如国家和地方的立法、国际条约、绿皮书、白皮书、经济政策、预算、财政计划，国家和地方的综合规划、发展规划、包括多个项目的计划，世界遗产、国家公园等保护区域不同尺度的部门政策、规划和计划，针对特定资源的管理政策、规划和计划，为实现某些社会目标而制定的政策、规划和计划等。世界银行将政策看作是政府或社会组织为拟采取的行动提出的纲领性、指导性方针。政策可以多种形式出现，如法律、公文、声明、成例等。与政策相比，规划和计划则主要是用来实施政策要求的行动、选择和措施等。从目前来看，所有针对高于项目层次的决策的环境影响评价，国际上均将其统称为战略环境评价。

综上所述，战略环境评价的对象主要是那些与发展有关，可能导致重大资源环境影响的战略举措，主要包括行业发展决策和区域开发决策。为了便于比较，国际上的通行做法是将战略环境评价对象归入三个类别，即 policy、plan 和 program，并认为三者在顺序上存在由先到后，在层次上存在由高到低，在范围上存在由大到小的关系。然而，由于不同国家的决策机制和决策形式不同，再加上语言上的差别，policy、plan、program 在不同国家的含义也不相同。即使在同一国家，也很难将所有决策形式清晰地划入 policy、plan 和 program 三个范畴。以上差别是国际上战略环境评价呈现多样化发展趋势的重要原因。从目前来看，规划和计划无论是在形式上还是在层次上均差别不大，都属于执行层面的决策，因此国际上普遍将针对规划和计划的环境评价归入同一类别进行研究。在实践中，规划和计划环境评价的法律依据也往往来自同一部法规，其评价要求和程序基本相同甚至不做区分。与规划和计划环境评价相比，政策环境评价的法律基础普遍比较薄弱，在形式和程序上也表现出更加多样化的特点，在不同国家之间很难对比。表 2-4 是部分国家和国际组织的法定战略环评对象。

表 2-4 部分国家和国际组织的战略环境评价对象及其法律依据

国家/国际组织	评价对象	法律基础	实施年份
美国	联邦机构所有可能产生重要环境影响的法规和重大行动建议	《国家环境政策法》（*National Environmental Policy Act*）	1970
英国	中央政府机构制定的政策、规划和计划	《政策和环境评估导则》（*Guide on Policy Appraisal and the Environment*）	1991
	根据城镇和国家规划条例编制的发展规划	《规划政策导则》（*Planning Policy Guidance*）	1992
加拿大	所有可能导致重大环境影响和需要提交部长或内阁审批的政策、规划、计划	《关于对政策、规划和计划提案开展环境评价的内阁指令》（*The Cabinet Directive on the Environmental Assessment of Policy，Plan and Program Proposals*）	1990
荷兰	废弃物管理、饮水供应、能源与电力供应、土地利用规划	《环境影响评价法》（*Environmental Impact Assessment Decree*）	1987
	提交内阁审议的条例草案和政策动议（E-test）	《关于实施环境测试的内阁命令》（*Cabinet Order for E-test*）	1995
丹麦	送交国会的法案或需要咨询国会的政府建议	《首相办公室通告》［*Prime Minister's Office（PMO）circular*］	1993
德国	发展规划、建筑总体规划	《环境影响评价法》（*Environmental Impact Assessment Act*）	2001
日本	可能影响环境的政策	《环境基本法》	1993
中国台湾	工业区、交通、采矿、水利、农业、旅游、能源、环保等领域的开发行为和政府政策，包括规划	《环境影响评估法》	1994
	政府政策或开发行为	《环境基本法》	2002
中国大陆	土地利用的有关规划，区域、流域、海域的建设、开发利用规划，以及工业、农业、畜牧业、林业、能源、水利、交通、城市建设、旅游、自然资源开发的有关专项规划	《中华人民共和国环境影响评价法》	2003
世界银行	世界银行资助的规划或计划	《环境评价操作指南》（*Operational Directive on Environmental Assessment*）	1989
欧盟	农业、林业、渔业、能源、工业、交通、废物管理、水管理、电信、旅游、城乡规划、土地利用规划以及为项目许可设置框架的规划或计划	《欧洲议会和欧洲理事会关于某些规划和计划的环境评价指令》（DIRECTIVE 2001/42/EC）	2001

（三）战略环境评价的原则

尽管战略环评的内涵和外延一直在发展变化，但以下核心原则并未发生明显改变：一是早期介入原则。这是环境影响评价制度的根本所在，也是战略环评最基本的原则之一，其目的是充分发挥战略环评的源头防控作用。具体而言，通过在政策、规划或计划方案的形成阶段开展战略环评，能够将环境影响作为多方案比选的重要考虑因素，确保最终决策符合可持续要求。二是灵活性原则。由于战略环评的对象极为庞杂，因此评价形式和评价内容要具有一定的灵活性，要根据决策的类型、层次、内容、时限等特点，确定战略环评的形式、程序、重点和方法。一般而言，评价对象的层次越高，灵活性原则越应得到重视，要充分体现战略环评对决策过程的服务功能。三是有限目标原则。战略环评要突出问题导向，要根据评价对象的特点和决策的时限要求来确定评价目标和优先领域，切不可眉毛胡子一把抓。为了聚焦主要问题，国际上甚至出现了“快速战略环评”这一形式。四是综合性原则。战略环评不能片面强调环境问题，还应同时考虑社会问题和经济问题，通过对社会、经济、环境三类问题的综合考量，最终选择综合效益最大的决策方案。从目前来看，层次越高的决策，战略环评考虑的因素越多，与政策评估的界限越模糊。五是参与性原则。战略环评要根据决策的层次和主要议题，为社会公众提供参与性机会。通过公众参与，一方面可以集思广益，另一方面可以协调利益冲突，争取公众支持，提升公众的环保意识和能力。在很多国家，战略环评已经成为实现决策民主化的重要手段。六是过程性原则。战略环评除具有特定产出外，更是一个监督决策、优化决策的过程，应该贯穿决策的整个生命周期。

（四）战略环境评价的模式

将战略环境评价理念与不同国家的具体国情相结合，世界上形成了多种评价模式。不同模式之间在评价重点、评价程序乃至评价方法等方面均存在一定差别。

1. 根据形成路径来划分

从战略环境评价制度的形成路径来看，大体可分为自下而上和自上而下两种模式。所谓自下而上的战略环评模式，是将建设项目环境影响评价模式引入更高层次决策而形成的。具体而言，由于建设项目环境影响评价只针对单个建设项目，评价范围较小，所能解决的问题非常有限，而很多环境问题的形成，特别是区域性环境问题，往往是由更高层次的决策造成的。因此，为了将环境影响评价导入更高层次的决策，很多国家基于建设项目环境影响评价制度，建立了针对政策、规划和计划等决策的战略环境评价制度，美国、中国、日本、德国、荷兰等均属这一类型。脱胎于建设项目环境评价模式的战略环评，往往仍带有建设项目环境评价的影子，在评价程序、评价内容、评价方法上均与建设项目环评类似，基本上是建设项目环评模式在政策、规划、计划等层次上的应用（Chaker，2006）。这类战略环评具有两个突出特点：一是在形式上属于外部评价，最后要形成专门的评价报告；二是评价内容偏重于决策实施对环境要素和环境敏感目标的影响。自下而上的战略环评模式具有程序清晰、内容广泛、专业性强等优点，但由于独立于政策制定过程，也存在灵活性不足、决策影响力不强等缺点。从目前来看，这类战略环评的评价对象主要是规划和计划等层次相对较低的决策。

与自下而上的评价模式相反，一些国家和地区的战略环评过程往往与政策分析和规划过程一致，在决策的制定过程中就有环境影响评价的内容，其中欧盟针对拟议决策的影响评价（impact assessment）和美国的管制影响分析（regulatory impact analyses）具有一定的代表性。例如，2009 年欧盟修订的《影响评价导则》要求对欧盟委员会的拟议政策开展社会、经济和环境影响综合评价，供制定政策的专员参考。美国国家环保局在空气质量管理领域，要求对拟议规则、导则、标准等开展管制影响分析，其核心手段是成本—收益分析，最终通过净收益的大小来比较备选方案的优劣。这类评价既可归入政策分析的范畴，也可归入战略环评的范畴，其特点主要表现在：一是评价过程和决策制定过程相统一，最终成果并不偏向社会、经济、环境三个方面的任何一端；二是在评价方法上比较重视成本—收益分析，一般不对环境要素和敏感目标进行专门评价。这一模式虽然具有综合性较强的优点，但很难评价环境因素对于最终决策的作用。同时，如果决策程序不清楚、决策过程不规范，环境问题就可能被置于次要位置甚至被忽视。

Sadler 和 Verheem（1996）曾提出一个判别两种评价模式适用情景的标准，一是甄别拟议决策的实施是否会决定下阶段具体建设项目的类别、形式和选址等，或者决策的实施是否会直接导致某些环境影响。如果答案是肯定的，则应选择自下而上的环境影响评价模式，识别和预测拟议决策的环境影响。如果答案是否定的，则应采用政策评估模式，定性评价拟议决策的环境效应、主要环境问题、连带环境影响等。二是甄别拟议决策是否需要开展其他经济和社会影响评估，以及这些评估是否恰当。如果答案肯定，则开展一般性的战略环境评价，侧重于对环境的影响评价即可。如果答案是否定的，则需要开展综合性评估，以弥补现有手段的不足。从目前来看，自下而上形成的战略环境评价模式大多强调对自然环境的影响，如对大气、水、生态、土地利用等方面的影响。自上而下形成的战略环评模式则往往具有更为宽广的视野，其着眼点往往是决策的可持续性。

2. 根据评价对象来划分

作为环境影响评价的一个分支，战略环境评价在早期一般都有明确的评价对象，即特定的政策、规划或计划。然而，在这项工作适应不同国家、不同地区的决策体系和决策需求时，逐渐发生了分异，呈现出多样化的发展特点。如果根据评价对象来划分，战略环境评价目前出现了两个明显的分野，可以划分为两个类别。一类仍坚持环境评价的本意，评价拟议战略（政策、规划、计划）的环境影响。这类战略环评一般针对具体的政策、规划和计划，在决策制定的早期阶段介入，按照一定的评价程序和量化评价方法，对多个备选方案开展环境影响预测，从环境保护的角度为多方案比选提供依据，仍然属于典型的预断性评价。可以说，大多数国家的战略环评都属于这一类型。另一类战略环评则跳出决策制定过程，聚焦战略性环境问题，重在提出针对国家或区域的系统解决方案。这类战略环评并没有明确的评价对象，而是坚持问题导向，通过对战略性环境问题的分析，最后提出涵盖制度建设、对策措施等多个层次和多个方面的解决方案，比较典型的主要有世界银行在发展中国家开展的国家环境分析（Country Environmental Analysis，CEA），以及我国近年来开展的大区域战略环境评价。其中，世界银行的国家环境分析主要有三个方面的内容：一是识别所在国的主要环境问题和环境保护优先领域，二是分析所在国环境管理制度、体制、政策等方面的不足，三是评估一些重要政策实施后的环境影响。其中，识别所在国的主要环境问题和环境保护优先领域，是这类评价的重点。我国的大区域战略环境评价从2009年开始，迄今已经开展了五大区域重点产业发展战略环境评价（包括环渤海沿海地区、海峡西岸经济区、北部湾经济区沿海、成渝经济区和黄河中上游能源化工区）、西部大开发重点区域和行业发展战略环境评价以及中部地区发展战略环境评价。这类战略环评并没有明确的评价对象，也不是在决策形成的早期阶段介入，而是针对区域和行业的主要资源环境问题进行诊断和分析，主要工作内容包括：区域和行业重大资源环境问题识别及其演变规律分析，中长期环境问题与生态环境风险评估，以及促进区域协调发展的对策建议等，类似于针对问题区域的可持续发展研究。

3. 根据评价重点来划分

根据评价重点来划分，至少可将战略环境评价分为两个体系：一个是世界银行提出的以影响评价为核心的战略环境评价和以制度评价为核心的战略环境评价；一个是以环境影响评价为主的战略环境评价和以可持续性评价为主的战略环境评价。从目前来看，前者已经形成了相对完善的理论和方法体系，并且有相应的出版物，后者则是一种实践中普遍存在的现象。

2005年，世界银行在《在政策制定中纳入环境考量：基于政策的战略环境评价经验教训》[*Integrating Environmental Considerations in Policy Formulation: Lessons from Policy-Based Strategic Environmental Assessment*（*SEA*）Experience]（World Bank，2005）的报告中指出，战略环境评价应当包括制度和管理方面的内容。随后，世界银行在发展中国家实施了一系列战略环境评价援助项目。与以往不同的是，这些战略环境评价项目将制度、政策和管理作为评价核心，目标是提升对环境优先领域的关注、争取社会舆论支持、提升社会责任和加强政策学习。世界银行之所以在发展中国家开展以制度为核心的战略环境评价，主要原因是发展中国家普遍面临制度不健全、不完善的问题，而这正是影响其可持续发展的主要因素。由于制度不健全，政策、规划、计划等决策在实施过程中的不确定性很大，采用传统的定量评价手段意义不大，因而评价和解决制度层面的问题更有价值。此后，经过进一步的实践和探索，世界银行正式将战略环境评价分为以影响评价为核心的战略环境评价和以制度评价为核心的战略环境评价两大体系，并在《政策和部门改革战略环评——概念模型和操作指南》（*Strategic Environmental Assessment in Policy and Sector Reform: Conceptual Model and Operational Guidance*）（World Bank，2011）一书中对此进行了系统阐述。一般来说，以影响评价为核心的战略环境评价比较适合规划和计划层次的决策，以制度评价为核心的战略环境评价则适合更高层次的决策。以制度为核心的战略环境评价概念的提出，极大地丰富了战略环评理论体系，使战略环评参与国家决策制定有了新的切入点。然而，这一评价模式只是基于东南亚、非洲、南美洲等发展中国家法制不健全的特点而形成的，对于法制比较完善的发达国家，并不完全适用。同时，以制度为核心的评价是世界银行通过贷款和援助项目对发展中国家进行的一种第三方评价，在立场上比较超脱。如果由发展中国家的内部机构来进行评价，评价工作的独立性恐怕很难保证。

对于以可持续性为主的战略环境评价，主要是从区域或行业可持续发展的角度开展评价。与一般的战略环境评价相比，着眼点更高、评价内容更加广泛。如欧盟针对拟议政策开展的影响评价，就并不局限于对具体自然要素的影响，而是综合考虑了社会、经济和环境三个方面的影响，把综合效益是否最大，是否符合可持续发展原则作为方案选择的最终标准。我国环境保护部自2009年以来组织开展的大区域战略环境评价，并没有把特定的拟议决策作为评价对象，而是把诊断区域资源环境问题，优化区域发展战略，促进区域可持续发展作为评价目标。此外，英国和中国香港的可持续性评价也属于视野更为宽泛的、以可持续性为主的战略环境评价。从目前来看，战略环评正在逐步发展为一个更具灵活性的环境治理工具，评价的视野更加开阔、评价的内容更加广泛、评价的立意也更加高远。

（五）战略环评与项目环评的区别

尽管环境影响评价制度是由美国创立，但无论是美国的《国家环境政策法》还是《国家环境政策法实施条例》，都没有区分战略环境评价和建设项目环境影响评价，而是将评价对象统称为“重大联邦行动”。因此，不管是何种层次和类型的决策，美国都使用针对环境要素和敏感目标的评价模式，即所谓的建设项目环境影响评价模式。随后，其他国家在引入环境影响评价制度时，则一般都会根据自身的决策体系和决策模式做出一些适应性调整。在这个过程中，由于“建设项目”在不同国家具有较强的可比性，因而世界各国的建设项目环境影响评价模式大同小异，大多沿用美国的要素评价模式。同时，在环境影响评价管理中，环保部门一般都有较大的话语权，甚至可以对建设项目“一票否决”。然而，当环境影响评价制度在计划、规划、政策、立法等更高层次决策使用时，政治制度、政治文化、决策模式、决策形式等因素的影响日益凸显，战略环评模式开始出现了明显的分野，并且随着决策层次的升高，评价模式的多样性越来越明显。基于此，一些学者甚至认为“战略环评”俨然已经成为一个概念，在实施过程中可以采取多种形式（Verheem and Tonk，2000）。同时，为了不使战略环评的概念过于泛化，也有人主张还是要坚持一些基本的原则、框架和标准。但这些原则、框架和标准到底是什么，往往语焉不详。由于不同类型的决策在内容、形式、深度等方面存在较大差异，在实际工作中也应区别对待。但总体而言，一般认为应将政策环评和规划、计划环评有所区分。表2-5对政策环评、规划（计划）环评、建设项目环评三者之间的主要外在差别进行了归纳。

表 2-5 战略环境评价与建设项目环境评价的区别

区别	战略环评		建设项目环评
	政策环评	规划（计划）环评	项目环评
评价对象	政策	规划和计划	建设项目
实施主体	政策制定部门	规划（计划）制定部门	投资主体
经费来源	政府预算	政府预算	投资主体自筹经费
环保部门的作用	参与和指导	组织审查	行政审批
评价重点	环境风险、制度缺陷	布局、结构、规模、时序	环境要素、敏感目标
评价范围	大	中	小
评价时段	长	中	短
评价不确定性	大	中等	小
过程的可控性	弱	中等	强
环境影响	广泛、深远	局限于特定区域	局限于项目
考虑的因素	社会、经济、环境	环境、经济	环境
公众参与	偏重部门	部门、企业、个人	偏重个人

二、规划和计划层面的战略环境评价

几乎所有纳入环境管理程序，成为一项正式制度的战略环境评价，其对象都以规划和计划为主。在形成路径上，一般是建设项目环境影响评价模式向更高层次决策的延伸，在评价内容上则以对自然环境的影响预测为主，国际上有时也将这一类型的战略环评称为第一代战略环评，其中美国、欧盟、加拿大等国的战略环评是这一类型的典型代表。在世界银行的分类体系中，则称之为“以影响为核心”的战略环评。为了让读者更好地理解规划和计划层次的战略环境评价，下面以美国和欧盟为例对其作一重点介绍。

（一）美国的规划和计划环境评价

美国是环境影响评价制度的创立者，1969 年制定的《国家环境政策法》第 102 条（C）条款明确规定：联邦机构提出的所有可能对人类环境质量产生显著影响的立法和重大行动建议，均须在正式决策前开展环境影响评价，编制详细的环境影响报告，并重点回答以下几个方面的问题：①拟议行动的环境影响；②拟议行动实施后所有可能产生的不可避免的不良环境影响；③拟议行动的替代方案；④对当地生态环境的短期利用与维持和增强其长期生产力之间的关系；⑤拟议行动实施后所有不可逆转也无法挽回的资源损耗。

根据 1978 年颁布的《国家环境政策法实施条例》（*CEQ Regulations for Implementing NEPA*），美国的环境影响评价对象包括立法、政策、规划、计划和项目五个层次，涵盖了所有层次的决策。但是，从实践来看，美国高于项目层次的环境影响评价主要还是针对规划和计划层面的决策，其中一个非常突出的特点就是强调多方案比选。除《国家环境政策法》提出了多方案比选的要求外，《国家环境政策法实施条例》也多次强调了多方案比选，并将其作为环境影响评价报告的核心内容，其中第 1502.2 条规定：环境影响报告应该成为评价政府机构多个拟议方案的工具，而不是为已经做出的决定辩护。此外，在美国的环境影响报告中，无行动方案也是必须要评价的内容。在实践中，正式评价的方案可分为三类：一是规划编制机构提出的推荐方案；二是无行动方案；三是通过公众参与形成的备选方案，一般在两个以上。

无论是何种层次和类型的决策，美国均使用同样的评价程序，规划也不例外。对于一项拟议规划是否需要开展环境影响评价，美国有一套严谨和规范的筛选程序。根据《国家环境政策法实施条例》的规定，各联邦政府机构均需根据《国家环境政策法》的要求建立一套内部程序和标准来判断拟议行动是需要编制环境影响报告还是根本无须开展环境影响评价。如果介于两者之间，则需要开展简要的环境评估（environmental assessment）。如果评估认为影响突出，则需要编制环境影响报告。如果评估认为影响较小，则需要发表一份“无重大影响认定”的文件并交由有关机构和公众审查，审查时间为 30 天。如果审查通过，则评价程序到此为止。如果社会公众认为影响突出，则仍须编制详细的环境影响报告。

一旦确定需要编制环境影响报告，联邦政府机构就需要在《联邦公报》上发布将要制作环境影响报告的意向通告（notice of intent），介绍拟议行动的制订背景和主要内容，公布环境影响报告制作计划，并留下联系方式供社会公众进一步咨询和提出意见。此外，牵头编制环境影响报告的政府机构还会主动通知可能对拟议行动感兴趣的部门、组织和个人，甚至通过会议来征求公众意见。在此期间，联邦政府机构会根据各方反馈意见，确定环境影响评价范围和评价议题，并形成下一阶段需要正式评价的备选方案。

环境影响报告草案编制完成后，联邦政府机构需要向美国国家环保局提交并在《联邦公报》上发布报告草案的可得性公告（notice of availability）。之后的90天内，社会公众可对报告草案提出质疑和意见。在此期间，规划编制机构应尽力满足所有对报告感兴趣的机构和个人的信息需求，并做出回应。审阅期结束后，联邦政府机构必须对公众意见进行归纳整理，逐条说明是否采纳。如果不采纳，一定要给出充足的理由。实质性的公众参与意见及其采纳情况要作为附件附在报告后面，因此美国环评报告中公众参与部分的附件篇幅往往有几百页之多。

根据公众意见对报告草案进行修改形成最终稿后，还需要再提供30天的时间供公众审阅。在此期间，反对者可以起诉联邦政府机构。期满后，联邦政府机构才能实施决策。

根据美国《清洁空气法》第309节的规定，美国国家环保局承担环境影响报告书的审查工作（review）。无论是环境影响报告草案还是最终版，美国国家环保局都会出具公开的审查意见（comment letter）。报告书草案阶段的审查意见是为了保证报告书的编制质量，审查重点：一是推荐方案实施后的环境影响是否可以接受，以及避免和减缓重大环境影响的措施是否合理；二是报告书的编制质量是否符合要求，重点是其中的分析是否充分，数据资料是否充足。对于前者，评价结论总体分为四级，分别是没有异议、环境关切、有异议和不可接受，其中第二、第三、第四级又进一步分为不同的档次。对于报告书的编制质量，审查评语分为三级，分别是适当、资料不足和不适当。对此，美国国家环保局有一套专门的评价标准。如果报告书编制质量被评判为后两级，则需要做进一步的补充和修改。报告书最终版审查意见主要关注的是美国国家环保局在草案阶段提出的意见是否得到充分考虑，如果审查认为仍然存在一些遗留问题，则会在审查意见中指出，要求规划编制机构在最终决策阶段进行考虑，联邦政府机构会将审查意见的采纳情况及其理由记录在“决策记录”中，并向美国国家环保局提交复印件。同时，如果美国国家环保局或其他联邦政府机构认为该项拟议规划实施后可能对公众健康、社会福利或环境质量造成重大影响，对其实施持反对意见，则可以将其意见提交国家环境质量委员会仲裁。总体而言，从美国规划环境影响报告的整个编制和审查过程来看，不仅程序非常清晰和严密，而且自始至终都非常开放。在这一过程中，环境影响报告编制部门与相关部门、社会组织和社会公众的互动一直贯彻始终。

对于环境影响报告的内容和格式，《国家环境政策法实施条例》也给出了明确规定，共包括11个方面：①材料索引；②内容概要；③目录；④行动的目标和需求；⑤包括最初行动建议在内的所有备选方案；⑥拟议方案实施后可能影响到的环境；⑦行动实施后可能产生的环境影响；⑧编制人员清单；⑨报告送达的机构、组织和个人清单；⑩指标；⑪附录（如果有的话）。其中④⑤⑥⑦是主体内容，报告书的支撑性和说明性材料一般置于附录中。由于规定非常清楚，美国的各类环境影响报告在格式上呈现整齐划一的特点。由于美国《国家环境政策法》规定的评价对象是联邦政府机构提出的可能对环境质量产生显著影响的立法和重大行动建议，因而其环境评价实践中并没有关于政策、规划和计划的范畴划分，针对不同层次决策的评价在模式上也大体相同。从字面上来理解，美国的规划环评（名称中包含“plan”一词）大部分集中在自然资源管理、土地利用、生态保护等领域，主要是针对空间开发和保护规划。下面以《克利尔克里克管理区资源管理规划环境影响报告》（*Clear Creek Management Area Proposed Resource Management Plan & Final Environmental Impact Statement*）为例，重点讲述美国规划环评的主要内容。

《克利尔克里克管理区资源管理规划》（*Clear Creek Management Area Proposed Resource Management Plan*）及其环境影响报告均由美国国土局霍利斯特办公室准备。在本次规划编制之前，克利尔克里克管理区执行1984年编制的《霍利斯特资源管理规划》（*Hollister Resource Management Plan*）。这一规划虽然根据形势变化已经进行了几轮修编，但规划理念有些落伍，可操作性不强，并存在以下不足：①美国国家环保局在2008年组织完成了该地区石棉暴露和人体健康风险评价，但评价成果没有纳入规划；②对于1973年《濒危物种法案》（*Endangered Species Act*，ESA）确定的濒危物种，现有规划没有专门考虑其栖息地要求；③近年来周边地区的社会经济环境发生了很大变化，一方面对娱乐用地和能源用地的需求增加，另一方面对文化和自然资源的保护意识也增强了。为此，本次规划需要根据人们当前的认识、知识和社会经济状况，为美国土地管理局在该地区的管理提出相应的目标、任务和行动。规划目标主要有以下几个方面：①减少游客暴露于含有石棉纤维空气中的风险；②减少石棉污染物排放；③为机动车、机械化娱乐和非机动车、非机械化娱乐划定相应的活动区域；④防止娱乐活动和其他土地利用方式对敏感的自然和文化资源造成破坏；⑤为矿业和能源开发提供指导；⑥为批准其他土地利用方式和土地使用权变更提供依据。

根据以上规划目标，美国国土局霍利斯特办公室在征求相关机构、专家和公众意见的基础上，共形成了6个备选方案，然后在充分吸收这6个方案优点的基础上形成了自己的推荐方案，其中，如何管理在蛇纹石石棉环境敏感区内的休闲活动成为规划的重点。方案A是“无行动方案”，这是美国《国家环境政策法》

要求每个环境影响评价报告都要评价的方案。在这里，无行动方案是指坚持 1984 年的《霍利斯特资源管理规划》和 2006 年最新的克利尔克里克修正案面临的情景。方案 B 主要是在维持现有的资源利用方式，限定旅游时间和季节性娱乐活动，并采用其他保护公众健康和安全措施的前提下，批准目前业已存在的一些资源利用方式。方案 C 主要是从保护公众健康和安全的角度出发，提出在蛇纹石环境关切区进行休闲活动时，要根据交通工具的类型、游客的年龄等设置一些限制性条件。方案 D 强调了蛇纹石环境关切区内的非机动车休闲活动，并增加了蛇纹石环境关切区外的机动车旅游活动。方案 E 允许交通工具在蛇纹石环境关切区内进行适当的穿越活动，并且为徒步者在环境关切区内、非机动车在环境关切区外的旅游活动提供了更多机会。方案 F 只允许在蛇纹石环境关切区内进行非机动车休闲活动。方案 G 从保护公众健康和安全的角度出发，完全不允许公众进入蛇纹石环境关切区。方案 P 是美国土地管理局霍利斯特办公室的推荐方案，综合了各个方案的优点。各规划方案的内容在报告书第二章中做了详尽说明，并列表对无行动方案和规划环评阶段形成的 6 个备选方案进行了对比分析（表 2-6）。从中可以看出，规划方案主要是关于不同空间的开发、利用和保护要求，具体分为娱乐、交通和旅游管理、公众健康和安全、土地和不动产、能源和矿产、牲畜放牧、专门分配区域、视觉资源管理、生物资源、文化和遗产资源等十个大项，每个大项又包含若干小项，涉及的内容十分繁杂，反映出管理机构在决策过程中秉持了严谨的工作作风，做了大量细致的工作。以上内容类似于我国规划环评中的“规划分析”，重在阐述不同规划方案的特点。

根据美国《国家环境政策法》和《国家环境政策法实施条例》的要求，环境影响报告第三章是“受影响的环境”，该部分既包括表 2-6 中所列各方案的主要规划内容，也包括环境要素和社会经济要素，具体有娱乐活动、有害物质与公众健康和安全、旅游和交通管理、生物资源、空气质量、土壤资源、水资源、专门分配区域、牲畜放牧、能源和矿产、文化资源、古生物资源、社会和经济状况、视觉资源管理、火灾管理、土地和不动产等，其中生物资源部分又分为三节，分别是植被、鱼和野生动物、特殊地位物种。每一部分都包括了希望达到的目标、相关管理规定、现状情况、未来趋势等几个方面。总体而言，美国规划环境影响报告书中的这部分内容相当于我国规划环评中的环境现状评价，同时包含了对评价目的、编制依据、评价标准等的说明。

表 2-6　方案内容比较

<table>
<tr><th>规划方案
规划区域</th><th>A</th><th>B</th><th>C</th><th>D</th><th>E</th><th>F</th><th>G</th></tr>
<tr><td>娱乐</td><td colspan="7">为游客提供多样化的娱乐体验，同时保护好自然和人文资源</td></tr>
<tr><td rowspan="2">许可的用途</td><td colspan="4">越野车娱乐活动</td><td>使用交通工具旅行</td><td>只允许徒步</td><td>环境关切区不开放</td></tr>
<tr><td colspan="4">机动车活动，机械化活动，非机动车活动，射击</td><td colspan="3">非机动车活动，机械化活动，非机动车活动，射击</td></tr>
<tr><td>管理的区域</td><td colspan="3">蛇纹石环境关切区</td><td>卡图亚、卡东、图克尔</td><td colspan="2">蛇纹石环境关切区</td><td>卡图亚、卡东、图克尔</td></tr>
<tr><td>游客服务</td><td>维持现有设施</td><td colspan="5">环境敏感区内限制新建服务设施，环境敏感区外可新建服务设施</td><td>环境敏感区外可新建服务设施</td></tr>
<tr><td>宣传/教育</td><td colspan="7">通过信息查询系统、地图和宣传手册，使游客充分认识暴露在含有石棉纤维的空气中可能对人体健康造成的危害</td></tr>
<tr><td>交通/旅游管理</td><td colspan="7">为了提升道路系统和服务设施的功能，同时保护人体健康和环境，可进行地表硬化和使用土壤压缩技术，如铺设道路、覆盖道路、使用土壤稳定剂等</td></tr>
<tr><td>交通工具使用区域</td><td colspan="4">蛇纹石环境关切区：限制使用；
卡图亚、卡东、图克尔和圣贝尼托河：限制使用</td><td>蛇纹石环境关切区内 460 英亩土地：限制使用；其余：关闭；圣贝尼托河、卡图亚、卡东、图克尔：限制使用</td><td colspan="2">蛇纹石环境敏感区：关闭；
卡东区：限制使用；
卡图亚、图克尔和圣贝尼托河：关闭</td></tr>
<tr><td>公路长度（开放/关闭）
单位：英里</td><td>248.5/0</td><td>248.5/0</td><td>171.5/77</td><td>≤112.5 未定/199</td><td>≤65.5 未定/216</td><td colspan="2">24.5/227</td></tr>
<tr><td>主要道路交通工具类型</td><td colspan="3">所有越野车辆</td><td colspan="2">只能是有公路许可证的车辆</td><td colspan="2">只能是有公路许可证车辆或全地形和通用地形车辆</td></tr>
</table>

规划方案 规划区域	A	B	C	D	E	F	G
小路上的交通工具类型	所有越野车辆		只有摩托车	所有越野车辆	只能是有公路许可证的车辆或全地形和通用地形车辆	只能是有公路许可证或全地形和通用地形车辆	
公众健康和安全（仅适用于环境敏感区管理）	对于土地管理局管理的土地，在审批和管理活动中，使用最好的管理手段来减小石棉纤维通过空气对人体健康造成的危害，同时减少有害气体的排放						
开放的时间	10月15日—6月1日	12月1日—4月15日		1月1日—12月31日		10月15日—6月1日	环境敏感区全年关闭
为限制游客使用而设置的访问许可	—	√	—	—	√	√	—
年龄限制：≥18岁	—	—	√	—	—	—	—
安装公共洗涤架	√	√	√	√	—	—	—
土地和不动产	私有土地、通信站点和矿山维持现有的土地使用权利；对于环境关切区内由土地管理局管理的土地，限制批准在现有设施基础上增加新的土地使用面积						
土地权属调整	可从环境关切区和图克尔区获取土地	在图克尔、卡东和圣贝尼托河地区有3 300英亩[①]可用土地		可向克利尔克里克管理区的土地所有者购买		可从方案B和方案C的可利用土地中获取	
土地使用授权	在蛇纹石环境关切区内，对私有土地、现有土地利用方式、公共设施走廊予以限制，其他区域要逐案审查						—
能源/矿产	蛇纹石环境关切区（30 000英亩），包括圣贝尼托山荒野研究区（1 500英亩）；图克尔、卡东、卡图亚和圣贝尼托河地区（共33 000英亩）；拆分地产（3 500英亩）						
可用/不可用（英亩）	61 400/5 100	65 000/1 500			36 500/30 000		0/66 500
可再生能源排除区域	荒野研究区	荒野研究区			蛇纹石石棉环境敏感区		整个克里尔克里克管理区

规划方案 / 规划区域	A	B	C	D	E	F	G
牲畜放牧	授权在克里尔克里克管理区内的现有配额地进行放牧					环境敏感区内不允许放牧	整个克里尔克里克管理区都不允许放牧
总面积（英亩）	22 140					20 157	0
每月放牧的牲畜头数	1 354					1 271	0
专门分配区域	建立专门分配区域，以保护某些特殊价值						
荒野/荒野研究区	根据国土局的荒野审查临时政策来管理圣贝尼托山荒野研究区的 1 500 英亩土地						
环境敏感区/自然研究区	克里尔克里克蛇纹石石棉环境关切区：30 000 英亩； 圣贝尼托山自然研究区：4 147 英亩						
原始/风景河流	不建议把克里尔克里克管理区内的任何河流和小溪纳入国家原始（风景）河流系统						
具有荒野特征的土地	不把卡图尔区内的 5 070 英亩土地作为具有荒野特征的土地来保护				为了给游客提供原始的非机动车娱乐机会，将卡图尔区内 5 070 英亩土地纳入保护名录，作为具有荒野特征的土地来进行管理。对于区内的道路和小径，通过设计、修建、维持等手段，尽量不影响其幽静、自然等属性，提升游客在原始环境下的旅游体验		将卡图尔区内的 5 070 英亩土地作为具有荒野特征的土地来保护和管理
视觉资源管理	使用已有的视觉资源管理等级标准来保护公共土地上的景观价值，确保其质量不降低。*除非特别指出，均为第Ⅳ级						
蛇纹石石棉环境敏感区	*	*	*	*	第Ⅱ级	*	*
圣贝尼托山荒野研究区/自然研究区	第Ⅰ级	第Ⅰ级	第Ⅰ级	第Ⅰ级	第Ⅰ级	第Ⅰ级	第Ⅰ级
卡东	第Ⅲ级	第Ⅲ级	第Ⅲ级	*	第Ⅲ级	第Ⅲ级	第Ⅲ级
卡图亚	*	*	*	*	*	*	*

规划方案 规划区域	A	B	C	D	E	F	G
图克尔	*	*	*	*	*	*	*
圣贝尼托河	*	*	*	*	*	*	*
生物资源——植被、野生动物栖息地，特殊地位物种	对于生态质量状况、自然多样性以及相关的高价值、高风险分水岭，原生植物群落和独特植物组合等，要采用恢复、维持或改善措施						
	在景观层次上提供一个多样化、结构化、动态化，并且具有内在关联性的栖息地，使野生动物、鱼类和其他水生生物能够自我发展和可持续发展						
	使特殊地位物种的数量维持在一定水平，并积极促进其恢复和发展						
圣贝尼托月见草	执行 2006 年在克里尔克里克管理区设计道路时制订的针对圣贝尼托月见草的合规监测计划				接受克里尔克里克管理区资源管理规划和环评报告附录Ⅲ中针对现存圣贝尼托月见草栖息地和数量的合规监测计划		
植被恢复	支持建立伙伴关系，继续开展贫瘠土地的植被恢复；建立小规模的土壤和植物研究试验地，用以研究植被修复过程中植物的适应性和对营养的需求						
非原生物种	与加利福尼亚渔猎局，以及美国渔业和野生动物服务局加强合作来控制非原生物种；根据国土管理局和加利福尼亚政府的名录，优先清除有害杂草						
文化和遗产资源	对于文化和遗产资源，目标是保护有重要意义的资源，确保它们不仅能够被当代人利用，而且能够满足后代人的需求；同时，消除对文化资源可能造成不良影响的潜在威胁；协调自然或人为因素，以及其他资源利用方式与文化资源保护之间的冲突						
资源保护	保护正在受到威胁的文物和其他文化资源，通过多种教育活动，提升公众保护文化资源的意识和能力						
管理的重点	加强监测		加强管理		加强向公众的解释和说明		

① 1 英亩=4 046.86 m^2。

第四章“环境影响”是美国规划环境影响报告的主要内容，约占整个报告篇幅的45%，这一章对各个备选方案实施后可能造成的资源环境影响进行了详尽的说明。在具体编排上，与第三章“受影响的环境”中所列的18个方面一一对应，分析深度则与规划深度和重要程度大体匹配，其中人体健康影响评价、生物资源影响评价、土壤资源影响评价等是重点。在顺序上，一般先做简要介绍，然后分别是回顾性评价、各方案的环境影响预测和减缓措施，以及累积影响评价，基本上已经形成固定模式。对于环境影响和减缓措施，在具体分析和表述中，则又进一步细分为不利影响和有利影响，微小影响、次要影响、中等影响和重大影响，局部影响，暂时影响、短期影响、长期影响和永久影响，以及直接影响和间接影响等。在内容上，则针对第三章中识别出来的“受影响的环境”，对每个备选方案，分别从每一种可能产生影响的规划行动，逐个分析了可能对该种“环境”产生的影响，并提出了相应的减缓措施。对于累积影响，一般只做定性评价。在分析深度上，则根据数据的可获得性和问题的难易程度，采取了定量评价和定性评价相结合的方式。例如，在“有害物质与人体健康和安全”评价中，根据每一规划方案的内容，首先设置游客可能暴露在含有石棉纤维的空气中的情景（在克里尔克里克蛇纹石石棉环境关切区内旅游时的人均暴露时间），然后基于美国国家环境保护局2008年组织完成的石棉暴露和健康风险评价成果，分别评价了各个规划方案实施可能增加的人体罹患癌症的概率。对于情景设置，分别设想了游客在周末旅行（周六和周日两天）、单日旅行、单日徒步、周末打猎（包括周六和周日两天）四种情景下的暴露时间。旅游时间则分别按每年1天、每年5天和每年12天计算。报告书分别使用IRIS模型和OEHHA模型计算了各个规划方案在每种情景下的人体健康风险概率，即个体在一生中可能增加罹患癌症的概率。其中IRIS模型的计算结果见表2-7。由于方案G限制游客进入蛇纹石环境关注区，因此只对方案A—F进行计算。对于推荐方案P，由于在报告书的草案编制阶段已经开展了深入研究，因此在最终报告中一般不与其他备选方案进行列表对比，而是在文字上进行了重点说明。

表 2-7　IRIS 模型计算结果

情景	进入1天		进入5天		进入12天	
	平均浓度	95%置信上限浓度	平均浓度	95%置信上限浓度	平均浓度	95%置信上限浓度
	方案A					
1-周末旅行	6×10^{-5}	1×10^{-4}	3×10^{-4}	6×10^{-4}	7×10^{-4}	2×10^{-3}
2-单日旅行	3×10^{-5}	6×10^{-5}	2×10^{-4}	3×10^{-4}	4×10^{-4}	7×10^{-4}
3-单日徒步	6×10^{-6}	1×10^{-5}	3×10^{-5}	6×10^{-5}	8×10^{-5}	1×10^{-4}
4-周末打猎	2×10^{-5}	5×10^{-5}	8×10^{-5}	3×10^{-4}	2×10^{-4}	6×10^{-4}
	方案B					
1-周末旅行	3×10^{-5}	5×10^{-5}	1×10^{-4}	2×10^{-4}	2×10^{-4}	6×10^{-4}
2-单日旅行	2×10^{-5}	4×10^{-5}	1×10^{-4}	2×10^{-4}	3×10^{-4}	5×10^{-4}
3-单日徒步	1×10^{-5}	2×10^{-5}	6×10^{-5}	1×10^{-4}	1×10^{-4}	3×10^{-4}
4-周末打猎	1×10^{-5}	2×10^{-5}	6×10^{-5}	1×10^{-4}	1×10^{-4}	3×10^{-4}
	方案C					
1-周末旅行	3×10^{-5}	4×10^{-5}	1×10^{-4}	2×10^{-4}	3×10^{-4}	5×10^{-4}
2-单日旅行	2×10^{-5}	3×10^{-5}	1×10^{-4}	2×10^{-4}	3×10^{-4}	4×10^{-4}
3-单日徒步	9×10^{-6}	2×10^{-5}	5×10^{-5}	9×10^{-5}	1×10^{-4}	2×10^{-4}
4-周末打猎	9×10^{-6}	2×10^{-5}	5×10^{-5}	9×10^{-5}	1×10^{-4}	2×10^{-4}
	方案D					
1-周末旅行	9×10^{-6}	2×10^{-5}	5×10^{-5}	8×10^{-5}	1×10^{-4}	2×10^{-4}
2-单日旅行	9×10^{-6}	2×10^{-5}	5×10^{-5}	8×10^{-5}	1×10^{-4}	2×10^{-4}
3-单日徒步	9×10^{-6}	2×10^{-5}	5×10^{-5}	9×10^{-5}	1×10^{-4}	2×10^{-4}
4-周末打猎	9×10^{-6}	2×10^{-5}	5×10^{-5}	9×10^{-5}	1×10^{-4}	2×10^{-4}
	方案E					
1-周末旅行	—	—	—	—	—	—
2-单日旅行	—	—	—	—	—	—
3-单日徒步	1×10^{-5}	2×10^{-5}	6×10^{-5}	1×10^{-4}	1×10^{-4}	3×10^{-4}
4-周末打猎	1×10^{-5}	2×10^{-5}	6×10^{-5}	1×10^{-4}	1×10^{-4}	3×10^{-4}
	方案F					
1-周末旅行	—	—	—	—	—	—
2-单日旅行	—	—	—	—	—	—
3-单日徒步	2×10^{-6}	2×10^{-6}	8×10^{-6}	9×10^{-6}	2×10^{-5}	2×10^{-5}
4-周末打猎	8×10^{-7}	9×10^{-7}	4×10^{-6}	5×10^{-6}	1×10^{-5}	1×10^{-5}

注：标灰的数值超过了美国国家环保局的可接受风险水平（高于 1×10^{-4}）。

第五章是“公众参与和协调”，主要包括了规划环评的公众参与情况、与美国土地管理局霍利斯特办公室存在合作关系的机构介绍，以及本报告的编制机构和人员名单。其中，公众参与是主要内容。事实上，美国在规划编制阶段也有广泛的公众参与。规划环评阶段公众参与的目的是使公众充分了解规划实施可能产生的环境影响（也是信息公开的重要内容），并根据公众意见和公众关切调整规划方案和规划环评报告，在此仅介绍规划环评阶段的公众参与情况。美国规划环评中的公众参与一般是以美国国家环保局在《联邦纪事》（*Federal Register*）上发布公告，公开规划和规划环评文本草案开始的。2009 年 11 月 4 日，美国国家环保局在《联邦纪事》上发布了公众参与公告，要求美国土地管理局在接下来的 90 天时间内接收并考虑社会公众提交的书面意见，并至少在 15 天前通过公告、媒体、邮件等方式告知开展座谈会、听证会或者其他公众参与活动的时间。根据以上要求，美国土地管理局 2009 年 11 月 17 日发布新闻稿，声明将分别在科林加、霍利斯特和圣克拉拉市举办三场公众参与会议，该新闻稿在加利福尼亚的主要媒体、美国土地管理局加利福尼亚分局和霍利斯特办公室网站，以及所涉及区域的多家报纸上发布。随后，在 2010 年 1 月，美国土地管理局霍利斯特办公室相继举办了三次公众参与讨论会，来自当地、加利福尼亚州、联邦政府机构、民选官员、俱乐部及其他相关组织共 1 000 多名代表参加会议并提出了书面或头口意见。此外，美国土地管理局霍利斯特办公室还专门举办了社会经济问题专题讨论会，就规划实施和当地社会经济发展的关系进行了广泛讨论。为了接收更多公众意见，规划环评阶段的公众参与时间延长到了 2009 年 11 月 4 日。在征求意见期间，共有联邦、州和当地共 14 个政府机构、30 个俱乐部和相关组织提交了书面意见。再加上通过其他途径提交的书面意见，共有 5 614 份。报告的附件 X 对公众意见进行了归纳，并逐条给出了是否予以采纳的说明。包括会议情况说明在内，公众参与部分的篇幅共有 500 多页，充分说明了美国规划环境影响评价工作对公众参与的重视。

尽管规划编制部门一般都有自己的推荐方案，但美国的规划环评报告并没有倾向性，只是客观地对各个方案进行对比分析。至于决策部门最终选择哪个方案，则完全由决策者自己决定。本案例中，美国土地管理局霍利斯特办公室最终选择的方案则是综合了各个备选方案的方案 P。对于方案 P 的具体内容，这里不再赘述。

（二）欧盟的规划和计划环境评价

欧盟2001年发布了《欧洲议会和欧洲理事会关于对特定规划和计划开展环境影响评价的指令》（*DIRECTIVE 2001/42/EC OF THE EUROPEAN PARLIAMENT AND OF THE COUNCIL on the assessment of the effects of certain plans and programmes on the environment*），俗称《欧盟战略环评指令》，该指令构成欧盟成员国开展规划和计划层面战略环境评价的法律基础和基本框架。指令要求各成员国在制订可能导致显著环境影响的规划和计划时，要在规划和计划的准备阶段和批准之前，充分考虑环境问题，并要求各成员国将指令中提出的评价原则和程序整合到本国的相关法规中去。根据这一指令，英国、德国、荷兰、意大利、波兰、瑞典等欧盟成员国纷纷对本国的法律体系进行了修订和完善，建立了既能满足《欧盟战略环评指令》要求，又能适应本国国情的战略环境评价制度。

根据《欧盟战略环评指令》，原则上需要开展环境影响评价的规划和计划主要有以下两类：一是属于特定领域，并且涉及对1985年欧盟建设项目环评指令（85/337/EEC）附录Ⅰ和附录Ⅱ中的项目许可事宜的规划和计划；二是1992年欧洲理事会关于保护自然栖息地和野生动植物的指令（92/43/EEC）提出需要开展评价的规划和计划。对于各个成员国而言，需要开展环境影响评价的规划和计划还具有以下特点：一是这些规划和计划需要政府部门编制和批准，或者是政府部门编制，国会或上级政府通过法定程序审批的规划和计划，在行政层级上涉及国家、区域和地方三级；二是根据法律法规需要编制的规划和计划。根据以上规定，欧盟国家需要开展环境影响评价的规划和计划均属于政府决策事项，既包括法定的规划和计划，也包括政府部门为解决特定问题而制定的规划和计划。在符合以上规定的基础上，《欧盟战略环评指令》进一步提出了需要开展环境影响评价的规划和计划的具体范围，分别是农业、林业、渔业、能源、工业、交通、废物管理、水资源管理、电信、旅游、城乡建设、土地利用。在环境管理中，具体某一规划或计划是否需要开展环境影响评价，需要由欧盟成员国自己确定。对于判别方法，欧盟战略环评指令也做出了规定，既可以逐案判断，也可以制定名录来判断，或者将以上两种方法结合起来进行判断。

为了便于成员国去判断一项规划和计划实施后是否会产生显著环境影响，是否需要开展环境影响评价，《欧盟战略环评指令》在附件Ⅱ中进一步列出了详细的判别标准。一是要考虑规划和计划的特点，例如：①拟议规划对后续建设项目的影响程度，包括对建设项目选址、规模、资源配置等方面的影响；②拟议规划和计划对其他规划或计划的影响程度；③对于提升可持续发展水平的作用；④与拟议规划或计划有关的环境问题；⑤拟议规划或计划与执行欧共体环保法规的关系。二是要考虑环境影响和受影响区域的特点，例如：①环境影响发生的概率、持续的时间、频率和可逆性；②环境影响的累积性；③跨界影响；④人体健康风险和环境风险；⑤环境影响的强度和广度；⑥由于具有独特的自然属性或文化价值，区域环境质量不达标，或者高强度的土地开发等原因而使区域价值或脆弱性受到冲击；⑦受影响区域在国家、欧共体或国际层面享有保护地位。

如果根据《欧盟战略环评指令》需要开展环境影响评价，就需要编制环境影响评价报告，内容包括提供指令要求的相关信息，识别、描述和评价规划或计划实施可能产生的环境影响，以及提出基于规划或计划目标和区域地理特点的备选方案。根据《欧盟战略环评指令》中的附录Ⅰ，环境影响评价报告应包含以下内容：①内容摘要，规划或计划的主要目标，以及拟议规划或计划与其他相关规划和计划之间的关系；②环境现状的相关方面及其在不执行拟议规划或计划时的可能演变态势；③可能受到显著影响的区域的环境特点；④与拟议规划或计划相关的现有环境问题，特别是与那些特殊保护区域，如指令 79/409/EEC 和 92/43/EEC 指定的区域有关的环境问题；⑤与拟议规划或计划有关的，在国际、欧共体或成员国层面设立的环境目标，以及在环境影响评价报告编制过程中对这些环境目标的考量情况；⑥可能造成的显著环境影响，包括生物多样性、人口、人体健康、动物、植物、土壤、水、大气、气候、物资、文化遗产（包括建筑与考古遗产）、景观等方面，以及上述因素之间的关系；⑦用以预防、减缓或补偿拟议规划或计划实施可能造成的负面环境影响的措施；⑧概要介绍选择替代方案的原因，以及评价工作过程，包括工作中遇到的困难（如技术手段和认识上的不足）；⑨评价提出的环境监测措施；⑩对以上内容的非技术性总结。

公众参与是西方环境影响评价体系中的重要内容，欧盟也不例外。《欧盟战略环评指令》第 6 款专门规定了公众参与的一般注意事项，第 7 款规定了涉及跨界影响时的公众参与规则。《欧盟战略环评指令》将规划和计划环境影响评价的参与对象分为政府部门和公众两类，前者是指与规划和计划执行有关的部门，后者包括规划或计划执行可能直接或间接影响的社会公众和非政府组织，以及所有对拟议规划或计划感兴趣的个体和组织。对于参与时机，则明确规定是在规划或计划的起草阶段，这一阶段也是规划或计划环境影响评价报告的编制阶段，也就是说公众参与必须在报告被上级部门采纳或进入法定审批程序之前完成。对于跨界环境影响，《欧盟战略环评指令》规定，如果某一成员国编制的规划或计划可能造成跨界影响，则必须在上级部门采纳或进入法定审批程序之前征求可能受到影响的成员国的意见。在操作程序上，需要向可能受到影响的成员国递交拟议规划或计划文本复印件，以及相应的环境影响评价报告。可能受到跨界影响的成员国接收到上述文件后，需要决定是否进入公众参与程序。如果进入公众参与程序，就应按照《欧盟战略环评指令》第5款的规定正式征求本国有关部门和社会公众的意见。无论是在本国开展的公众参与活动，还是在别国就跨界环境影响开展的公众参与，相关建议和诉求都应作为规划或计划编制和最终决策的重要依据，并向政府部门和社会公众公布对有关意见的处理情况及其理由。

此外，《欧盟战略环评指令》还要求各成员国对规划或计划在执行阶段开展环境监测，以便及早发现非预期环境问题并及时采取行动。总体来看，通过评价范围、报告书内容、公众参与、信息公开、环境监测等方面的规定，《欧盟战略环评指令》为各成员国建立自己的战略环评法规体系提供了比较完善的法律框架。在这一框架下，不仅欧盟层面的环境保护理念和环境关切能够得到贯彻实施，也为各成员国解决跨境环境问题提供了协商机制。

为了能够与时俱进，《欧盟战略环评指令》第13款还要求指令实施5年后要开展一次执行情况的评估，之后则每7年开展一次评估。根据这一要求，欧盟委员会需要在2006年7月21日之前向欧洲议会和欧洲理事会提交首轮评估报告。然而，由于该指令转化为欧盟成员国内部法令的进程没有达到预期，再加上实践经验不足，这项工作一直拖延到了2009年才完成。通过评估发现，指令在实施过程中存在的主要问题有：一是向成员国国内法的转化不顺畅。按照指令规定，各成员国需要在2004年7月21日前完成《欧盟战略环评指令》向国内法规的转化，但事实上25个成员国中仅有9个实现了这一目标，直到2009年才完成了全部成员国的国内法规转化工作。二是由于指令对各成员国只是提出了框架性要求，各成员国在实施过程中存在评价深度、评价标准和数据精度等方面参差不齐的问题和困难。三是对备选方案重视不足。尽管《欧盟战略环评指令》第五条第1款明确要求环境评价报告中要对拟议规划（计划）及其备选方案可能带来的环境影响进行识别、描述和评价。但从实践来看，大部分成员国都没有规定备选方案应该如何形成和选择。同时，所有成员国都将无行动方案纳入了法定评价要求。四是对规划或计划实施的环境监测重视不足。仅有个别国家制定了监测规范，提出了监测方法。五是规划或计划环评与项目环评之间的边界不清晰。一些成员国在实践中发现，有时很难判断一项决策是适用《欧盟战略环评指令》还是《建设项目环评指令》，该问题在土地利用领域尤其突出，容易造成战略环评和项目环评在工作内容上的重叠。为此，甚至有一种观点认为应该把欧盟的战略环评指令和项目环评指令合并。

尽管欧盟国家在落实《欧盟战略环评指令》方面还存在很多问题，但指令实施以来对欧盟国家在规划和计划层面增强决策考量仍发挥了非常重要的作用，具体表现在以下几个方面：一是大多数欧盟国家都认为战略环评的实施有效提升了规划和计划制定的组织化和结构化水平，特别是通过公众参与极大地提高了决策过程的透明度。二是大多数欧盟国家都认为战略环评对规划或计划起到了优化作用，无论是对规划（计划）目标、方案还是标准，都产生了积极影响。并且，规划（计划）的层级越高，战略环评发挥的作用就越明显。三是促进了拟议规划或计划与其他法规、政策、规划（计划）之间的协调性。《欧盟战略环评指令》明确要求分析拟议规划或计划与其他相关规划、计划等决策之间的关联性，通过这项工作可以减少决策之间的冲突，提高其协调性。对于《欧盟战略环评指令》将来的修订方向，评估报告认为可能有以下几个方面：一是扩展评价内容，如加大对气候变化、生物多样性和环境风险等议题的评价力度。二是扩展评价对象。《欧盟战略环评指令》明确将评价对象界定在规划和计划层次，而联合国战略环评议定书已经将战略环评的范围拓展到了政策和立法层次，这也有可能成为《欧盟战略环评指令》将来修订的方向。三是加强导则建设，特别是在规划和计划筛选标准、备选方案识别、与项目环评的联动机制等方面，可以制定更为明确的技术导则，以利于各成员国更好地实施《欧盟战略环评指令》。

三、政策层面的战略环境评价

政策层面的战略环境评价，是指战略环评体系中评价对象的层次高于规划和计划的类型，以及评价方式和评价重点有别于传统战略环评的类型。与传统的战略环评不同，世界上并没有形成针对政策环评的统一认识，其形式也呈现出多样化的发展态势，并且至今仍在不断变化。因此，可将政策环评看作是战略环评的高级形态，既可以是以政策为对象的战略环评，也可以是战略环评在政策层面上的应用。

（一）政策层面战略环境评价概述

自从美国 1969 年通过《国家环境政策法》确立环境影响评价制度以来，这项制度在被引入不同国家、地区和组织的同时，其外延也在不断扩展。从目前来看，评价对象已经由最初的建设项目扩展到了计划、规划、政策、法规、条约等更高层次的决策。对于战略环评而言，尽管涵盖的评价对象较多，但大多数国家都把层次较低的开发类规划和计划，特别是空间规划当作评价的重点对象。对于更高层次的决策，开展情况总体上不太理想，并且其开展程度大体与决策层次呈反比，即决策层次越高战略环境评价的开展程度就越低。此外，由于涉及政治问题，需要考量的因素很多，因而迄今为止还没有任何一个国家将全部决策都纳入战略环境评价的范畴。对于针对政策、法规、战略等更高层次决策的政策环评，国际迄今为止没有形成公认模式。世界银行甚至认为政策环评本来就不应该有固定的模式和标准，原因是世界各国对于政策环评的认识一直在随着各种内外部因素的变化而进行调整。因此，政策环评应该突破传统思维的束缚，变成一个面向需求的环境治理工具。如果拘泥于某种标准模式，反而会影响其灵活性，降低其有效性。

美国 1969 年建立环境影响评价制度时，根据《国家环境政策法》的规定，事实上已将政策、法规等决策涵盖在内。因此，从这个意义上来讲，美国也是政策战略环境评价的创立国。根据美国 1978 年颁布的《国家环境政策法实施条例》，美国的政策是指“规则、管理规定，以及根据《管理程序法》（*Administrative Procedure Act*，APA）做出的正式说明、协议、国际条约、涉及联邦政府机构计划的正式文件”。由于美国的环境影响评价体系并没有对计划、规划和政策进行区别对待，因而针对这三种决策的环境影响评价模式并没有本质区别，都是把环境要素和敏感目标作为评价重点。再加上政策与规划和计划的界限比较模糊，因此在实践中很难区分哪些环境影响评价属于政策环评，哪些属于规划环评，哪些属于计划环评。同时，如果按照美国《国家环境政策法实施条例》对政策的定义，其特有的管制影响分析（regulatory impact analysis）也可归入政策环境评价的范畴。中国台湾 2002 年颁布实施的有关环境方面的文件规定：“政府应建立环境影响评估制度，预防及减轻政府政策或开发行为对环境造成之不良影响。”该项规定明确提出了要评价“政府政策”的环境影响。对于政策环境评价的对象，环保部门进一步制定有关文件：“系指与上述列举之开发行为直接相关，且经‘行政院’或事业主管机关核定之事项，有影响环境之虞者。”包括工业政策、矿业开发政策、水利开发政策、土地使用政策、能源政策、畜牧政策、交通政策、废弃物处理政策、放射性核废料处理政策等。其他国家如加拿大、荷兰等，大体上也是把针对政策的环境评价称作政策环评，属于传统战略环评模式在更高层次决策上的应用。

在国际组织中，世界银行对高层次战略环境评价的研究一向比较活跃。在多年的实践中，世界银行不仅创新了战略环评形式，而且形成了一套相对完整的理论体系。世界银行在将建设项目环境影响评价模式导入高层次决策时，发现随着决策层次的提高，决策本身的不确定性也在增强，预测结果的准确性越来越低，对决策行为的贡献则越来越小。特别是对于政策环评需要重点关注的累积影响和诱导影响，建设项目环境影响评价方法更是难以发挥作用。同时，由于接受世界银行贷款和援助的发展中国家普遍存在法制不健全、社会治理能力差、民众环保意识低、权力寻租现象普遍等更加不利于可持续发展的制度性问题。因此，世界银行希望通过对援助项目开展环境影响评价，达到以下效果：一是借此推进发展中国家决策过程的公开化，提高透明度；二是为发展中国家引入预防性和综合性环境管理手段和环境管理制度；三是推动环境问题的主流化，唤醒民众的环保意识。基于上述目的，世界银行在贷款国和援助国开展战略环境评价时，将政策环评的重点转向了制度评价，特别是转向了与可持续发展有关的制度框架、环境和资源管理体系等。通过制度评价，为进一步的项目援助和能力建设提供依据。由于以制度为核心的战略环境评价明显不同于传统的战略环境评价，且评价对象的层次较高，因而世界银行有时直接把这类评价称作政策战略环境评价。对于以制度为核心的政策战略环境评价，在世界银行的实践中主要有两类：一类有明确的评价对象，可直接称之为政策战略环境评价（Policy SEA）；另一类则没有具体评价对象，世界银行将其称为国家环境分析（Country Environmental Analysis，CEA）。综上所述，世界银行的所谓政策环评，事实上已经超出了我们对传统战略环评的认识，属于战略环评理念在政策层面的应用。

从国际上政策战略环境评价的实践与研究来看，主要存在以下两个方面的问题：一是对政策战略环境评价的内涵和外延认识不统一。如美国、加拿大等国将政策战略环境评价看作是针对政策的环境影响评价，甚至是建设项目环境影响评价模式在政策层面的应用，世界银行近年来则把所有基于制度完善的环境评价都看作政策战略环境评价，而欧盟的影响评价则把环境影响评价直接纳入了政策分析过程，既可归入政策评估的范畴，也可归入政策环评的范畴。此外，荷兰的“E-test”、英国的可持续性评价等，也可归入政策环境评价的范畴。由于实践上的多样性，政策战略环评很难形成一个完整和系统的理论体系。二是具体评价模式和评价重点差异较大。不同国家的决策形式和决策过程不同，因而在实践中的评价对象缺乏可比性，既包括立法、规划、条约等决策形式，也有部门改革等决策行为。即使评价对象的类别相同、名称相似，在尺度、深度、重要性等方面也差异较大，因而在评价模式和评价重点方面难以统一。对于评价内容，美国、加拿大等国总体上偏重于对自然环境的影响评价，世界银行则将建立有利于可持续发展的制度基础作为评价重点。三是政策环评与政策分析的边界难以界定。政策环评属于战略环评的范畴，其目的是把环境影响和经济、社会影响置于同一平台进行考量，从决策源头防治环境问题。早期的政策分析，或者政策分析中的政策评估环节主要偏重社会和经济问题，对资源环境问题考虑不足。但从现在来看，一些国际组织和国家已经把环境影响作为决策制定环节的重要考虑因素，事实上也是把社会、经济和环境三类议题放在同一个平台上来考量。因此，政策环评和政策分析（政策评估）的界限已经非常模糊，两者很难区分。

（二）政策层面战略环境评价的类别

由于高层次决策需要考虑的问题比较复杂，很多情况下决策过程不宜公开，决策的环境影响并不直接，因而与规划和计划环境影响评价相比，在世界各国的开展情况总体不佳。同时，由于不同国家的决策模式、决策形式等差别很大，因此在实践中也很难形成普遍模式。尽管可比性不强，但从实践来看，大体可将其划分为三种类型：第一种是传统环境影响评价模式在政策层面的应用；第二种是以制度为核心的环境评价；第三种是综合政策评估。

1. 以政策为对象的环境评价

针对拟议政策开展环境评价，是传统战略环评模式在政策层面的应用，一般具有明确的评价对象，评价的介入时机也是在政策的形成阶段。例如，美国1969年制定的《国家环境政策法》要求联邦机构所有可能产生重要环境影响的法规和重大行动建议，均需在正式决策前开展环境影响评价。1999年加拿大内阁颁布的《关于对政策、规划和计划提案开展环境评价的内阁指令》中，要求所有可能导致重大环境影响和需要提交部长或内阁审批的政策、规划、计划，均须开展环境影响评价。中国台湾有关规定将政策环评的对象界定为工业政策、矿业开发政策、水利开发政策、土地使用政策、能源政策、畜牧政策、交通政策、废弃物处理政策、放射性核废料处理政策等。中国香港总督在1992年施政报告中提出将战略环评的范围由计划扩展至所有可能令环境付出庞大代价或获得裨益的政策建议，以及从2002年起开展的可持续发展评价，都可归入这一范畴。由于以政策为对象的环境评价在评价模式和方法上与规划环评并无明显区别，因此这里不再介绍具体案例，具体可参考前文介绍的美国《克利尔克里克管理区资源管理规划环境影响报告》。

2. 以完善制度为目标的评价

（1）以制度为核心的评价

2004年8月，世界银行开始实行新的业务政策，提出要评价决策链上游的环境、社会和风险影响。随后，世界银行于2005年通过贷款和专门援助在发展中国家开展了6个试点项目，目的是探索和完善以制度评价为核心的政策环境评价模式，评价对象主要是政策制定和部门改革两类决策行为，包括2005年肯尼亚林业法案、塞拉利昂矿业部门改革、达卡大都市发展规划、湖北公路网规划（2002—2020）、西非矿业部门改革、马拉维矿业部门改革等。最后，世界银行在总结试点经验的基础上，于2011年出版了*Strategic Environmental Assessment in Policy and Sector Reform*，对以制度为核心的评价理论和方法进行了较为系统的总结，并把以制度评价为核心的战略环境评价称为政策环评。其中，《达卡大都市区发展规划战略环境评价》和《湖北省公路网规划（2002—2020）战略环境评价》如果放在我国的环境评价体系中，仅属于规划环评层次，但由于世界银行将制度完善和管理改进作为核心内容，因而世界银行均将其归入了政策环评的范畴。据此可以看出，世界银行对政策环评的界定并不是取决于评价对象，而是取决于评价内容，即不管评价对象是法规、规划还是某种决策行为，只要评价的核心是制度，就将其归入政策环评的范畴。世界银行的政策环评实践具有以下几个特点：一是以制度评价为核心，重视受援国在可持续发展制度建设，特别是环境保护制度建设方面存在的问题，其首要目标是通过制度建设从源头上保护受援国的资源环境；二是追求有限目标，即重点针对社会关注度高、各类利益群体普遍关注的优先事项开展评价；三是强调利益相关者之间对话机制的建立，通过政府、企业、公众、社会团体等多方利益相关者的参与和对话，来增进对政策方案和环境问题的认识，并最终达成妥协；四是坚持过程导向，强调政策环评是一个利益相关方参与决策行为的过程，而不光是最终形成一部报告或得到某一结果。并且，决策的层次越高，政策环评的过程属性就越应得到加强；五是强调适应性学习，即政策环评的过程同时也是政策制定者、社会公众、企业等利益相关者的学习过程，通过学习不断地深入了解与政策实施有关的资源环境问题，从而提升环境意识，增强对保护环境的责任感。基于以上认识，世界银行对政策环评的最新定义是“将环境、社会和气候变化考量纳入部门改革的分析性和参与性手段”（Slunge et al.，2011）。由于世界银行的政策环评内容侧重于环境影响和社会影响，因而有时也称为Strategic Environmental and Social Assessment（SESA）。世界银行提出的以制度评价为核心的政策环评（I-SEA）模型见图 2-1（World Bank，2011）。其基本程序是：一是要了解政策的形成过程，以及将环境考量纳入政策过程的时机。一般来说，影响决策的最佳时机是政策的制定阶段。二是启动利益相关方对话，即召集与政策过程有关的各类社会主体来讨论政策实施可能带来的环境问题。三是识别关键环境议题，包括现状分析和利益相关方分析。其中，现状分析的目的是识别与拟议政策相关的关键环境议题，利益相关方分析的目的是识别与拟议政策直接相关的利益主体。四是在第三步工作的基础上，通过主要利益相关方之间的对话，来确定政策环评需要面对的环境优先事项。五是评价现有制度在应对环境优先事项时的优势、劣势、机遇和挑战。六是针对拟议政策和影响政策过程的相关制度，提出调整和完善建议。下面以世界银行开展的西非矿业部门战略评价（The West Africa Minerals Sector Strategic Assessment）为例来说明这类政策环评的主要流程和特点。

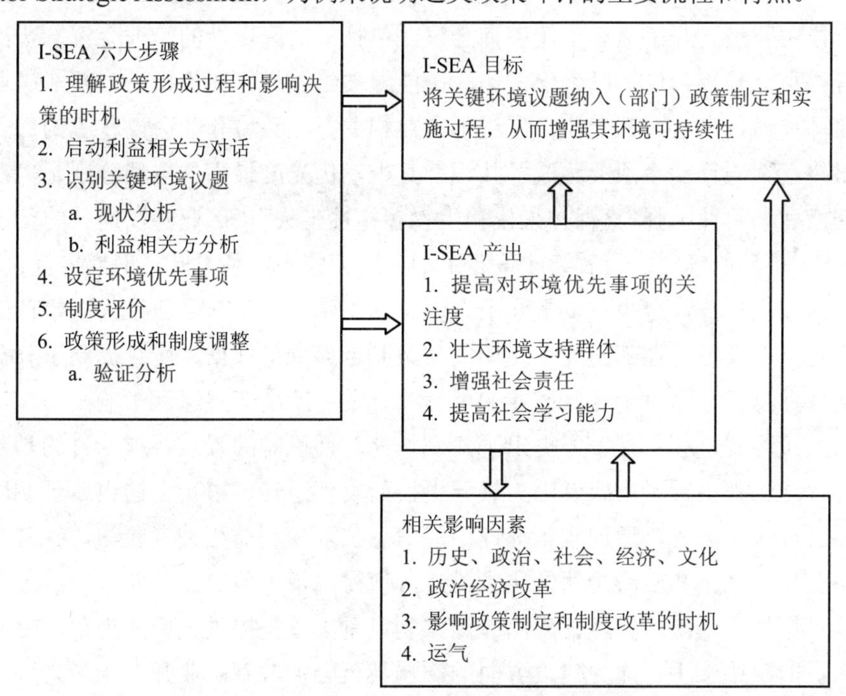

图 2-1　世界银行以制度为核心的政策环评概念模型

该项工作的背景是：马诺河联盟政府、西非区域一体化组织以及相关捐赠方于2008年2月在几内亚首都科纳克里举行了西非矿业论坛，提出要制定《西非矿业管理计划》（*West Africa Mineral Governance Program*，WAMGP）并对其开展战略环评。由于规划的制订过程同时涉及部门改革问题，因此世界银行将其称为西非矿业部门战略评价。鉴于世界银行将这类战略环评统统归入了政策环评的范畴，因此下文全部采用政策环评的提法。《西非矿业管理计划》的目的是为西非国家的矿业发展提供更多机会，以便促进矿业经济发展，具体包括以下几个方面的诉求：一是促进援助方之间的行动协调；二是促进相关政策、法律、管理规定之间的协调；三是提高区域政府与矿业公司的谈判能力。至于西非矿业部门政策环评，目的是为《西非矿业管理计划》的制定提供信息和技术支持，其工作主要包含四个阶段：第一阶段是在2008年召开了议题为矿业开发和可持续发展的西非国家会议，形成了一个关于评价目标和方法的初步报告。第二阶段主要是通过利益相关方参与和文献查阅进行资料收集，目的是识别区域矿业可持续开发面临的主要机遇和制约。第三阶段是向国家层面的利益相关方介绍第二阶段的发现，以保证最终产出与当初的预期基本一致，并且区域矿业开发和基础设施建设构想合理可行。第四阶段主要是召开了最后一轮咨询会议，包括一次区域性的验证会议，一次评价指导委员会最终会议，以确保工作成果能够被纳入最终评价报告。西非矿业部门政策环评通过多次召开会议，促进了利益相关方在环境和社会议题上的深入对话，最终在优先行动事项上达成了共识。其中，优先度最高的事项分别是“决策的透明度和一致性不强”“森林采伐和生物多样性丧失”“矿业开发地区的贫困问题”。优先事项的确定，为后续政策制定和制度调整指明了方向。世界银行认为，通过本次政策环评，至少在以下几个方面发挥了作用：第一，通过优先事项的识别和设定，不仅为矿业部门改革和相关政策制定提供了依据，而且提高了利益相关方的环保意识，这对于区域矿业的可持续开发可能会产生深远影响；第二，通过本次政策环评，利益相关方提出了建立长期对话机制的强烈要求，目的是防止政策环评结论被搁置不用或者因为领导更换而发生逆转，事实上这也属于制度建设的重要成果；第三，通过政策环评中的信息公开和利益相关方参与，打破了过去大矿业集团私下和政府协商的决策模式，使得决策主体更加多元，决策过程更加透明；第四，本次政策环评为西非国家制定重大政策提供了新的视角，提高了相关人员的决策水平，能力建设方面的影响甚至会扩散到矿业开发领域之外。对于本次政策环评面临的阻力，世界银行认为主要是西非国家的精英决策模式。道理非常简单，以制度为核心的政策环评强调通过利益相关方对话来制定政策和调整制度，这会限制政治精英的权力，减少其权力寻租的机会。

从以上案例可以看出，世界银行提出的以制度为核心的政策环评模式，事实上具有强烈的政治色彩，并且主要偏重于价值层面的问题，而不是具体的技术问题。当然，对于发展中国家来说，由于制度不健全和腐败问题的确是制约决策科学化和民主化的首要因素，因而使用该种评价模式具有一定的先进性。然而，由于这一评价模式倡导的利益相关方对话和制度建设会触及政治精英的利益，因此很难上升为发展中国家的自觉行为，只能通过外部力量来推动。从这个意义上来讲，以制度为核心的政策环评模式很难被政策制定部门接受。此外，这种评价模式在政治民主化程度较高的发达国家并不适用，因而并不具有普遍推广价值。尽管具有局限性，但世界银行的这一探索进一步丰富了政策环评的理论和实践，为很多国家开展政策环评提供了新的视角。

（2）国家环境分析

世界银行根据其最新业务政策（Operational Policy 8.60）对政策性贷款的要求，还发展出了另外一种评价工具，即国家环境分析（Country Environmental Analysis，CEA），并且也将其归入了政策环评的范畴（Fernando，2012）。国家环境分析的内容极为广泛，并且会根据不同国家的具体情况进行调整，但一般来说包括以下几个方面：一是识别受援国的主要环境问题和环境保护优先领域；二是分析受援国环境管理制度、体制、政策等方面的不足；三是评估一些重要政策实施后可能造成的环境影响。在以上分析的基础上，最后会提出能力建设和制度改进方面的建议，作为后续援助项目的依据。世界银行在借款国实施国家环境分析的目的主要有以下几个方面：一是确保贷款项目符合可持续发展的要求；二是为环境保护领域的贷款项目提供分析基础；三是与借款国在环境保护领域建立高层对话机制；四是将环境考量纳入世界银行和受援国的政策过程。国家环境分析对于世界银行制定国家援助战略（Country Assistance Strategies，CASs）和减贫战略文件（Poverty Reduction Strategy Papers，PRSPs），实施发展政策贷款（Development Policy Lending，DPL），以及制订援助计划等发挥着重要的技术支撑作用。从2001年开始，世界银行在全球发展中国家实施了大量国家环境分析项目，如东南亚的孟加拉国、印度、巴基斯坦、不丹、尼泊尔，以及非洲的埃及、突尼斯、埃塞俄比亚、加纳等。

与传统的战略环评相比，国家环境分析并不针对某个具体的政策、规划或者计划，而是把整个国家作为研究和评价的对象。因此，从这个意义上来讲，国家环境分析的层次要高于一般的战略环评，甚至具有为战略环评指明方向的作用。国家环境分析与传统战略环评的相似点在于，两者都非常重视早期介入和利益相关方对话。通过早期介入，一方面能够为世界银行的相关决策提供依据，另一方面能够起到指导援助国政策制定和制度改革的作用。通过利益相关方对话，特别是世界银行和贷款国之间的对话，能够全面了解受援国在可持续发展领域面临的主要问题和需要优先解决的事项，从而为后续的政策制定和制度调整找到最佳突破口。下面以 2016 年世界银行完成的《乌克兰国家环境分析》（*Ukraine Country Environmental Analysis*）（World Bank，2016）为例来说明其基本做法。

乌克兰国家环境分析报告的主体内容由 8 个部分组成，第一章是绪论。在对乌克兰的社会、经济、环境等基本情况进行简单介绍后，提出了本次工作的目标，即评估乌克兰环境管理领域的政策、法规、制度的适当性及其表现，为乌克兰政府应对关键环境问题提出对策建议。第二章是关键环境事项分析。重点分析了乌克兰的空气质量与大气污染物排放、水资源利用和废水处理、固体废物（包括危险废物管理）、生物多样性与森林、土地资源、气候变化等。第三章是环境管理制度分析。主要包括以下几个方面：一是分析了影响环境管理的因素，包括乌克兰正在实施的中央向地方的分权改革、行政管理体制改革、普遍存在的腐败问题以及与欧盟的关系等；二是分析了乌克兰的政治制度和决策过程，重在说明主要权力机构的职能、层级、运作机制以及政策制定的程序；三是分析了乌克兰近年来环境保护领域的主要战略和规划，包括目标、步骤、主要措施等，并指出了这些战略和规划存在的主要问题；四是分析了乌克兰的环境法规体系，指出了存在的主要问题，并且分大气、水资源、固体（危险）废物做了细致说明；五是针对存在的问题提出了对策建议，包括建立能够支持可持续发展目标的管理框架，设置环境保护优先事项，将国家环境战略目标纳入区域和行业发展规划，在制定下一个国家环境战略时要有利益相关者的广泛参与，以及定期评价经济政策的环境影响和环境政策的经济影响等。第四章是中央层面的关键环境管理机构分析，重点分析了生态和自然资源管理部的职能、机构、人员及其变迁。对于其他与环境保护有关的机构，如能源和煤炭工业部、基础设施部等，只作简单介绍。在分析的基础上，提出了关于机构建设的几点对策建议，具体包括建立清晰的部门协调机制、加强生态和自然资源部的能力建设、理顺生态和自然资源部与其他部门之间的关系等。第五章是区域层面环境管理分析，具体包括以下几个方面：一是梳理和分析了相关区域规划中提出的针对不同区域的环境保护优先事项；二是分析了乌克兰中央和地方在环境管理权限上的变化，以及地方环保机构的建设情况，总的趋势是地方的权力在不断增强，这也是乌克兰行政管理体制改革的方向；三是分析了地方环境管理机构的角色和职能，如环境监测、环境许可、环境影响评价管理、环境信息公开等；四是分析了地方环境管理机构与其他部门之间的协调机制；五是根据以上分析提出了几点对策建议，包括进一步明晰地方环境管理机构的职责、建立更加广泛的利益相关方参与机制、明确划分中央和地方的环境管理权限、减少不同部门之间在环境管理权限上的重叠、加强对地方环境管理机构的技术支持等。第六章是主要环境管理工具分析，包括环境管理规定和环境标准、环境监测、环境许可、建设项目环境影响评价、战略环境评价、基于市场的经济手段、信息公开和公众参与、对环境事务的司法处理等，这些都是乌克兰现有的环境管理手段。提出的对策建议是：加强环境监测、简化环境许可、强化相关机构的执法能力、在法律中体现“污染者付费” 原则、增强建设项目环境影响评价和战略环境评价的作用、加强公众参与等。第七章是主要政策建议。在以上分析的基础上，从多个方面提出了乌克兰在环境管理制度建设方面的优先行动事项，共包括 6 个方面，分别是加强环境管理法规建设，加强设置环境优先事项的机制建设，通过加强机构之间的协调来提高环境管理制度的有效性，加强区域层面的环境管理能力建设，按照欧盟的相关要求扩展和强化环境政策工具，以及通过信息公开和公众参与提出环境管理需求。在每一大项下面，又具体分为若干小项，总计 32 项对策措施，具体见表 2-8。对于每一项具体措施，报告都给出了优先级(这里只包含“高”和“中”两级)，并且指明是长期行动、中期行动还是短期行动，最后明确了每项行动的责任部门。为了更好地实施环境管理改革，报告还建议乌克兰制定进一步的改革路线图。

从以上案例可以看出，国家环境分析在评价模式上与“以制度为核心”的战略环境评价非常相似，都把制度分析和优先事项识别作为工作的核心内容，都重视利益相关方之间对话机制的建设。两者的区别在于：“以制度为核心”的战略环评针对的是某一拟议政策或某一具体行动，而国家环境分析的对象是整个国家的资源环境管理体制；“以制度为核心”的战略环评的利益相关方对话主要是在受拟议政策或行动影响的利益相关方之间进行，而国家环境分析的利益相关方对话主要是在世界银行和受援国之间进行；“以制度为核心”的战略环评的对策建议的内容是如何优化拟议政策和行动，国家环境分析的对策建议则聚焦于制度建设，并且主要是如何与国际接轨。如果按照世界银行的说法，把国家环境分析也归入政策环评的范畴，则无论是广度还是高度都在其他类型的战略环评之上，基本上属于战略环评的最高层级。并且，由于这类评价针对的是整个国家，因此在形式上只能由国际机构来组织开展。

表 2-8 《乌克兰国家环境分析》提出的主要政策建议

挑战	行动	优先级（中/高）	时限	主要责任部门
加强环境管理法规建设	1. 对现有法规进行评估，识别需要修订的法律和需要调整的管理规定	高	中期	CMU
	2. 根据欧盟和乌克兰签署的协议以及行动计划对现有法规进行适当修改	高	协议期	CMU
	3. 建立一个类似于管制影响分析的机制对拟议法规进行深入评价	高	长期	CMU / MENR
	4. 由于法规的修订会对自然环境和环境管理体系产生深远影响，因此应该开展战略环境评价，虽然乌克兰目前还没有关于开展战略环评的立法	中	短期	相关部门
	5. 对拟修订或调整的法律、政策和规定进行战略环境评价	中	中期	相关部门
加强设置环境优先事项的机制建设	6. 在国家和区域层面建立一个制度，用以设置与乌克兰经济增长和减贫有关的环境优先事项，当务之急是开展环境退化的经济代价研究	高	中期	CMU /地方政府
	7. 确保在部门和区域规划中纳入国家环境战略目标	中	中期	MENR
	8. 确保下一个国家环境战略（针对 2020 年以后的环保问题）的制定要充分征求关键利益相关方的意见，并且要有清晰的目标和量化指标	中	中期	MENR
	9. 定期评估经济政策的环境影响和环境政策的经济影响，以便减缓决策的负面效应	中	长期	MENR & OSA
通过加强机构之间的协调来提高环境管理制度的有效性	10. 建立一个清晰的协调和监测机制，并在法律层面予以确认，从而防止不同组织之间在职能上产生重叠	高	短期	CMU / MENR/ SEI / OSA
	11. 根据欧盟和乌克兰签署的协议加强生态和自然资源部的能力建设	高	中期	CMU / MENR
	12. 加强中央层面其他具有环境保护和自然资源管理职能的部门的能力建设	高	中期	MENR /Central
	13. 评估生态和自然资源部与其他部门、组织、机构之间在环境管理领域的职能、职责等方面的异同	高	中期	CMU & OSA
	14. 针对环境保护和可持续发展议题，同时考虑欧盟和乌克兰签署的协议提出的相关要求，加强政府部门的能力建设和员工技能培训	高	短期	MENR

挑战	行动	优先级（中/高）	时限	主要责任部门
加强区域层面的环境管理能力建设	15. 根据现有法律明晰区域环境管理机构的职责	高	短期	OSAs / CMU
	16. 建立广泛的利益相关方参与机制，对中央和区域层面的环境管理职能、角色和责任进行界定	高	短期	CMU / MENR/ OSA
	17. 为区域层面的组织和政府机构提供技术支持，以使其更好地落实环境管理要求	高	短期	MENR / OSA
	18. 对中央和区域层面的环境管理职能和环境管理支出进行评估，以此重新界定两者的环境管理职能	高	中期	CMU / MENR/ OSA
	19. 建立清晰的水平和垂直协调机制	高	中期	CMU / MENR/ OSA
按照欧盟的相关要求扩展和强化环境政策工具	20. 在考虑管理体制变化的基础上继续执行现有的环境许可，并根据国际上的成功经验和欧盟的相关指令要求建立恰当的许可机制	高	中期	CMU / MENR
	21. 建立落实“污染者付费”原则的法律框架和执行机制	中	中期	CMU / MENR
	22. 加强相关机构在地方和国家层面的执法能力	高	长期	CMU / MENR
	23. 根据欧盟指令和国际实践经验，加强建设项目环境影响评价和战略环境评价法律建设，并制订具体的配套管理规定	高	短期	CMU / MENR
	24. 对建设项目环境影响评价程序和各类政府机构在其中的角色、职能进行详细评估，根据评估结果，并基于新的法律要求，以及不同部门和区域组织的最新职能，制定标准化的评价程序和技术导则	高	中期	MENR / OSA
	25. 对环境监测体系进行评估并使其与欧盟的监测体系相协调	高	中期	MENR
通过信息公开和公众参与培育环境管理需求	26. 建立国家建设项目环境影响评价和战略环境评价数据库并向所有利益相关方开放	高	短期	MENR
	27. 通过修订法律，进一步明确利益相关方在搜集和提交环境监测数据方面的职责，信息分析中心承担的具体工作、为这些工作提供的财政支持，以及在生态和自然资源部网站上公开环境监测数据等具体事宜	高	中期	CMU/MENR
	28. 加大《乌克兰信息公开法》的实施力度，在生态和自然资源部及其他相关部门和机构网站上持续公布并及时更新环境信息	高	短期	CMU/MENR
	29. 根据中央政府机构改革以及国家和区域两级相关部门职能的变化，修订《国家环境监测体系管理规定》。在环境监测方面清晰地界定不同部门的职责，并将相关内容写入法律	高	中期	MENR

挑战	行动	优先级（中/高）	时限	主要责任部门
通过信息公开和公众参与培育环境管理需求	30. 提高政府部门和区域机构搜集和发布环境信息的能力，防止在政府机构改革的过程中遗失相关文件和档案	高	中期	MENR
	31. 在环境决策制定方面建立一套清晰的信息公开和公众参与程序	高	中期	MENR
	32. 加强涉及环境问题的司法能力建设	高	长期	司法部/ MENR

注：CMU 是指乌克兰内阁，MENR 是指生态与自然资源部，OSA 是指州政府管理机构；短期是指 1 年或 1 年以下，中期是指 2～3 年，长期是指 3 年以上。

3．综合政策评估

一些国家和地区在决策程序中明确要求将社会、经济和环境影响置于同一平台进行综合考量。这种评价模式虽然具有政策环评的作用，但也可归入政策评估的范畴。例如，2009 年欧盟修订的《影响评价导则》要求对欧盟委员会的拟议政策开展社会、经济和环境影响综合评价，供制定政策的专员参考。对于欧盟影响评价的具体做法，本书在介绍国际上政策评估现状时已有案例分析，此处不再赘述。此外，美国国家环保局在空气质量管理领域，要求对拟议规则、导则、标准等开展管制影响分析（regulatory impact analyses），事实上这也是在执行 12866 号和 13563 号总统令的要求。管制影响分析的核心手段是成本—收益分析，最终通过净收益的大小来比较各个备选方案的优劣。例如，在 2011 年完成的《在全国大气颗粒物质量标准修改建议管制影响分析》（*Regulatory Impact Analysis for the Proposed Revisions to the National Ambient Air Quality Standards for Particulate Matter*）中，根据相关环境保护战略，美国国家环保局提出了 4 组 $PM_{2.5}$ 日均浓度和年均浓度的建议值。针对每一组建议值，以 2020 年为评价年份，以 2006 年的货币购买力为基准，分别计算了贴现率为 3%和 7%两种情形下的总成本、货币化收益和净收益（表 2-9）。其中，在收益分析中，包括 $PM_{2.5}$ 浓度降低在经济和社会领域两个领域带来的收益，具体涉及人体健康、工作时间、大气能见度、物资损害、生态损害、气候变化等多个方面。在成本分析中，主要包括购买、安装和使用相关污染控制设备的成本，以及一些行业和技术存在不确定性可能增加的额外成本等。美国国家环保局在成本—收益分析的基础上，综合考虑环境保护现状和技术进步等因素，认为从 2020 年起将 $PM_{2.5}$ 年均浓度调整为 12 μg，将日均浓度调整为 35 μg 是可以实现的，并将其作为最后的推荐方案。

表 2-9　2020 年各备选方案的货币化收益、总成本及净收益（折算成 2006 年）

单位：10^6 美元

备选标准（年均/日均）/μg	总成本		货币化收益		净收益	
	3%贴现率	7%贴现率	3%贴现率	7%贴现率	3%贴现率	7%贴现率
13/35	2.9	2.9	88～220	79～200	85～220	76～200
12/35	69	69	2 300～5 900	2 100～5 400	2 300～5 900	2 000～5 300
11/35	270	270	9 200～23 000	8 300～21 000	8 900～23 000	8 000～21 000
11/30	390	390	14 000～36 000	13 000～33 000	14 000～36 000	13 000～33 000

（三）政策战略环境评价的特点

1．政府决策是主要评价对象

几乎所有将政策环评纳入正式决策程序的国家和地区，其评价对象都是政府部门的决策，即三权分立体制下行政部门制定的决策，鲜有立法和司法部门的决策。之所以如此，与西方国家的决策模式和决策形式有关，即立法部门制定的法律主要是关于权利和程序方面的规定，司法部门的职责主要是运用法律来处理具体的案件。因此，这两类部门的工作主要是关于职责和程序方面的事宜，对具体的社会和经济事务涉及较少。行政机构则不然，直接承担着管理社会、经济事务，协调社会关系，甚至配置经济资源的职能，其决策往往会产生重大资源环境后果，因而理应成为政策环境评价的重点对象。例如，美国《国家环境政策法》就非常明确地限定了该法案的作用对象是联邦政府机构。加拿大《关于对政策、规划和计划提案开展环境评价的内阁指令》也指出，只有提交部长或内阁批准的政策才需要开展环境评价。荷兰《环境影响评价条例》要求只有由部长送交荷兰议会二院审议的政策文件才需要开展环境评价。荷兰《1995 年关于实施环境测试的内阁命令》提出的“E-test”虽然延伸到了法规层面，但评价对象仍然是政府部门的决策。中国香港针对政策和发展战略开展的环境评价，以及对重要政策建议开展的可持续发展评价，对象都是需要提交最高行政当局——香港行政会议的决策。其他国家如英国、南非、丹麦等的情况也大体相似，并且要求开展政策环评的文件也大多出自政府部门的规定，而不是立法部门的法律。

2．多方案比选是基本要求

由于多方案比选是决策的核心要义，作为决策辅助制度的政策环境评价，理应对建议方案、替代方案甚至无行动方案开展同等深度的评价，为决策者进行最终综合决策提供依据。因此，多方案比选已经成为国际上政策环评的主体内容。除荷兰的“E-test”外，欧盟、美国、加拿大等均在相关法律中对此提出了明确要求。根据政策特点及其环境效应，一般通过定性、定量、货币化等多种方式进行方案比选，最后将结果提交决策者参考，而评价者并不提出倾向性建议。例如，在美国《Tonto 国家森林公园旅游管理》（*Travel Management on the Tonto National Forest*）环境评价中，围绕旅游线路划定、游客和机动车可以进入的区域，以及是否允许野营、越野、打猎、采集等活动，在广泛听取公众和相关机构意见的基础上，共形成了 4 个方案。在剔除明显不可行方案后，最终 3 个方案进入比选阶段。在环境影响报告中，则对 3 个备选方案和无行动方案共 4 个方案进行了同等深度的评价（USDA，2014）。1999 年，中国香港特区政府委托顾问公司完成了“第三次综合运输规划方案”的研究。这一研究的目的是探讨香港未来的运输要求，从而对今后几年运输基础设施的长远发展、公共交通服务的拓展以及交通管理等方面提出概括性的指标。在报告中，对不同运输发展政策所可能造成的环境影响进行了评估，其中包括累积影响，从而为决策者制定环境友好的（environmental-friendly）长远策略，避免对环境造成严重影响提供技术依据。

3．成本—收益分析是重要评价工具

政策环评作为一种高层次决策辅助工具，目的是把环境考量纳入决策过程，也就是把环境影响和社会、经济影响置于同一平台进行综合分析。由于社会、经济和环境影响的表现形式各不相同，难以直接比较。因此，将不同方案实施后可能导致的社会、经济和环境效应货币化，统一到同一量纲之下，就成为最佳解决方式。在实践中，首先需要分析决策实施后可能导致的社会、经济、环境效应。例如，正面效应可能包括经济增长、就业增加等，负面效应可能包括患病率升高、植被破坏、作物减产等。将政策实施可能导致的正负效应鉴定清楚后，就可根据各种效应的范围和程度，再结合相关研究成果，将具体的效应折算成货币单位。待各拟议方案的成本和收益都计算完成后，一般将净收益最大的方案作为最优方案，这也是完全理性决策模式的基本做法。从实践来看，凡是那些将环境影响与社会、经济影响置于同一平台考量的政策环评，几乎无一例外地把成本—收益分析作为核心评价工具。例如，美国国家环保局管制影响分析（regulatory impact analyses）的主要做法就是通过成本—收益分析来判断拟议规则和标准的优劣。欧盟 2009 年修订的《影响评价导则》要求对欧盟委员会的拟议政策开展社会、经济和环境影响综合评价；在推荐的 3 种多方案比选方法中，成本—收益分析也列在首位。成本—收益分析的弊端在于，一是只能反映事实层面的问题，无法反映价值层面的问题；二是很多政策影响难以货币化，特别是间接影响和累积影响，即使能够货币化，计算标准也往往存在争议。

4．公众参与是关键评价程序

由于权力制衡和利益主体、意识形态的多元化是西方国家的基本政治理念，因此，西方国家制定重大决策一般都要开展广泛的公众参与。政策环评作为政策过程的有机组成部分，当然也需要把公众参与作为一项重要工作。从目前来看，无论美国、欧盟还是世界银行，都把公众参与作为政策环评的关键程序，并贯穿整个政策周期。不仅最终进入比选阶段的政策方案可以由公众决定，而且评价范围、评价重点、甚至评价方法也会充分考虑利益相关者的关切。此外，强调倾听弱势群体的声音，也是国外政策环评的一个特点，一般都会在程序和内容上有所体现。具体而言，政策环评中公众参与的目的和作用主要表现在以下几个方面：一是保证决策民主化，为公众参与决策提供机会。对于政策环评中的公众参与程序和参与方式，西方国家一般都有明确的法律规定，并把公众参与作为政治民主化的重要表现形式；二是促进信息公开，使公众理解决策过程。通过公众参与，可以使社会公众充分了解政策的制定依据、必要性和主要考量因素，提升公众对政策的认可度，从而能够配合政府来推进政策的实施；三是搭建利益磋商平台，推动利益相关者达成妥协。西方国家利益主体和意识形态的多元化，导致很多公共问题必须通过协商解决，而政策环评中的公众参与就是一个很好的磋商平台；四是建立长期对话机制，为公众监督整个政策过程创造条件。由于政策是一个连续不断的过程，因此公众参与也不是一个一次性的行为，建立长期对话机制尤为有必要。在世界银行的政策环评试点项目中，更是把建立利益相关者长期对话机制放在了首要位置；五是促进环境问题主流化，培育强大的环境保护支持群体。公众参与不仅是一个决策咨询和表达诉求的机会，也是一个社会公众认识环境问题的过程。通过广泛和持续的公众参与，社会公众保护资源环境的责任感会得以增强，甚至会主动参与到环境保护工作中来。环境保护支持群体的壮大，其作用甚至会超越环境评价工作本身，对于保障政策实施的可持续性具有非常深远的现实意义。

第三章

我国的决策体系与决策体制

第一节　我国的决策体系

一个国家的决策体系，是历史文化、政治传统、政治制度、政治体制等诸多因素作用下的产物。其中，统治阶级的信仰、思想和价值观决定了一个国家的政治制度。在既定的政治制度下，受政治传统、历史文化等因素影响，形成了政治制度的实现方式，即政治体制。政治体制确立了不同阶级、不同民族、不同个体之间社会、经济利益调整的基本模式。决策则是统治阶级调整社会关系的重要工具。在西方三权分立的政治体制下，公共决策多以立法的形式出现，或者需要立法机构授权。我国的政治制度不同于西方国家，决策体系更加复杂，决策形式更加多样，具有鲜明的中国特色。

一、我国的决策体系概述

在我国的决策体系中，全国及地方各级人民代表大会属于立法机构，是全国和地方的最高权力机构。同时，我国实行的是中国共产党领导的议行合一的政治体制，各级党委是最高决策机构，各级人大属于立法机构，政府主要是一个执行机构。据此，根据决策主体和决策的性质来划分，我国的决策大体可分为两类：一类是由党政机构做出的决策，一类是由立法和司法机构做出的决策。

我国的党政决策自上而下可进一步划分为战略构想、国家战略、行政法规、规章、规划和规范性文件等。其中规章又可根据制定主体分为部门规章和政府规章。各类决策通过指导、衔接、参照、补充等关系而构成决策体系，是党和政府管理社会事务的主要工具。其中，战略构想是由最高领导人提出的。例如，邓小平曾提出我国经济建设分“三步走”的战略构想，习近平提出了“一带一路”的战略构想。国家战略是最高决策机构正式确认的，准备正式实施的重大决策。一些国家战略是最高领导人提出的战略构想的进一步延伸，一些国家战略则是党中央和国务院通过长期研究或根据形势需要提出的。行政法规、部门规章、政府规章、规划、规范性文件等是由国务院、国务院组成部门、各级政府和政府部门等行政机构制定的，用以管理公共事务的具体决策。一般来说，决策的层级越低，内容越具体。

我国立法机构制定的决策有宪法、普通法律、法律解释、地方性法规、自治条例、单行条例等。其中，宪法是我国的根本大法，规定了国家的政治制度、国家政权的组织方式、公民的基本权利和义务等，这些都是制定其他决策时必须遵守的基本原则和方针，具有最高法律效力，任何决策均不能与其相抵触。普通法律、法律解释、地方性法规、自治条例和单行条例均属于法律的范畴，是以规定当事人权利和义务为主要内容的行为规范。法院和检察院是我国的司法机构，其中最高人民法院和最高人民检察院对于审判工作和检查工作中具体应用法律、法令问题可以做出司法解释，具有普遍的司法效力。对于以上决策的事项范围、决策程序、效力级别等，《中华人民共和国宪法》《中华人民共和国立法法》等均做出了明确规定。一般而言，在同一行政层级，立法部门决策的效力高于行政部门；对于同一类型的决策，上级部门决策的效力高于下级部门。我国各类决策的形式、制定部门及其相互之间的关系见图 3-1。

由于全国人民代表大会、地方各级人民代表大会、最高人民法院、最高人民检察院等立法和司法机构的决策主要是规定当事人的权利和义务，一般并不涉及具体的社会经济活动，因而我们通常理解的决策主要是指党政机构做出的决策，其中行政机构的决策是主体，主要包括规划和一般意义上的政策两类。由于决策的贯彻执行最终要以具体的项目为载体，因此，广义的决策也包含建设项目。

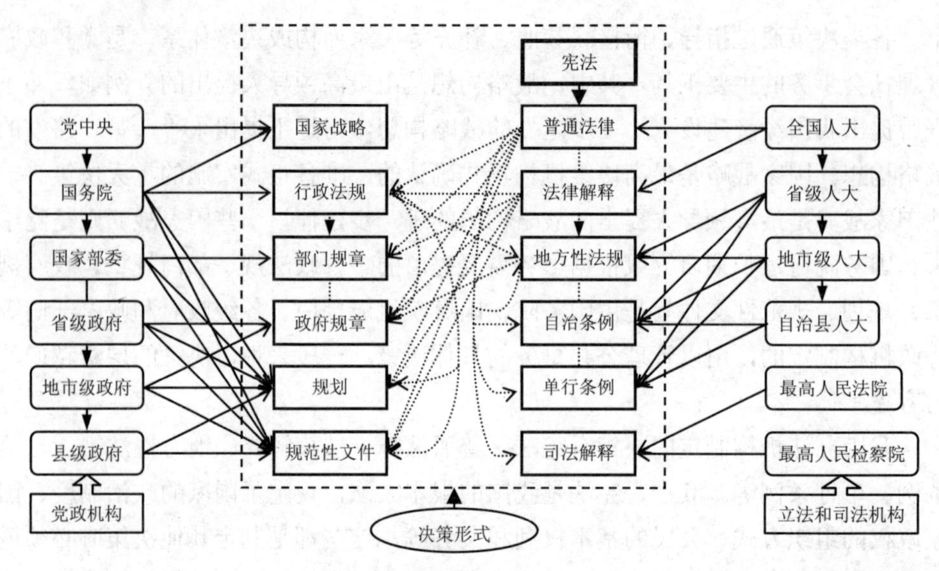

图 3-1 我国的决策体系示意

（虚线表示决策之间的服从关系）

二、我国的行政决策体系

我国行政决策体系基本结构和程序如图 3-2 所示。政府的规划对于国民经济和社会发展具有重要的指导作用。其中，以五年为周期的国民经济和社会发展规划属于总体规划，在现有的决策体系中居于核心地位，是各项事业发展的基本依据，其内容覆盖了社会、经济领域的各个方面。具体操作中，在上一个规划周期的最后一年年末，中国共产党中央委员会均会召开一次全体会议，审议并通过下一个五年规划建议，向国务院提出国民经济和社会发展五年规划的基本方向和目标。随后，国务院根据党中央的基本精神制定具体的实施方案，即五年规划纲要。规划纲要经全国人民代表大会审查通过后将作为指导规划期内国民经济和社会发展各个领域具体事务的纲领性文件。国务院各部委和省级政府根据规划纲要的要求，进一步制定具体的规划和政策。就规划而言，省级政府、市级政府、县级政府均会根据上级政府的五年规划制定本辖区内的国民经济和社会发展五年规划，进而制定相应领域和区域的专项规划和区域规划。国务院各部委也会根据各自的职能分工，制定国家层面的专项规划和区域规划。此外，国务院制定的行政法规，国务院各部委制定的部门规章，省、自治区、直辖市和设区的市、自治州的人民政府制定的政府规章，以及各类行政主体都可以制定的规范性文件，也会对社会经济事务进行指导和约束。对于行政法规、规章和规范性文件等一般意义上的政策，根据涉及的领域可进一步分为产业政策、财政政策、土地政策等不同类型。对于处于决策体系最底层的建设项目，则要受到各种相关政策和规划的约束。

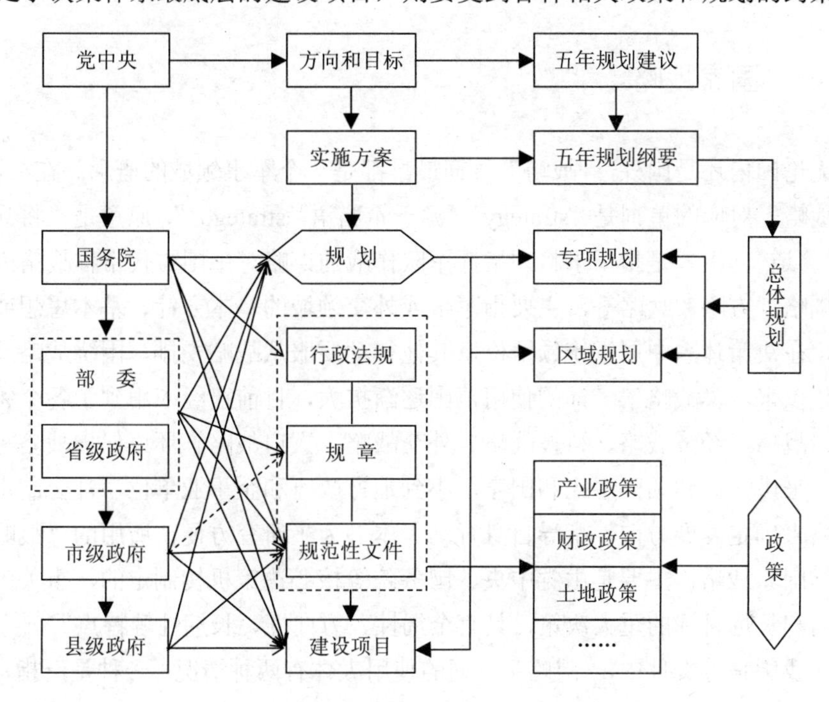

图 3-2　我国的行政决策体系示意

第二节　我国的主要决策形式

在我国的决策体系中，除战略构想处于概念阶段，其内容尚待充实和完善外，其他决策均有实质性内容。并且，行政机构制定的行政法规、规章、规范性文件、规划，以及立法机构制定的法律、法律解释、地方性法规、自治条例和单行条例，司法机构出台的司法解释，都要经过一定的起草和审议程序，最后形成书面文件。国家战略由于主要是方向性和目标性要求，一般并不单独成文，大多是作为党政文件的一部分出现。对于具有实质性内容的决策，综合考虑决策主体、决策性质、决策内容、决策的法律地位等因素，可大致将其分为四类，分别是国家战略、法规、规划和规范性文件。这四类决策均与社会经济活动密切相关，其实施或多或少都会导致一定的资源环境后果，有些决策的实施甚至可能导致重大资源环境问题。

一、国家战略

无论国内还是国外，“战略”一词最早都是一个军事领域的概念。在英语中，与“战略”对应的单词是“strategy”，源于希腊语“strategos”，原意是“将兵术”或 “将道”，主要是指军事将领指挥军队作战的谋略。中国古代常称战略为谋、猷、韬略、方略、兵略等，主要指军事或外交领域的基本方针、基本思想或基本策略，在决策体系中居于统领地位，其他行动要服从战略安排，围绕战略展开。自近代以来，“战略”一词的使用范围逐渐扩大，目前已经应用到了各个领域，如政治战略、经济战略、科技战略、外交战略、人口战略、环境保护战略等。从尺度上来讲，大到国际组织和国家，小到地方政府和企事业单位，都会制定相应的战略来确定发展方向、指导自身行动。本书为了研究方便，所用的“战略”一词仅指国家战略，主要是由党中央、国务院等核心决策机构制定的，事关国家发展方向和长远目标的重大决策，具有全局性、方向性、长期性等特点。

在我国官方文件中，“战略”一词的使用大体有两种情况：一种是泛指，如经济发展战略包含了现代化建设“三步走”战略和经济体制改革、产业结构调整等多个方面的内容；区域发展总体战略包含了西部大开发、中部崛起、东部率先发展及振兴东北老工业基地等四大具体战略。另一种是特指，如科教兴国战略、可持续发展战略、城镇化战略等。从“九五”开始，我国的主要战略在中国共产党全国代表大会报告以及国民经济和社会发展规划中均有集中阐述。其中，对于一些经过集体酝酿形成的战略，一般都会通过中国共产党全国代表大会或中央委员会全体会议等重要的党内会议正式提出，随后国务院在国民经济和社会发展规划纲要中进一步确认并充实相关内容。

国家战略一经确定，一般具有长期性和稳定性。例如，“九五”计划提出科教兴国战略后，“十五”“十一五”“十二五”规划和党的十五大、十六大、十七大、十八大报告都再次重申了这一战略。当然，也存在个别战略提出后，由于形势发生变化而进行了名称更换、逐步淡化甚至被其他战略包含的情况。例如，“九五”计划提出要实施全面节约战略，但这一战略在“十二五”规划中被改为节约优先战略。“十一五”规划提出的精品战略和品牌战略，之后再没有在重要文件中出现过。随着国内外形势的变化，战略决策及其重点内容也会随之调整，但与其他决策相比，稳定性、延续性总体较强，在官方文件中也会被反复强调。由于“九五”之前我国计划经济色彩浓厚，国民经济和社会发展计划有相当篇幅都是论述产业的发展方向、规模、布局、结构等问题，并没有提出明确的发展战略。为此，本书仅对党的十五大以来历次中国共产党全国代表大会报告，以及“九五”以来国民经济和社会发展规划进行梳理，发现这两类文件提到的战略共有 35 项，如区域发展总体战略、主体功能区战略、公共交通优先发展战略、海洋发展战略、节约优先战略、科教兴国战略、人才强国战略等，具体见表 3-1。

表 3-1　我国正在实施的主要国家战略

序号	战略名称	国民经济和社会发展规划					中国共产党代表大会报告			
		九五	十五	十一五	十二五	十三五	十五大	十六大	十七大	十八大
1	可持续发展战略	●	●				●	●	●	●
2	科教兴国战略	●	●	●	●		●	●	●	●
3	全面节约战略	●								
4	“走出去”战略		●	●	●			●	●	
5	西部大开发战略		●					●		
6	城镇化战略		●							
7	人才强国战略		●	●	●				●	●
8	以质取胜和市场多元化的对外贸易战略	●	●				●	●		
9	区域发展总体战略			●	●				●	●
10	开放战略			●	●	●			●	●
11	精品战略			●						
12	科技强军战略			●				●		
13	品牌战略			●						
14	就业优先战略				●	●				●
15	主体功能区战略				●					●
16	公共交通优先发展战略				●					
17	海洋发展战略				●					

序号	战略名称	国民经济和社会发展规划					中国共产党代表大会报告			
		九五	十五	十一五	十二五	十三五	十五大	十六大	十七大	十八大
18	国家适应气候变化总体战略				●					
19	节约优先战略				●					
20	知识产权战略				●				●	●
21	重大文化产业项目带动战略				●				●	
22	自由贸易区战略				●	●			●	●
23	国家安全战略					●			●	●
24	创新驱动发展战略					●				●
25	人才优先发展战略					●				
26	藏粮于地、藏粮于技战略					●				
27	制造强国战略					●				
28	质量强国战略					●				
29	网络强国战略					●				
30	国家大数据战略					●				
31	优进优出战略					●				
32	慢性病综合防控战略					●				
33	全民健身战略					●				
34	食品安全战略					●				
35	军民融合发展战略					●				

注：标“●”者表示在对应的文件中出现过。

国家战略的主要职能是确定今后一个时期的发展方向和发展重点，重在阐明国家态度。因此，无论是中国共产党代表大会报告还是国民经济和社会发展规划，对国家战略的阐述往往只有寥寥数语。以自由贸易区战略为例，“十二五”规划纲要的相关论述是：“加快实施自由贸易区战略，进一步加强与主要贸易伙伴的经济联系，深化同新兴市场国家和发展中国家的务实合作。利用亚太经合组织等各类国际区域和次区域合作机制，加强与其他国家和地区的区域合作。加强南南合作。优化对外援助结构，创新对外援助方式，增加对发展中国家民生福利性项目、社会公共设施、自主发展能力建设等领域的经济和技术援助。”尽管篇幅不大，但政策指向却非常明显。当然，基本上每个国家战略提出之后，都会有后续的文件跟进，对战略内容和具体行动作进一步阐释。例如，2015 年 4 月，国务院集中发布了《自由贸易试验区外商投资准入特别管理措施（负面清单）》《自由贸易试验区外商投资国家安全审查试行办法》等六项政策文件。2015 年 12 月，国务院发布了《国务院关于加快实施自由贸易区战略的若干意见》（国发〔2015〕69 号），从总体要求、建设布局、保障措施、体制机制等多个方面提出了实施自由贸易区战略的具体要求。

二、法规

法规是法律、条例、规章等法定文件的总称，是由国家制定或者认可，用于调整社会关系，并由国家强制力保证实施的社会活动准则，其内容一般是关于当事人权利、义务及办事程序等方面的规定。从广义上来讲，公共管理部门发布的所有文件都可归入法规的范畴，本书所说的法规仅指《中华人民共和国立法法》明文规定的法律、法律解释、行政法规、地方性法规、自治条例和单行条例、部门规章、地方政府规章等比较规范，并具有法律基础的决策形式。《中华人民共和国立法法》对以上几种法规的立法权限、立法程序、法规形式等做出了较为明确的规定，大体上勾勒出了我国的法规体系（图 3-3）。

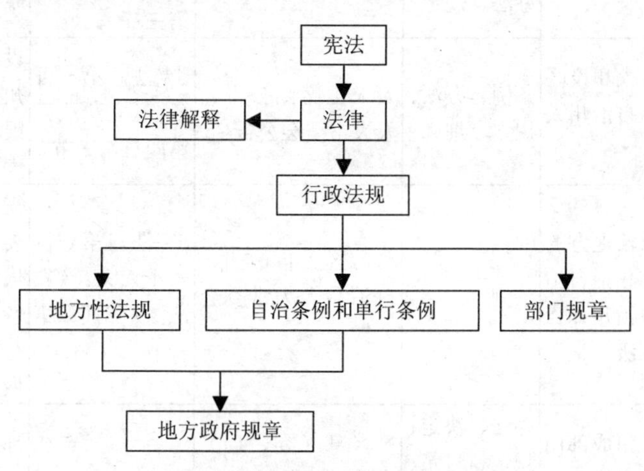

图 3-3　我国的法规体系示意

根据宪法规定，全国人民代表大会及其常务委员会有权制定普通法律，具体包括行政法、刑法、民商法、经济法、环境与资源保护法、劳动与社会保障法、军事法、程序法等类别。全国人民代表大会常务委员会有权对法律规定和适用依据等做出法律解释，与法律具有同等效力。国务院根据宪法和法律，可以在其职权范围内制定行政法规，由总理签署国务院令公布，具体包括条例、决定、规定、办法等。省、自治区、直辖市和设区的市、自治州人民代表大会根据本地的具体情况和实际需要，可以制定地方性法规；民族自治地方的人民代表大会有权依照当地民族的政治、经济和文化特点，制定自治条例和单行条例，对法律和行政法规的规定做出变通性规定。国务院具有行政管理职能的部门和直属机构可以在本部门的权限范围内制定部门规章；省、自治区、直辖市和设区的市、自治州的人民政府可以制定针对本行政区的政府规章。以上法规的制定主体、形式、法律依据等见表 3-2。

表 3-2 我国法规的形式及其特点

类别	制定主体	形式	发文字号	法律依据	备注
法律	全国人大及其常务委员会	法、修正案、法律解释	中华人民共和国主席令、人大常委会公告	《宪法》第五十八条；《立法法》第二章	其中法律和修正案由国家主席签署主席令发布
行政法规	国务院	条例、决定、办法、规定	国令第××号	《宪法》第八十九条；《立法法》第三章	由总理签署国务院令公布
地方性法规	省级人大和设区的市、自治州人大	条例、办法、规定、细则	人大主席团公告、人大常委会公告	《宪法》第一百条；《立法法》第四章第一节	设区的市、自治州人大的立法权限要小于省级人大
自治条例和单行条例	民族自治地方的人大，包括自治区、自治州和自治县三级	条例	自治区、自治州、自治县人大常委会公告	《宪法》第一百一十六条；《立法法》第四章第一节	需要上级人大常委会批准；可以依照当地民族的特点，对法律和行政法规的规定做出变通规定
规章	国务院组成部门与直属机构	办法、决定、规定、目录、政策	××部（委、局）令第××号	《宪法》第六条；《立法法》第四章第二节	部门首长签署命令公布
	省、自治区、直辖市和设区的市、自治州的人民政府	办法、规定、决定	××人民政府令第××号		行政首长签署命令公布

三、规划

规划是为实现某一目标或解决某一问题而制定的行动方案，是各类决策中内容最为具体的一类决策。在计划经济时代，尽管我国每年都要编制很多计划或规划，但大多没有法律依据，基本上都是为了解决特定问题而临时制定的。直到1979年2月《中华人民共和国森林法（试行）》提出编制林业长远发展规划的要求，才标志着规划体系的建设进入了法制化轨道。随后，《土地管理法》《城市规划法》《环境保护法》《水法》等一系列重要法律相继出台。进入20世纪90年代后，我国的法律体系进一步完善，要求编制规划的种类明显增加。与行政管理体制相适应，这些法律大多从部门管理的角度出发提出规划编制要求，具有很强的部门色彩。在规划的编制和实施过程中，管理部门通过行政法规、部门规章等文件不断扩展规划外延，延伸出很多专项规划，迄今已基本自成体系，如城市规划体系、土地规划体系、流域规划体系、道路规划体系等。因此，我国的规划体系是在部门规划不断扩展并自成体系的基础上，通过部门规划体系之间的衔接和调适而逐渐形成的。

对于我国的规划管理体系，《国务院关于加强国民经济和社会发展规划编制工作的若干意见》（国发〔2005〕33 号）曾经给出过界定，并试图厘清各类规划之间的关系。根据这一文件，我国实行“三级三类”的规划管理体制，具体来说，规划按行政层级分为国家级规划、省（区、市）级规划和市县级规划；按对象和功能类别分为总体规划、专项规划和区域规划（图3-4）。其中，国民经济和社会发展规划属于总体规划，集中体现了国家在一定时期内的重大战略意图和空间发展指向，内容涵盖了社会经济生活的各个方面，是所在行政区未来五年的共同行动纲领。专项规划是以国民经济和社会发展特定领域为对象编制的规划，主要包括农业、水利、能源、交通、通信等基础设施建设规划，土地、水、海洋、煤炭、石油、天然气等重要自然资源的开发保护规划，生态建设、环境保护、防灾减灾，科技、教育、文化、卫生、社会保障、国防建设等公共事业和公共服务规划，需要政府扶持或者调控的产业规划，以及国家总体规划确定的重大战略任务和重大工程等。专项规划是政府部门审批和核准建设项目的主要依据（杨伟明，2003），在日常管理工作中发挥着重要作用。区域规划是以跨行政区的特定区域国民经济和社会发展为对象编制的规划，是总体规划在特定区域的细化和落实。跨行政区的区域规划是编制各行政区总体规划和专项规划的依据。自2008年以来，随着我国区域发展思路由“非均衡发展”向“均衡发展”的转变，区域规划的编制范围明显扩大。比较重要的有《长江三角洲地区区域规划（2010—2015）》《珠江三角洲地区改革发展规划纲要（2008—2020年》《京津冀地区协同发展规划纲要》等，这些规划已经成为区域协同发展的总纲。

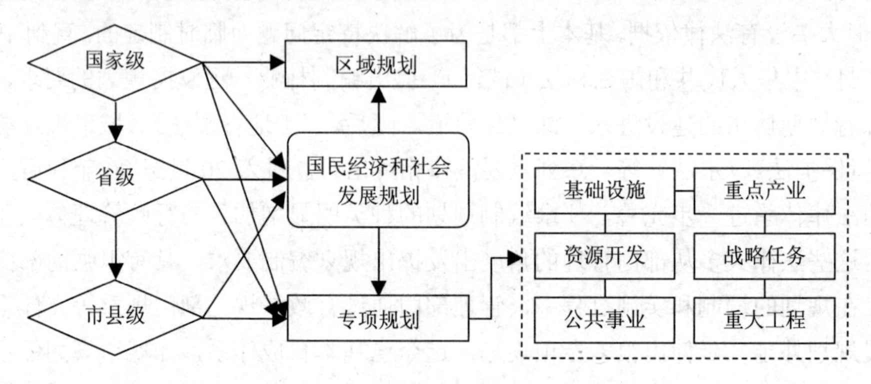

图3-4 我国的规划体系示意

四、规范性文件

规范性文件是我国特有的决策形式，一般是指各级政府机关、团体、组织、企业等针对其管辖范围或权限范围内的具体事务制发的，用于约束和规范相关主体行为的文件。与法律、地方性法规、自治条例和单行条例、行政法规以及规章等法定的决策形式相比，规范性文件属于法律范畴以外的，具有一定约束力的非立法性文件。因此，尽管规范性文件的名称中含有“规范”二字，但目前我国法律法规对于规范性文件的含义、法律地位、制发主体、制定权限、制发程序、审查机制等尚无全面、统一的规定。这类文件的制定主体非常多元，一般以公告、意见、通知等形式出现。由于这类文件数量多、涉及面广，关系到社会秩序、资源配置和公共利益，因而对社会公众的工作和生活均有直接影响。就政府部门而言，上至国务院，下到乡镇政府，都会制定各式各样的规范性文件。政府部门规范性文件的主要形式见表3-3。

表 3-3　我国行政部门规范性文件的主要形式

序号	制定主体	形式	发文字号
1	国务院	通知、意见、批复、函、决定	国发〔20××〕××号、国办发〔20××〕××号、国函〔20××〕××号、国发明电〔20××〕××号、国办函〔20××〕××号、国办发明电〔20××〕××号
2	地方政府及部门	办法、方案、通告、公告、文告、说明	无统一格式，一般为××〔20××〕××号

第三节　我国的决策体制

所谓决策体制，是指对决策主体、决策程序、决策方法及其组织运作机制的总称。决策体制是国家政治制度的核心，是社会经济活动的中枢，也是不同阶层和群体政治关系的缩影。一个国家的决策体制，既受政治传统、宗教信仰和风俗习惯等因素的影响，也受国际政治环境的影响，是历史、文化、现实等诸多因素共同作用的结果。决策体制在政治经济学中属于上层建筑范畴，一旦建立起来就有较强的稳定性，而且是维护既有政治制度和利益格局的重要力量。

一、我国决策体制的特点

我国目前的决策体制，脱胎于中国共产党在革命时期形成的党、政、军、民一体化运作机制，具有鲜明的中国特色。具体而言，主要有以下几个特点。

（一）中国共产党在决策体制中居于核心地位

与西方国家多党竞争执政不同，我国自 1949 年中华人民共和国成立以来就一直坚持中国国产党领导，中国共产党在决策体制中居于核心地位。在这一决策体制中，权力的运行高度集中。其中，最高决策机构是中国共产党中央政治局常务委员会，其次为中国共产党中央政治局，再次为中国共产党中央委员会，最后是中国共产党全国代表大会。根据中国共产党章程的规定：“有关全国性的重大政策问题，只有党中央有权做出决定，各部门、各地方的党组织可以向中央提出建议，但不得擅自做出决定和对外发表主张。"因此，国家重大决策都需要由中央政治局或中央政治局常务委员会通过方可对外发布。全国人民代表大会虽然是立法和监督机构，但重大立法事项仍然需要首先得到党中央的认可。国务院及其组成机构负责制定具体决策和管理社会经济事务，但在讨论决定关于国民经济和社会发展规划、国家预算、重大宏观调控政策、重要的国家和社会管理事务、法律议案和行政法规等之前，均须报中共中央政治局讨论并原则同意。在地方层面，各级政府和机关都设有党委，重要职能部门的领导一般都是党委委员，并且党委书记的职权一般高于行政首长。以上组织体系，保证了所有的重要权力机构都在中国共产党的领导下开展工作，从而使中国共产党在我国决策体制中居于绝对核心地位。

（二）中国共产党的内部决策采取民主集中制

民主集中制是20世纪初俄国社会民主工党提出并实行的一种党内组织原则，列宁将其称为"民主制的政治制度加集中制的组织制度组成的政治组织体制"（张慕良，2011）。1920年，列宁提出把民主集中制作为加入共产国际的一个条件。随后，民主集中制成为全世界无产阶级政党的基本组织原则，在社会主义国家广泛使用。1922年，中国共产党第二次全国代表大会通过的《中国共产党加入第三国际决议案》宣布，中国共产党完全承认第三国际的加入条件，即"加入共产国际的党，应该是按照民主集中制的原则建立起来的。"（范平等，2013）。根据中国共产党第十八次全国代表大会通过的中国共产党党章，民主集中制主要包含了以下几个方面的原则：①个人服从组织，少数服从多数，下级服从上级；②党的各级领导机关都由选举产生；③党的各级委员会向同级的代表大会负责并报告工作；④上级组织要经常听取下级组织和党员群众的意见；⑤重大问题都要按照集体领导、民主集中、个别酝酿、会议决定的原则，由党的委员会集体讨论；⑥禁止任何形式的个人崇拜。在实践中，民主集中制主要体现在重大决策、重要人事任免等事项都要通过党委集体讨论和会议决定，即采取集体决策的形式。民主集中制的优点是决策效率高，执行速度快，缺点是容易导致个人专断，并且一旦决策失误很难追究责任（周光辉，2011；沈传亮，2012）。

（三）中国共产党听取党外意见主要采取政治协商方式

中国共产党领导下的多党合作和政治协商制度，是我国特有的决策机制，对应的组织机构是中国人民政治协商会议全国委员会和地方委员会。政治协商是中国共产党针对国家的大政方针和群众生活的重要问题，与 8 个民主党派、无党派民主人士、人民团体、各少数民族和各界代表、台湾同胞、港澳同胞、归国侨胞代表等一起进行协商讨论的决策机制。首次中国人民政治协商会议全体会议召开于 1949 年 9 月下旬，并在 1954 年全国人民代表大会第一次会议召开前承担了全国最高权力机构的职责。第一次全国人民代表大会召开后，政协作为中国共产党领导的统一战线组织仍然继续存在。1993 年修订的《宪法》明确提出："中国共产党领导的多党合作和政治协商制度将长期存在和发展。"在制定重大决策时，中国共产党一般都会事先同民主党派和无党派民主人士进行协商，取得统一认识，然后再形成决策。民主党派参加国家重大决策的方式主要有两种：一是主动向中央和各级政府机构提出决策建议。例如，我国每年春天召开的全国政协会议，来自全国各地和各行各业的政协委员，一般都会针对社会、经济、文化、科技、环境等各个领域的重大问题提交一些提案，通过这种方式来参与政治活动，影响国家决策；二是中国共产党在重大决策之前与民主党派进行民主协商，主要形式有中共中央、国务院及委托有关部门组织召开协商会、座谈会、情况通报会等，会上各民主党派代表可通过发表口头意见和提交书面意见等方式来参与决策制定。此外，我国各级人民代表大会和政府机关也都有一定比例的民主党派和无党派人士，他们可直接发挥参政议政作用。

二、我国决策体制的改革方向

我国目前这种较为集中的决策体制，虽然具有强大的组织动员能力和集中力量办大事的优点，但也存在公众参与不足、决策程序欠规范、决策过程欠透明等弊端，与人民群众日益提高的决策参与需求相比还有很大差距。随着改革开放的深入和市场经济体制的进一步完善，社会利益主体多元化和意识形态多样化的趋势日益突出，社会经济活动的多中心、网络化特征也已非常明显。特别是在互联网时代，信息传递的方式和速度都已经发生了根本变化，社会组织方式也已不同以往，这些都对现有的决策体制构成挑战，需要决策体制做出相应的调整。

自 20 世纪 80 年代实施改革开放以来，我国提出了实现决策科学化、民主化和法制化的决策体制改革目标。然而，迄今相关的体制机制建设仍然比较滞后。例如，要实现决策的科学化，就需要建立起包括多方案比选、决策评估和社会公众广泛参与的决策程序，事实上很多决策在制定过程中并没有一套严格、规范的程序，决策表现出较大的随意性。要实现决策的民主化，就需要做到决策信息公开和决策过程透明。近年来，我国虽然在这方面做了很多工作，但人民参与决策、表达利益诉求的渠道仍然十分有限，更不要说影响决策了。对于决策的法制化，事实上是决策科学化和民主化的法律保障，显然也有很长的路要走。总结新中国成立以来决策体制的变化，俞可平（2009）认为从个人专断到集体决定，从暗箱操作到决策公开，从领导独断到人民参与，从随意决策到政策制定的日益制度化是一个重要变化，并且这一趋势仍将延续下去。

用马克思主义经济基础决定上层建筑的理论来解释，决策体制应该是由当时的社会生产力水平决定的。根据制度经济学的理论，决策体制则是建立在不同社会群体普适价值基础上的外在规则，并且对于经济发展影响巨大。在现实社会中，我们更能直观感受到的是经济与制度的相互作用，即经济系统的变迁会促进制度的变迁，而制度的改变又会直接影响经济形态、发展速度和发展质量。自改革开放以来，我国社会经济转型的基本方向是由封闭系统向开放系统转变，由计划秩序向自发秩序转变，以及由人治社会向法治社会的转变。在这一过程中，经济体制改革要显著快于政治体制改革，政治体制改革的滞后已经对经济发展构成了制约。无论是从理论还是实践来看，国门一旦打开，我国社会经济系统与世界接轨的步伐就很难停止下来，一些在国外行之有效的规则就会对我国产生影响。因此，从这个角度来看，在政治体系中居于核心地位的决策体制，也需要在适应我国国情的基础上，学习和借鉴国外的先进经验。在此过程中，我国尤其需要从技术层面学习和借鉴那些国际上经过实践检验的，世界各国普遍采用的，能够从决策源头防范环境风险的制度性安排。具体而言，根据我国决策体制的改革目标，今后改革的重点应集中在以下几个方面：

（一）加大社会公众参与决策制定的广度和深度

第二次世界大战之后，政治民主化逐渐成为全球政治的发展趋势。政治民主化的本质是国家统治权力由少数人垄断向多数人共享转变，由少数人决策向社会公众共同决策转变。迄今，政治民主化甚至已经被看作是政权是否具有合法性的标志。对于我国而言，中国共产党在决策体制中的核心地位，是在抗日战争、解放战争以及新中国成立后长期的社会经济建设过程中自然形成的。尽管中国共产党把全心全意为人民服务作为自己的宗旨，然而，由于人民群众参与决策制定的体制机制不健全，实际上对于重大决策的影响力十分有限。在一些地区和部门，至今“黑箱操作”、“一把手”个人专断等问题仍然十分突出，人民群众的意志和利益诉求难以通过规范的制度转化为政府决策。再加上腐败问题严重，政府公信力下降，导致群体性事件不断发生。针对这一问题，必须进一步加大社会公众参与决策制定的广度和深度，深入推进决策民主化。对此，首先需要加大信息公开力度。国务院已经在 2007 年发布了《中华人民共和国政府信息公开条例》，对信息公开的范围、程序和方式等做出了明确规定，这是我国决策机制建设进程中的重大突破。今后要严格按照“公开为原则，不公开为例外”的要求，大力提高社会公众的决策知情权，为其参与决策制定创造条件；其次是要畅通社会公众的利益诉求通道。要通过群众信访、舆情调查等方式及时了解社会关切，将人民群众普遍关心的问题纳入决策议程；三是要完善决策制定过程中的公众参与机制。在具体实践中，不仅要进一步完善政治协商制度，广泛听取各民主党派的意见，也要广泛听取民间智库、社团组织和利益相关群体的意见，争取在决策出台前最大限度地达成社会共识。

（二）提高决策制定的制度化水平

改革开放后，尽管我国不断加强决策的制度化建设，但决策行为不规范的问题仍然普遍存在。要提高决策的制度化水平，必须重点加强以下几个方面的建设：一是要通过法制建设明确决策主体的权力边界。“党政分开”和“政企分开”是我国改革开放初期就提出的改革目标，但至今没有彻底解决。党、政、企之间权利不清、责任不明，导致政府和企业在决策体系中的主动性和机动性不足，一旦出现问题也很难确认责任主体。要解决这一问题，必须通过立法和制度建设来做好顶层设计，明确界定各类决策主体之间的关系；二是要通过法制建设明确决策的制定程序。程序正义是结果正义的保障，只有建立起清晰的决策程序，才能防止凭经验决策、黑箱决策和个人专断等问题，提高决策的科学化和民主化水平；三是要建立决策论证和评估制度。针对决策制定部门提出的决策方案，要从专业角度开展规范的论证和评估，分析其实施后可能导致的社会、经济和环境影响，从而进一步完善决策方案，减少负面影响。从 20 世纪 90 年代中期开始，党中央和国务院就多次提出要建立重大决策咨询和评估机制，但至今制度化水平仍然不高，还需要进一步加强；四是要为社会公众参与决策制定提供制度保障。要提高社会公众参政议政的有效性，必须通过立法和制度建设明确公众参与的范围、程序和方式，使公众参与成为决策过程的法定环节。

（三）健全决策监督和问责机制

综观世界各国，一元化垂直型领导体制存在的弊端之一就是权力的运行不受制约和监督，导致寻租问题突出，而这正是影响决策科学化和民主化的重要原因。要解决这一问题，必须建立健全决策监督和问责机制，“倒逼”领导干部科学决策、谨慎决策。对此，应重点做好以下几个方面的工作：一是要明确决策主体的权责。只有厘清决策者的权力和责任，才能确定监督和问责的对象。我国大量存在的部门之间相互扯皮、相互推诿的现象，就与部门之间职能重叠和交叉有直接关系。政出多门、责任主体不明确，不仅不利于责任追究，而且会降低决策效率。为此，必须通过管理体制改革在横向上清晰界定各个决策部门的权责，为建立决策监督和问责机制奠定组织基础；二是决策的制定、实施和监督权要分开。如果决策的制定、实施和监督都由一个部门承担，管理部门既当裁判员又当运动员，不仅难以保证决策实施的公平和公正，也难以对决策的实施效果做出客观评价。为此，决策的制定、实施和监督应由不同的部门或主体来承担，在操作层面既可由同一部门的不同机构来承担，也可由上级部门制定决策，下级部门负责实施，专门机构负责监督；三是要建立健全决策的事中、事后评估机制。对决策方案开展事前评估是为了保障决策的科学性，事中、事后评估则是为了及时发现决策实施存在的问题，以便及时做出调整或为下一阶段的决策制定提供指导。对于决策的事中和事后评估，不仅要有决策制定部门的自我评估，更应提倡第三方独立评估和媒体评估。在互联网时代，媒体评估已经成为规范决策行为的重要力量，今后应进一步加强；四是要建立决策失误的责任追究机制。过去之所以存在大量的个人专断行为，与缺乏责任追究机制有直接关系。只有建立起针对主要决策者的责任追究机制，才能“倒逼”领导干部科学决策、按程序决策，提高决策的科学化和民主化水平。

第四章
增强我国决策环境考量的必要性分析

要从源头上消除或减缓重大决策实施可能带来的资源环境问题，最好的办法就是建立一套科学、公开的决策机制，具体包括外部约束机制、内部评价机制、外部评价机制、利益制衡机制等。其中，空间管制和行业管制属于外部约束机制，决策部门的政策分析和政策评估属于内部评价机制，战略环境评价属于外部评价机制，决策过程中的信息公开和利益相关方参与属于利益制衡机制。目前，除了少数西方发达国家能够全部做到以上几点外，其他绝大多数国家都没有建立起完善的决策环境风险防范机制。我国作为一个具有集权传统的发展中国家，无论是决策模式、决策过程还是公众参与，均与发达国家存在很大差距，亟须加强制度建设，为可持续发展提供制度保障。

第一节　我国决策体制中的风险因素分析

决策是一个复杂的过程，影响决策制定和实施的因素很多，因此科学决策殊为不易。就我国而言，影响决策科学性的因素主要有以下几个方面。无论是哪个环节出了问题，都会造成不良影响，其中也包含资源环境影响。

一、精英决策模式

1982 年《中华人民共和国宪法》规定：“中华人民共和国的一切权力属于人民。人民行使国家权力的机关是全国人民代表大会和地方各级人民代表大会”,“国家行政机关、审判机关、检察机关都由人民代表大会产生，对它负责，受它监督”。同时，由于中国共产党是我国唯一的执政党，各级人民代表大会中共产党员所占的比例均在一半以上。因此，我国实行的是中国共产党主导下的“议行合一”的政治体制。在实践中，从中央到地方，各级党委在重大决策中均处于主导地位，重大决策首先需要党委讨论通过。此外，无论是具有重大决策表决权的人民代表还是具有参政议政权利的政协委员，也都是我国各行各业的精英。因此，我国的决策模式属于非常典型的精英决策（魏淑艳，2006）。精英决策虽然具有决策效率高的优点，却也存在决策透明度不高、专家论证不足、公众参与度低等缺点，并且最终决策方案容易受决策者自身利益和价值偏好的左右。由于权力非常集中，一个地区或部门的“一把手”往往对最终决策具有决定作用，容易出现“一言以兴邦、一言以丧邦”的极端情况。在实践中，受各级政府部门主要领导价值偏好影响而导致的决策失误不胜枚举。当前，我国仍然处于城镇化和工业化发展的中期阶段，发展经济仍然是很多地区的首要任务。在这一背景下，如果一些领导干部对环保工作认识不足，并未把环境保护作为决策的优先考虑因素，那么在精英决策体制下就很容易导致重大的资源环境问题。

二、政府绩效考核机制

受传统计划经济思维的影响，我国长期把经济增长速度作为各级政府国民经济和社会发展规划的核心指标，经济增长速度也顺理成章地成为上级政府考核下级政府的主要指标。受此影响，各地往往把提高经济增长速度作为首要目标，甚至认为政绩就是发展经济，GDP 规模越大、速度越快，政绩就越突出。在这种片面强调经济总量和速度的政绩观影响下，一些地方政府每年都对下属的市、县进行经济总量和增长速度排名。同时，下属市、县为了突出政绩，也会相互攀比，设置更高的经济增长目标。为了确保目标实现，很多地方政府还会给下属部门设定招商引资指标，甚至环保局都有招商引资任务。这种层层加压的做法，导致地方各级政府和部门压力极大，有时明知某些项目会造成严重的生态破坏和环境污染，也会极力争取上马，甚至给予政策优惠。例如，2010 年 5 月，中央召开的新疆工作座谈会上提出了实现新疆跨越式发展的目标。随后，地方官员将跨越式发展简单理解为在经济总量上赶超内地省份，将发展优势特色产业理解为发展能源重化工。新疆生产建设兵团甚至提出 2015 年要率先实现国内生产总值和人均收入比 2010 年翻一番，年均增长 15%左右，到 2018 年率先在西北地区全面建成小康社会的目标。在工业基础薄弱，投资环境一般，普惠政策较多，而又没有清晰发展路径的情况下，过分强调总量和速度，只能导致不加选择地大上特上“两高一资”和产能过剩项目。从目前来看，新疆已经接纳了很多内地本该淘汰的落后产能，能源重化工业布局非常混乱。此类问题在内蒙古、宁夏、陕西等煤炭富集区广泛存在，区域开发模式与资源环境承载能力明显不匹配。由于上马了大量高耗水和重污染项目，一些生态敏感区域将来极有可能发生严重生态问题。

三、政府和官员的自利性

我国各级政府都承担着为本辖区人民提供优质公共产品、提高人民生活水平的重任，这也是政府执政合法性的根本所在。为了增加当地财政收入、加强基础设施建设、提高人民收入水平、完善社会保障体系，各级政府就必须下大力气进行招商引资。在招商引资过程中，受行政区划和政府绩效考核机制等因素影响，各地政府必然会优先考虑本行政区的利益，甚至不惜“以邻为壑”，如竞相压低土地价格、加大税收优惠、放宽准入条件、加快办理审批手续等。在想方设法争取更多项目的同时，一些地方政府甚至会通过设置行政壁垒限制外地产品进入，同时限制本地人才和资金外流。这些自利性行为不仅会导致“两高一资”项目的大量上马，更对市场机制造成了严重破坏，是造成区域开发秩序混乱、产业结构雷同、产业集中度低的主要原因，当然也会间接造成资源浪费和环境污染。此外，公务员作为政府组织中的个体，同样存在自利性。在过去以 GDP 论英雄的绩效考核机制下，地方主要领导为了尽快出政绩，经常把投资规模大、见效快的“两高一资”行业作为优先发展对象。同时，地方党政领导的任期只有五年，很多官员都是不到任期结束就发生职务变动。这种现象的存在，也使地方官员很难静下心来谋划一个地区的长远发展，而往往是热衷于搞一些能够尽快体现政绩的工程。因此，各地通常是换一届官员就调整一次发展思路和发展规划，使上届政府的很多工作都半途而废，从而直接造成资源浪费。政府官员自利性的另外一个突出表现就是腐败，即利用公权力来为个人谋取利益。在这种情况下，科学决策更是无从谈起。在现实中，因官员腐败而对国家造成重大经济损失和环境危害的案例屡见不鲜。

四、决策监督问责机制

即使没有规范的内部决策机制，通过严格的外部监督和问责，也能反过来“倒逼”各级领导干部心怀敬畏之心，从而主动谋求科学决策，减少个人主观臆断。然而，从实际情况来看，我国尚未建立起有效的决策监督和问责机制。首先，从目前来看，各级行政监察机关及其派出机构是我国行政系统的监督主体。然而，由于行政监察机关受本地区、本部门行政首长和上一级监察机关的双重领导，因而独立性不强。此外，行政监察机关也没有监督决策过程的能力，往往只是履行受理申述、举报的职责，对政策制定的监督监察非常乏力。其次，即使决策失误，通过决策跟踪评价及时发现问题，并反馈给当初的决策者，也能起到警示决策者的作用，促使其今后加强科学决策。然而，我国目前还缺乏有效的决策执行评价和反馈机制。尽管从2014年开始，在国务院的推动下，一些国务院组成部门和地方政府也开展了一些政策后评估工作，但重点是检查政策的落实情况，而不是评估政策本身存在的问题。并且，由于这类评估是自上而下开展，即使发现有决策失误问题存在，也很难提出有力度的批评意见。同时，决策失误问责机制不完善，也是导致领导干部独断专行、不重视科学决策的重要原因。近年来发生的一些重大公共事件，如2005年的松花江水污染事件和2008年的三聚氰胺事件、山西溃坝事件等虽然也导致了部分政府官员的下台，但这些问责都是在某个事件引起舆论关注和激起巨大民愤时，才在舆论压力下启动的，并不是法制化、常态化、规范化的问责机制在发挥作用。

五、决策配套机制

除以上因素外，还有一些因素对决策的科学性同样存在重要影响，主要表现在以下几个方面：一是决策所需的信息不完备。这是所有决策模式都面临的问题，在我国就更加突出。具体而言，一个科学的决策需要充分了解有关信息，而这在实际工作中往往很难做到。在现实中，我国甚至连最基本的资源环境信息系统都没有建立起来，发改、国土、环保、水利等资源环境管理部门还没有实现信息共享，更罔论信息公开了。此外，由于重要数据的调查、统计和发布工作基本上被政府部门垄断，在我国“官出数字”“数字出官”的不良风气下，那些能够体现官员政绩的数据往往会被夸大，对官员不利的数据则会被回避或缩小。如果决策依赖的数据基础不系统、不准确，就很难做到科学决策；二是决策程序不规范。科学、理性的决策包含问题识别、目标确立、方案设计、方案比选等多个环节，并且需要由专门的政策研究机构来进行政策方案设计。为了保障决策的科学性，还会在决策推进的同时开展政策评估，以及政策环境评价、政策社会影响评价等专项评价。然而，我国很多部门都缺乏规范的决策程序。对于那些制定了决策程序的部门，也往往很难按照规定严格执行。在实际工作中，通常是有关职能处室根据领导的指示直接制定政策文件，甚至根据领导的只言片语借题发挥，政策起草者的认识和水平成为政策是否具有科学性的主要决定因素；三是新政策受老政策的影响较大。我国的很多决策都是对既有政策的完善和修补，这种渐进主义的决策模式不利于政策创新，有时很难适应新形势，解决新问题。例如，尽管我国广大农村地区实行的土地家庭联产承包责任制已经成为制约土地流转和集约化规模经营的主要障碍，但由于涉及一系列重大问题，也很难对其做出实质性的调整。在环保领域，虽然污染物总量控制政策早已广受诟病，但因执行多年，已经形成了一套管理制度，现在也很难断然做出重大修改。

第二节　我国环境保护参与决策制定的现状及其重点领域

尽管总体上我国存在决策程序欠规范、决策透明度不高、公众参与不足等问题，但在国家战略、法规、规划和规范性文件四类决策的制定过程中，也会开展一些相关的研究和论证工作，其中也包括与环境保护有关的论证工作。然而，总体来看，与西方发达国家相比，我国各类决策制定过程中的环境影响论证仍明显不足。

一、我国环境保护参与决策制定的现状

（一）国家战略

对于国家战略的形成，并没有一个规范的程式，但最高决策者和最高决策机构一般都是发起者，属于非常典型的自上而下型决策。有些国家战略的提出会经

过前期研究、试点探索、专家咨询等环节，从概念提出到正式写入国家正式文件需要较长时间，如走出去战略、自由贸易区战略等。以自由贸易区战略为例，我国从20世纪90年代初就组织科研单位对自由贸易区问题进行了广泛研究。2002年11月，时任总理朱镕基和东盟10国领导人签署了《中国与东盟全面经济合作框架协议》，决定到2010年建成中国—东盟自由贸易区。该协议签署后，中国与东盟国家相互降低关税，促使贸易额迅速增加，取得了互利双赢的效果。随后，中国加快了自由贸易区商谈步伐，形成了由近及远、从周边向全球展开的自由贸易区建设态势。在此背景下，2007年10月，中国共产党第十七次全国代表大会正式提出要实施自由贸易区战略。2010年10月，《中共中央关于制定国民经济和社会发展第十二个五年规划的建议》中提出要加快实施自由贸易区战略。随后，自由贸易区战略被写入2011年3月发布的《中华人民共和国国民经济和社会发展第十二个五年规划纲要》。其他很多战略的提出也都遵循同样的路径，特别是最终写入国民经济和社会发展规划的国家战略一般都要经由前一年冬季召开的中国共产党中央委员会全体会议通过。然而，也有一些国家战略一经提出便很快就被写入国家正式文件，如制造强国战略、优进优出战略等。对于后一种情况，国家领导人的推动往往具有决定性作用。

作为一个精英决策色彩浓厚的国家，不管国家战略的确立经过怎样的路径，政治精英在其中无疑发挥了决定性作用，最终决策更是体现了高层领导的政治偏好和价值取向。由于国家战略在决策体系中处于最前端，对于后续行动具有导向作用，因此一旦失误将导致严重后果。但从目前来看，尚未发现在国家战略形成过程中开展环境影响论证的做法。从历史上来看，因战略决策失误造成重大环境影响的教训屡见不鲜。如20世纪50年代的“以钢为纲”和60年代的“以粮为纲”，在决策层次上均可归入国家战略的范畴。但前者导致全国土高炉林立，大量原始森林被砍伐；后者导致大规模的毁林开荒和围湖造地。这两项战略均对生态环境造成了毁灭性破坏，其不良后果至今仍未消除。为此，从科学决策的角度出发，在国家战略的制定过程中应充分考虑环境问题，开展环境影响论证。

（二）法规

在所有的法规中，法律的制定程序最为严格和规范。具体而言，自八届全国人大常委会以来，每届全国人大常委会均制定五年立法规划，每年还会制定年度立法计划。立法规划和立法计划的讨论过程，在一定程度上也是一个环境风险的筛查和屏蔽过程。一般而言，那些具有重大环境风险的立法也很难纳入全国人大常委会的立法规划和立法计划。一旦某一法律被立项，承担起草任务的部门或机构就会立刻部署和安排起草工作，组建法律草案起草班子。起草班子一般由与立法事项有关的领导、专家和实际工作者组成。为了做好法案起草工作，起草班子会举行座谈会、研讨会，并开展调查研究、收集资料等活动。在这一过程中，可能产生重大环境风险的相关内容会被放大，并得到进一步的深入研究。起草班子在对有关问题调查研究的基础上，会进一步明确立法目的，并按照逻辑结构拟出法律框架，进而着手起草法条。法律草案初稿报送有关主管机关批准同意后，形成"征求意见稿"或"讨论稿"发送各方面征求意见。在征求意见环节，如果环保部、国家林业局、水利部、国土资源部等具有环境保护职能的部门认为法律的实施会导致重大资源环境问题，就会提出反对或修改意见。经过对"征求意见稿"的修改完善，最后会形成法律草案送审稿报全国人民代表大会或全国人民代表大会常务委员会审议。法律案被提交全国人民代表大会或全国人民代表大会常务委员会后，还要广泛征求人大代表、有关部门、地方政府以及专家学者的意见。法律草案及其起草、修改的说明还要向社会公布，征求意见，并将征求意见的情况向社会通报。其间，全国人大专门委员会和常务委员会工作机构还会进行立法调研。其中，对于列入全国人民代表大会会议议程的法律案，会由法律委员会根据各代表团和有关专门委员会的审议意见，对法律案进行统一审议，并提出修改意见。必要时，主席团常务主席可以召开各代表团团长会议，就法律案中的重大问题听取各代表团的审议意见。最后，在多次讨论和修改的基础上，由法律委员会提出法律草案表决稿，由主席团提请大会全体会议表决，全体代表的过半数通过方可生效。对于列入全国人大常委会会议议程的法律案，一般要经过三次常务委员会会议审议后再交付表决，并由常务委员会全体组成人员的过半数通过方可生效。综上所述，由于立法程序比较复杂，一部法律的出台往往需要几年的时间，中间要经过多次审议和修改。因此，一些重大资源环境问题一般都能在讨论、调研、审议、征求意见等环节被发现。此外，全国人民代表大会还专门设有环境与资源保护委员会，可以从专业的角度对法律案进行审议，提出防范重大资源环境问题的意见，防止有重大资源环境风险的法律出台。在法律草案的表决过程中，代表仍可通过投反对票的方式表达对可能存在的环境风险的担忧，使那些可能隐藏重大环境风险的草案难以最终通过。总体而言，由于法律的制定程序比较缜密，研究和论证比较充分，征求意见极为广泛，可以说已经具备了比较完善的环境风险防范机制。

需要由地方人大及其常委会审议的地方性法规、自治条例和单行条例，虽然没有全国人大的立法程序严格，但也非常规范，并且地方人大一般都会制定专门的立法条例来规范立法程序。例如，《浙江省地方立法条例》《内蒙古自治区人民代表大会及其常务委员会立法条例》等都用很大的篇幅来规定立法程序。在立法过程中，地方人大及其常委会也会经过多次审议和修改，并且要广泛征求各方面意见。

综上所述，由于法律、地方性法规、自治条例和单行条例的制定程序非常规范，审议过程非常严格，并且主要是关于当事人权利、义务、责任及相关办事程序的规定，很少直接涉及开发建设活动，因而对资源环境的影响并不直接。即使存在重大资源环境隐患，一般也能在讨论、征求意见和审议等环节发现。从其他国家的实践来看，立法部门制定的法规也不是环境影响评价制度和其他环境制度关注的主要对象。因此，我国由各级人大及其常委会制定的法律、地方性法规、自治条例和单行条例可不作为环境考量的主要对象。然而，由于在法律的制定过程中并不开展专门的环境影响论证，因此经济法、环境与资源保护法等涉及收入分配、开发建设及资源环境保护的法律，仍有从资源环境保护角度进一步优化的必要，尽管这类法律在数量上总体较少。

如果说各级人大及其常委会制定的法规主要偏重于当事人权利、义务及办事程序等方面规定的话，那么行政法规和规章就是行政部门管理社会事务的重要工具。其中，行政法规是宪法赋予国务院的一项重要职权，主要是关于尚未立法的事宜的暂时性规定，以及对法律未尽事宜的补充和细化，其效力仅次于法律。根据国务院 2001 年 11 月颁布的《行政法规制定程序条例》，行政法规的制定程序大致如下：首先，如果国务院有关部门认为需要制定行政法规，就需要在每年年初向国务院报请立项，说明立法项目所要解决的主要问题、依据的方针政策和拟确立的主要制度等。随后，国务院法制机构将根据国家总体工作部署对部门报送的行政法规立项申请汇总研究，拟订国务院年度立法工作计划，报国务院审批。一旦某一行政法规纳入国务院年度立法计划，随后即进入起草阶段。行政法规的起草一般由国务院的一个部门或者几个部门共同负责，也可由国务院法制办公室起草或者组织起草。在起草过程中，起草小组会深入调查研究，总结实践经验，并采取座谈会、论证会、听证会等多种形式广泛听取有关机关、组织和公民的意见。其间，如果该行政法规涉及其他部门的职责或者与其他部门关系密切，还需要与有关部门协商一致。在行政法规的送审稿中，需要对立法的必要性，确立的主要制度，各方面对送审稿的不同意见，征求有关机关、组织和公民意见的情况等作出说明。在审查阶段，如果国务院法制机构认为行政法规的出台条件尚不成熟，有关部门对送审稿规定的主要制度存在较大争议，则审查不予通过。如果不存在上述问题，国务院法制机构还会正式向国务院有关部门、地方人民政府、有关组织和专家征求意见，并通过座谈会、论证会、听证会等形式进一步修改完善。国务院法制机构综合各方面意见对行政法规送审稿修改后，会提请国务院常务会议审议。国务院常务会议审议后，国务院法制机构还会根据审议建议作最后修改，形成草案修改稿，最后报请总理签署国务院令公布施行。从以上程序来看，国务院行政法规的制定过程也非常严谨。如果存在重大环境风险，一般在征求意见阶段和审查阶段也能被及时发现并予以修正。从迄今国务院颁布的行政法规来看，大部分都是与法律相似的管理规定，并不涉及具体的开发与建设行为，因此总体上对资源环境的影响不大。但是，由于行政法规涉及一些部门的具体管理工作，因此也有一小部分与资源利用和污染防治直接相关的具体事项，如《中华人民共和国资源税暂行条例》《基本农田保护条例》《南水北调工程供用水管理条例》《畜禽规模养殖污染防治条例》等均与资源环境密切相关，需要认真分析相关规定可能导致的资源环境问题。

除行政法规外，国务院各部、各委员会、中国人民银行、审计署和具有行政管理职能的直属机构，可以根据法律和国务院的行政法规、决定、命令，在本部门的权限范围内制定规章；省、自治区、直辖市和设区的市、自治州的人民政府，可以根据法律、行政法规和本省、自治区、直辖市的地方性法规制定规章。对于规章的制定程序，2001 年 11 月国务院颁布的《规章制定程序条例》做出了明确规定。与法律和行政法规的启动过程相似，规章的制定也需要有一个立项环节。具体而言，如果国务院各部门或地方人民政府的内部机构、下级单位认为需要制定规章，就会向相应的部门或人民政府报请立项。在立项申请中，需要对制定规章的必要性、所要解决的主要问题、拟确立的主要制度等做出说明。随后，部门或地方政府内部的法制机构会对规章的立项申请进行汇总研究，拟定年度规章制定工作计划。在规章的起草阶段，一般也会调查研究，总结实践经验，广泛听取有关机关、组织和公民的意见。如果涉及其他部门的职责或者与其他部门关系紧密，起草单位还须征求其他部门的意见。在审查阶段，起草单位需要将规章送审稿及其说明、对规章送审稿主要问题的不同意见和其他有关材料一并报送法制机构审查。如果法制机构认为制定规章的基本条件尚不成熟，或者与相关部门存在较大争议，按照规定规章将会被缓办或退回。如果规章送审稿涉及重大问题，部门或地方政府法制机构还会召开由有关单位和专家参加的座谈会、论证会，听取意见，进一步研究论证。最后，法制机构会认真研究各方面的意见，对规章送审稿进行修改，形成规章草案和对草案的说明，提请本部门或者本级人民政府有关会议审议。其中，部门规章由部务会议或者委员会会议审议，地方政府规章由政府常务会议或者全体会议审议。审议后，法制机构还会根据审议意见对规章草案做出修改，然后才能由部门首长或地方政府首长签署命令公布。从程序规定来看，规章的制定过程也很严谨。但与法律和行政法规相比，规章更容易隐藏环境风险。具体而言，主要有以下几方面的原因：一是规章的层次相对较低，因而内容更加具体，很多都属于经济技术政策的范畴，与资源环境的关系非常密切。例如，2014年8月国家发展与改革委员会发布的《西部地区鼓励产业目录》，针对西部十二个省、直辖市和自治区，分别提出了鼓励发展的产业和产品名录，对各省级行政区的产业结构具有导向作用，因而会直接影响当地的资源配置和污染排放，国家发展与改革委员会发布的这类规章还有很多。其次，规章的起草和审查都是在部门或地方政府的内部进行，在制定过程中更容易受部门和地方利益左右。特别是那些投资和发展部门，往往更关注项目建设，资源环境影响很难被放在决策考量的优先位置。最后，尽管国务院颁布了《规章制定程序条例》来规范规章的制定，但相关程序能否得到严格实施不得而知。综上所述，在规章的制定过程中，应切实加强环境考量，认真防范环境风险。

（三）规划

1. 规划编制过程中纳入环境考量的总体情况

随着市场经济体制的建立和完善，虽然规划的作用有所减弱，但迄今仍然是我国各级政府安排社会经济活动的重要工具，每年编制的规划数量仍然相当可观。由于我国的规划体系比较复杂、规划种类繁多、编制主体多元、内容繁简不一、功能差别较大，因而并没有统一的编制程序。在实践中，不同部门会根据自身的管理需要和面临的主要问题来确定具体的编制流程。但大体而言，规划的编制一般都会经过现状调查、基础研究、大纲编制、方案编制、评审报批等环节。

与其他几种决策形式相比，规划的内容最为具体，直接涉及空间布局、资源开发、项目建设等内容，因而与资源环境的关系也最为密切。其中，基础设施建设规划、自然资源开发规划、行业发展规划等具有明确空间指向并隐含建设内容的规划对生态环境的影响最为显著，因此无论是规划立法还是规划编制技术规范，都会提出环境保护方面的要求和注意事项。例如，《中华人民共和国城乡规划法》第四条规定："在规划区内进行建设活动，应当遵守土地管理、自然资源和环境保护等法律、法规的规定。"第十七条规定："规划区范围、规划区内建设用地规模、基础设施和公共服务设施用地、水源地和水系、基本农田和绿化用地、环境保护、自然与历史文化遗产保护以及防灾减灾等内容，应当作为城市总体规划、镇总体规划的强制性内容。"其他如《土地管理法》《矿产资源法》《公路法》等对相关规划的编制也都提出了环境保护方面的要求。同时，与以上法律相对应的规划编制技术规范一般也会把环境保护问题作为重要内容，并做出明确规定，以防止规划不当导致重大资源环境问题。例如，《县级土地利用总体规划编制规程》就明确提出要划定风景旅游用地区、生态环境安全控制区、自然与文化遗产保护区等重要的生态功能区域，并对不同区域提出不同的管制规则。此外，县级土地利用规划中还要求划定禁止建设区，其主导用途为生态与环境保护空间，严格禁止与主导功能不相符的建设活动。因此，如何减少资源环境代价，事实上也是规划编制过程中需要认真考虑的重要因素。

2．我国规划体系存在的主要问题

由于我国规划体系的形成基本上是自下而上，缺乏顶层设计，因此系统性和整体性不强。总体而言，主要存在以下几方面的问题。

（1）法律基础薄弱

尽管我国每年编制的规划数量很多，但大部分都没有法律依据，而是政府部门为了解决某些问题临时制定的。例如，城市规划是我国开展比较早、体系也比较完善的一类规划。然而，除了《中华人民共和国城乡规划法》规定的全国城镇体系规划、省域城镇体系规划、城市总体规划、城市控制性详细规划、城市重要地块的修建性详细规划、镇的总体规划、镇的控制性详细规划、镇的重要地块修建性详细规划、乡规划、村规划等法定规划外（表 4-1），其他规划均无法律基础，但却在现实中大量存在（表 4-2）。这些法律规定之外的规划有些是根据国家颁布的行政法规、规章等编制的，如 1993 年国务院颁布实施的《村庄和集镇规划建设管理条例》提出要编制村庄和集镇规划，1988 年建设部颁布的《城市节约用水管理规定》提出要编制节约用水发展规划；有些则是当地政府根据自身的城镇化发展要求自行决定编制的，如广东省、四川省、陕西省、甘肃省等都曾编制过省级城镇化发展五年规划，四川省曾编制《成渝经济区成都城市群发展规划（2014—2020 年）》和《南部城市群发展规划（2014—2020 年）》。

表 4-1 《中华人民共和国城乡规划法》要求编制的规划

序号	对象	规划名称	编制部门	审批部门
1	城镇体系	全国城镇体系规划	国务院城乡规划主管部门会同国务院有关部门	国务院
2		省域城镇体系规划	省、自治区人民政府	
3	城市	城市总体规划	城市人民政府	国务院或省、自治区人民政府
4		控制性详细规划	城市人民政府城乡规划主管部门	本级人民政府
5		重要地块的修建性详细规划		—
6	县政府所在的镇	镇的总体规划	县人民政府	上一级人民政府
7		控制性详细规划	县人民政府城乡规划主管部门	县人民政府
8		重要地块的修建性详细规划		—
9	其他镇	镇的总体规划	镇人民政府	上一级人民政府
10		控制性详细规划		
11		修建性详细规划		镇人民政府
12	乡	乡规划	乡人民政府	上一级人民政府
13	村	村规划	乡镇人民政府	

表 4-2 城市建设领域部分现行法律要求之外的规划

序号	规划名称	编制依据	编制部门	审批部门
1	城镇化发展五年规划	省域国民经济和社会发展规划	省级发改委、建设厅等	省人民政府
2	城市群发展规划	—	—	—
3	开发区总体规划	开发区规划管理办法	—	省级人民政府
4	开发区详细规划		—	开发区所在地的城市人民政府
5	城市照明专项规划	城市照明管理规定	城市照明主管部门	本级人民政府
6	城市道路发展规划	城市道路管理条例	县级以上人民政府	—
7	城市绿化规划	城市绿化条例	城市人民政府	—

序号	规划名称	编制依据	编制部门	审批部门
8	公共厕所建设规划	城市市容和环境卫生管理条例	城市人民政府市容环境卫生行政主管部门	—
9	动物园规划	城市动物园管理规定	—	城市人民政府规划行政主管部门
10	城镇排水与污水处理规划	城镇排水与污水处理条例	城镇排水主管部门	本级人民政府
11	燃气发展规划	城镇燃气管理条例	县级以上地方人民政府燃气管理部门	本级人民政府
12	历史文化名城、名镇、名村保护规划	历史文化名城名镇名村保护条例	城市人民政府或所在地县级人民政府	省、自治区、直辖市人民政府
13	城市供水水源开发利用规划	城市供水条例	县级以上城市人民政府	—
14	节约用水发展规划	城市节约用水管理规定	城市人民政府	—

作为综合管理部门，国家发展改革委组织编制的规划与其他部门相比明显偏多。然而，除2006年1月开始实行的《中华人民共和国可再生能源法》规定国家发展改革委可编制全国可再生能源开发利用规划之外，其编制的其他规划鲜有法律授权。特别是数量最多的行业发展规划，主要是为了解决行业发展中存在的布局混乱、盲目建设、技术水平低下、资源环境破坏突出等问题而临时编制的，均无法律依据。此外，一些法律虽然提出了编制某类规划的要求，但对于规划的编制、审批等具体问题往往语焉不详，在实际工作中也难以开展。例如，《中华人民共和国农业法》规定，县级以上人民政府根据国民经济和社会发展的中长期规划、农业和农村经济发展的基本目标和农业资源区划，制定农业发展规划。然而，对于规划的内容要求、编制程序、审批主体等均没有提及。此外，《中华人民共和国种子法》《中华人民共和国电力法》《中华人民共和国铁路法》等法律也存在类似问题。

（2）计划经济色彩浓厚

改革开放之前，我国曾长期实行计划经济体制，通过严格的计划来安排项目建设、组织产品生产，甚至通过计划来分配产品。改革开放后，虽然市场经济的力量不断增强，但计划经济的思维仍然存在。迄今规划数量过多、过滥，规划内容过于具体，就是计划经济思维的反映。由于规划是编制部门意志的体现，因此只有规划编制部门同时也是投资主体，才能够保证规划的顺利实施，否则效果必然不佳。在实践中，主要由国家投资建设的交通、水利等领域，规划的落实情况就相对较好；其他专项规划，特别是行业发展规划实施起来难度就比较大。究其原因，这些规划的制定者是政府，而投资方是企业，在市场经济条件下，企业的独立性日益增强，未必会按照政府的规划行事。并且，各类规划往往没有对投资的可行性做深入分析。如果投资不落实，规划的执行率必将大打折扣。此外，规划基本依靠行政手段来实施，规划越多，发生的行政管制越多，权力寻租的机会也就越多，这与市场经济的精神是背道而驰的。目前以无所不包的国民经济和社会发展规划为核心的规划体系，事实上反映了国家在社会经济活动中的主导地位和超强的资源支配能力，仍然是计划经济的管理思路，已经难以适应开放、多元的市场经济体制的要求。总体而言，规划代表的政府意志与市场在资源配置中的主导地位，已经成为一对尖锐的矛盾。从长远来看，随着我国法制建设和市场化进程的进一步推进，必须对原有的规划体制进行一次彻底改革。

（3）规划体系混乱

由于我国并没有专门的规划法，也缺乏针对规划管理、编制、评估等方面的规范的制度安排，导致形成了部门主导和地方政府主导的纵横交错的规划管理格局，规划内容重复，规划空间重叠的现象时有发生。例如，1993 年国务院发布的《村庄和集镇规划建设管理条例》提出了城市规划区之外的村庄和集镇要编制规划，这与当时的《中华人民共和国城市规划法》是相互补充的。然而，2008 年 1 月开始施行的《中华人民共和国城乡规划法》，其内容已经包含了镇规划、乡规划和村庄规划，与《村庄和集镇规划建设管理条例》明显重叠。然而，但该条例至今并未废止。2000 年 6 月发布的《中共中央 国务院关于促进小城镇健康发展的若干意见》中，要求各级政府抓紧编制小城镇发展规划，并提出了一系列原则要求。然而，该规划与城市总体规划是什么关系并未明确说明。再如，1996 年国务院发布的《城市道路管理条例》提出要编制城市道路发展规划，但该内容显然是城市规划的组成部分，相关要求在《中华人民共和国城乡规划法》中已有体现。以上规划体系混乱的现象在其他领域也广泛存在，已经成为我国提升国家治理能力的重要制约。此外，从中长期来看，随着区域发展战略的实施，跨行政区的区域规划在我国的作用会逐渐增强。2008 年国际金融危机爆发之后，国家发展改革委也组织编制了长江三角洲、京津冀等跨省区的区域规划。然而，由城市建设部门主导的省域城镇体系规划，事实上已经包括了城镇空间布局和规模控制、重大基础设施布局、环境管制区域等内容，与发改委系统主导的区域规划显然存在重叠。规划体系混乱，不仅会影响法制的权威，而且容易造成管理上的混乱。例如，我国普遍存在的政出多门、管制内容重叠、管制要求不一致等问题，很多都与此有关，这对于从决策源头优化生产力布局、控制产能盲目扩张、防止环境风险等极为不利，也明显有悖于规划的初衷。

（4）规划的执行率不高

虽然我国各职能部门、各地方政府每年都会花费不少的时间和精力来编制各种各样的规划，但执行率普遍不高。究其原因，主要有以下几个方面：首先，正如前文所述，规划虽由政府部门编制，体现了政府的意志，但具体建设项目却是由市场引导下的企业来实施。规划主体和投资主体的不一致，导致很多规划设想难以实现，这也是规划不断调整的重要原因之一。其次，我国不同地区之间为争资源、争项目、争市场，仍然存在恶性竞争现象。例如，尽管存在具有一定约束力的高层次空间规划，但沿海、沿江的港口布局，临近城市的机场布局，同类型的工业基地布局等，都存在严重的重复建设问题。这种“行政区经济”现象，导致很多跨行政区的规划在现实中很难实施。再次，我国换一届政府就换一批规划的现象非常突出。由于每届领导都想体现自己的思路和政绩，都想与众不同，而主要领导的更换频率又很高，因此导致规划经常修编，规划思路也不断更改，其执行率当然难以保证。最后，一些开发类规划由于编制的内容过于具体，对招商引资可能遇到的困难考虑不足，在实施过程中往往会严重走样。例如，连云港经济技术开发区最初规划发展的主导产业是医药、化纤、海洋和港口物流，但后来由于招商引资不理想，粮油产业、重型化工、集装箱制造等企业也相继入园，理想与现实差距明显。这种规划与实施严重不一致的现象，在工业园区内普遍存在，规划的作用已经大打折扣。由于规划不能按照原来的设想实施，很多规划提出的环保措施也随之失效。

3．加强规划制定过程中环境考量的必要性分析

尽管很多法律和编制规程都要求把环境问题作为规划编制的重要考量因素，然而受诸多因素影响，规划面临的环境问题仍然容易被忽视。究其原因，第一，规划本身就是编制者意志的体现，规划的编制和实施均与部门或地方利益直接相关。因此，尽管法律法规要求在规划的编制过程中重视环境问题，但当编制者的诉求和偏好与环境保护发生冲突时，编制者往往更倾向于维护自身利益，环境问

题难以得到充分重视。例如，我国煤炭资源与水资源呈逆向分布态势，煤炭资源富集区大多严重缺水。然而，煤炭资源富集区为了增加财政收入、提高产品附加值，往往会大量规划煤电、煤化工项目，甚至要求必须有一定比例的煤炭在当地转化，这样做无疑会加剧对生态环境的破坏。第二，即使规划编制部门比较重视环境保护，也有可能在编制过程中忽视某些重大资源环境问题。例如，规划实施后的大气影响、水环境影响等都需要通过专业的模型进行预测，对此很多规划编制部门都存在专业性不足的问题，对环境问题难以考虑周全。同时，规划编制部门为了扩大建设规模，有时会夸大一个地区的资源环境承载能力。例如，对于一些工业园区的环境容量，规划编制部门和环保机构的计算结果往往相差甚远。第三，由于规划是由政府编制，而规划能否实施则取决于企业，因此规划实施过程中的不确定性非常大。在开发建设类规划中，如果规划的执行率不高，或者规划在实施过程中进行了重大调整，则根据当初设想提出的环境基础设施也往往未能按时建设，这在工业园区规划的实施中已经成为普遍现象。此外，如果规划建设的都是环境友好型行业，但实际建设的却是“两高一资”产业，也会出现重大资源环境问题。在这种情况下，必须诉诸外部机制来防范重大环境问题的产生。第四，我国规划数量过多、过滥，编制质量参差不齐，也容易隐藏重大资源环境问题。正如前文所述，我国的规划既有法定规划，也有非法定规划，编制单位既有专业部门也有非专业部门，因此在编制过程中可能出现对国家环境保护政策了解不够、资源环境数据收集不全、资源环境影响考虑不周等问题。综上所述，我国仍需通过建立规范的外部约束机制来防范规划编制不当造成的环境问题。

（四）规范性文件

对于规范性文件的制定程序，国家目前并没有统一的规定，但一些地方政府和部门仿照国务院颁布的《行政法规程序条例》和《规章制定程序条例》也出台了一些管理规定，如《浙江省行政规范性文件管理办法》《湖南省规范性文件管理办法》《农业部规范性文件管理规定》等。这些管理规定虽然也提出了在文件制定过程中要开展调研、讨论等要求，但大多是原则性规定。此外，由于不同部门和地方政府的规范性文件在形式和内容上各不相同，其制定程序也存在一定差异。对于国务院各部委制定的规范性文件，一般是某一主管司局的业务处（室）起草文件初稿，然后征求司局内部其他各处（室）的意见。根据司局内部各处（室）的反馈意见，起草初稿的业务处（室）对文件进行修改完善，然后征求部委内部其他各司局的意见。根据部委内部其他各司局的意见对文件进行修改完善后，最后报部委办公厅对文件进行格式和文字方面的润色，最后由分管副部长或部长签发。如果该规范性文件对地方相关部门和机构的影响较大，在正式印发前有时也会征求地方部门和机构的意见。如果是几个部委联合发文，则几个部委内部相关司局的意见都要征求到，直至最后没有明显的反对意见为止。如果某一部委制定的规范性文件可能会涉及其他部委的相关业务，在文件定稿出台前也会征求相关部委的意见。

与法律、行政法规等决策相比，规范性文件的制定程序总体上欠规范，并且容易受到部门利益的左右，因而这类文件在实施过程中最有可能导致重大资源环境问题。例如，进入 21 世纪以来，为拉动内需，我国曾出台了众多鼓励购买汽车和房地产的规范性文件。其结果是，汽车保有量的迅猛增加直接导致了许多大城市的交通拥堵和复合型大气污染；房地产市场过热引发的投机则造成大量房屋空置和钢铁、水泥等关联产业产能过剩，最终都导致了严重的资源浪费、生态破坏和环境污染。2011 年 1 月国务院办公厅发布的《国务院办公厅关于进一步做好房地产市场调控工作有关问题的通知》（国办发〔2011〕1 号），提出了对购买不足 5 年的二手房交易全额征收营业税、第二套房贷首付比例提高至 60%、进一步强化限购等措施，对社会、经济及资源环境均产生了深刻影响。2014 年 10 月国家发展改革委发布的《煤炭生产技术与装备政策导向》，针对采煤、掘进、供电、运输等煤炭生产的各个环节，分别限定了鼓励类、推广类、限制类和禁止类技术和装备要求，也对煤炭行业产生了深刻影响，进而对资源环境造成了显著影响。因此，我国今后在规范性文件的制定过程中，应重点加强环境考量，防范环境风险。

综上所述，我国的决策在形式上可分为战略、法规、规划和规范性文件四种，这四种类型的决策并没有明确的层次关系，在内容上也存在交叉现象。在上述四种决策中，国家战略的提出并没有一定的程式，更多体现的是精英阶层的政策偏好，因而也缺乏对资源环境问题的系统考量。法律主要是用以界定当事人权利和义务的社会规范，其本身的制定程序就比较规范，在制定过程中也会进行多次调研，并多次征求相关主体的意见，因而会统筹考虑社会、经济和环境问题。因此，法律的制定过程本身就包含了相对完善的环境风险防范机制。当然，一些经济法和资源与环境保护法也会影响资源配置，进而对环境产生影响，但与其他几种决策形式相比更多表现为间接影响。除法律外，行政法规、规章、规划和规范性文件都是行政机构用来管理社会事务的工具，与具体的社会经济活动关系密切。以上四种决策形式在决策程序上的规范性顺次降低，并且容易受到部门利益和地方利益的左右，因而在制定过程中更容易忽略环境问题。基于以上考虑，应把战略、行政法规、规章、规划和规范性文件作为我国决策环境考量的重点对象。特别是规划和规范性文件，更应给予特别关注。

二、需要增强环境考量的重点决策领域

我国的决策体系非常庞杂，涉及的事务极其广泛。其中，有些决策很少涉及空间利用和资源配置，因而对资源环境的影响较小。有些决策则直接涉及产业发展、区域开发、资源利用等问题，与资源环境的关系非常密切，需要在决策制定过程中进行系统的资源环境影响论证。通过对国家战略、法规、规划和规范性文件四类决策进行梳理，笔者初步识别了四类决策中需要重点加强环境影响论证的决策领域或决策类别。

（一）国家战略

如前文所述，当前我国正在实施的重大国家战略大约有35项，这些都是写入中国共产党代表大会报告和国民经济和社会发展规划，党中央、国务院重点推进的重大决策。其中，城镇化战略、区域发展总体战略、开放战略、海洋发展战略、自由贸易区战略、制造强国战略等均有明显空间指向，直接涉及资源配置，并与开发建设活动关系密切，这些战略在实施过程中最有可能导致不良资源环境后果，需要作为决策环境考量的重点对象（表4-3）。其中，区域发展总体战略包括了东部地区率先发展、西部大开发、中部崛起、振兴东北老工业基地等多个次级战略。从目前来看，京津冀协同发展、“一带一路”、长江经济带等战略也有可能纳入区域发展总体战略的范畴。其他如城镇化战略、海洋发展战略、制造强国战略等也已成为我国社会经济领域正在全面推进的重大行动，正在对我国的空间格局和社会经济结构产生重大影响。对于这些战略，应将资源环境影响纳入决策评估机制，从决策源头防范或减缓其实施可能导致的重大资源环境问题。

表 4-3　需要重点加强环境考量的国家战略

序号	战略名称	重要性	需要重视环境问题的原因
1	城镇化战略	从“十五”开始正式上升为国家战略，是我国扩大内需、促进产业结构转型升级、解决“三农”问题、实现区域协调发展的重要举措	人口进一步向城市群地区集中，以及农业人口大量转化为城镇居民，有可能导致城市建设规模盲目扩张，生态空间被大量占用，水资源压力进一步加大，环境污染进一步加剧，布局性环境问题更加突出，一些大城市的城市病有可能更加严重
2	“走出去”战略	从“十五”开始正式上升为国家战略，是促进我国产业升级、提高国内资源保障、增强国际影响力的必由之路	对外投资、产品和技术出口，将对国外资源环境造成直接和间接影响，甚至与企业所在地产生纠纷。因文化和制度不同，对企业的生产经营及贸易活动的影响具有不确定性，这些都需要开展事前的预断性评价
3	区域发展总体战略	从“十一五”开始正式上升为国家战略，此后内涵不断丰富，是我国促进区域协调发展、实现经济结构转型的基本战略	“两高一剩”产能可能由东而西转移，再加上中西部大规模的基础设施建设和能源、原材料基地建设，可能导致空间开发失序、产业结构趋同、生态功能区退化、环境污染加剧。京津冀协同发展、“一带一路”、长江经济带等次级战略有可能带来新的环境问题
4	开放战略	从“十一五”开始正式上升为国家战略，是我国利用全球资源、技术、资金，提高经济发展水平的重要举措	在中西部地区承接国际产业转移的过程中，可能因政策工具运用不当或执行不力而导致落后产能向内陆转移，造成严重的资源环境问题。此外，一些严重消耗资源、破坏环境的产品的出口量可能会增加
5	海洋发展战略	从“十二五”开始正式上升为国家战略，是我国发展为世界政治、经济强国的必经之路	目前已经出现了岸线资源的无序开发、大规模填海造地、沿海重化工业迅猛发展等对生态空间的挤占，以及对海洋资源和海洋环境的破坏，将来这些问题有可能进一步加剧
6	自由贸易区战略	从“十二五”开始正式上升为国家战略，是我国全面深化改革、构建开放型经济新体制、加快与世界接轨的重要举措	我国已经进入了自贸区快速建设和发展的新阶段，自由贸易区内将完全按照国际惯例开展商业活动，不仅对贸易区内资源环境有影响，而且规则的改变将对我国整体资源环境及管理体制产生深远的间接影响，该种影响具有不确定性
7	制造强国战略	从“十三五”开始正式上升为国家战略，是我国提升综合国力、保障国家安全、实现经济转型的重要举措，也是供给侧改革的重要内容	我国正处于制造业转型升级的关键时期，《中国制造 2025》确立了众多制造业发展的重点领域，根据历史经验，有可能在一些领域出现布局混乱、重复建设等问题。同时，实现制造业绿色发展也需要在相关决策中重视环境问题

（二）法规

在国家战略、法规、规划和规范性文件四种形式的决策中，尽管法规的制定程序最为严格和规范，并且主要是关于当事人权利、义务和办事程序方面的规定，但也有一小部分直接涉及空间利用、行业建设、收入分配、资源配置和资源环境管理等方面的内容，与资源环境关系密切（表 4-4）。例如，《中华人民共和国电力法》第四十八条规定："国家提倡农村开发水能资源，建设中、小型水电站，促进农村电气化"，该规定的目的在于增加农村电力供应，但也客观上助长了水电资源的无序开发，引发了很多生态问题。与法律相比，行政法规和规章涉及的开发建设内容更多，与资源环境的关系更为密切。例如，国务院颁布的《农田水利条例》《城镇排水与污水处理条例》《饲料和饲料添加剂管理条例》等均直接涉及具体的开发建设行为，都会直接产生一定的资源环境后果。需要在决策的制定过程中统筹考虑社会、经济与资源环境效益。

表 4-4　需要重点加强环境考量的法规

序号	法规形式	重点领域	需要重视环境问题的原因
1	法律	经济法、环境与资源保护法等涉及收入分配、开发建设及资源环境保护的法律	经济法会影响不同主体、不同区域和不同领域的资源配置，甚至直接关系到资源开发和行业建设；资源环境保护法则涉及资源环境管理问题，均与环境关系密切
2	行政法规	财税管理、资源开发、行业建设、环境保护等领域的行政法规	财税会影响资源的配置；资源开发和行业建设均具有空间指向，涉及土地占用、资源消耗和污染排放；环保领域的行政法规则存在管理规定是否全面和科学的问题
3	部门规章	涉及空间和行业规划，投资和项目管理，以及行业准入等内容的规章	发改、工信、国土、交通、林业、水利、财政等部门颁布的规章，往往直接对空间利用和行业建设产生影响，与环境关系密切
4	政府规章	涉及区域与行业管理，以及资源环境保护的规章	受地方保护主义的影响，一些地方政府可能出台不利于区域协同发展的规章；资源环境保护规定的科学性也可能存在问题

（三）规划

作为一个具有规划传统的国家，尽管各类规划对于指导社会经济活动发挥了重要作用，但我国一直没有形成一个系统的规划体系。从实践中看，不同类别的规划对于国民经济的影响存在较大差异，其中国家发展改革委、国土资源部、住房和城乡建设部等直接涉及开发活动的部门的规划或规划体系居于主导地位，对资源环境的影响也最为直接。为了从决策源头防治环境问题，我国2003年9月1日开始实施的《中华人民共和国环境影响评价法》（以下简称《环评法》）要求国务院有关部门和设区的市级以上地方人民政府及其有关部门，对其组织编制的土地利用的有关规划，区域、流域、海域的建设、开发利用规划（以下简称“一地三域”类规划），要编写该规划有关环境影响的篇章或者说明；要求工业、农业、畜牧业、林业、能源、水利、交通、城市建设、旅游、自然资源开发的有关专项规划（以下简称“十个专项”类规划），要在规划审批前编制环境影响报告书。无论是编写有关环境影响的篇章或说明，还是编写环境影响报告书，都要求对规划实施后可能造成的环境影响做出分析、预测和评估，提出预防或者减轻不良环境影响的对策和措施。因此，上述规划在编制过程中已经具有了防范环境风险的机制和程序。然而，在我国规划体系中居于核心地位的国民经济和社会发展规划，以及针对重点开发区域的区域规划尚未纳入规划环评的范围。对于专项规划中的重点产业规划，尽管根据《环评法》要求应该编制环境影响报告书，但事实上并没有开展起来。为此，从防范决策环境风险的角度出发，今后可重点加强以上三类规划的环境考量，具体见表4-5。当然，由于规划与资源环境的关系非常密切，对于已经纳入《环评法》的“一地三域”和“十个专项”类规划，也应同时通过其他外部机制来增强决策过程中的环境考量。

表4-5 需要加强环境考量的规划类别

序号	规划类别	地位	编制情况	需要重视环境问题的原因
1	国民经济和社会发展规划	在我国的规划体系中属于总体规划，是其他各类规划编制的基本依据	各级政府均会组织编制，开展情况非常好	该规划是行政辖区内的共同行动纲领，一旦出现方向性、目标性、布局性失误，其资源环境影响将难以补救
2	区域规划	是总体规划在特定区域（一般会跨行政区）的细化和落实	一般由发改委系统组织编制，以前较少，但从2008年后突然增多	数量明显增加后，国家财力难以兼顾，很可能出现各地发展定位、产业结构雷同等现象，造成资源浪费、耕地破坏、环境污染等问题

序号	规划类别	地位	编制情况	需要重视环境问题的原因
3	重点产业规划	是针对经济领域特定问题制定的专项规划，是项目审批和核准的依据	一般由国家发改委组织编制，数量较多，名称不统一	由于直接与投资挂钩，容易受部门和地方利益左右，出现规划规模超出当地资源环境承载能力，规划布局不合理等问题

（四）规范性文件

在现实中，规范性文件可以说是无处不在，涉及社会经济活动的方方面面，对我们的生产、生活产生深刻影响。与行政法规和规章相比，尽管规范性文件也是各级政府的重要决策形式，并且数量更多，但是，迄今规范性文件并不是《中华人民共和国立法法》中的法定决策形式。由于规范性文件的制定程序欠规范，公众参与不足，并且制定过程更加封闭，因此前期论证也更加不足，其实施更容易导致不良后果。就环境保护而言，应重点关注那些具有空间指向和直接涉及开发活动的规范性文件。这些规范性文件一般就是我们所熟知的狭义上的政策，如产业政策、投资政策、土地政策、财税政策等（表 4-6）。

表 4-6 需要加强环境考量的规范性文件

序号	领域	作用	编制情况	需要重视环境问题的原因
1	产业政策	是国家宏观调控的重要手段，也是各级政府部门进行项目审批和核准的重要依据	一般由国家和地方各级发改委、工信委等部门制定和发布，数量较多	该类文件往往直接对具体建设项目的规模、工艺、布局等提出鼓励和限制性规定，对产业发展具有重要影响，一旦失误，会导致系统性资源环境问题
2	投资政策	是关于投资领域、投资方式、投资管理程序等的规定，也是政府部门安排财政投资的依据	由国家发改委、商务部等投资主管部门制定，数量不多	该类文件由于涉及鼓励和限制的投资领域、产业布局导向、相关主管部门的责权划定等，一旦出现导向失误和管理混乱，会造成资源低效配置和严重的环境问题
3	土地政策	是土地资源开发、利用、治理、保护和管理方面的行动准则	一般由各级政府和国土资源管理部门制定	对不同开发、建设活动用地审批的松紧程度不同，会直接影响土地利用方式，进而影响资源配置和生态环境
4	财税政策	是市场微观主体决定其生产和消费行为的重要依据	一般由财政部门制定	通过财政补贴、税收和政府直接投资等手段影响资源配置，调节产业结构，进而对生态环境产生影响

第三节　决策环境考量的阶段划分及其法规依据

由于决策过程中存在诸多不确定因素，并且一旦决策失误极易导致重大资源环境问题，付出惨痛的资源环境代价。因此，我国很早就提出在决策制定过程中纳入环境考量的要求，相关的制度建设也在不断加强。总体来看，对于决策制定与环境保护之间的关系，我国在认识和实践上大概经历了理念形成、制度建设和全面深化三个时期。在每个时期，党中央和国务院都会提出一些具体要求。并且，随着时间的推移，在决策中纳入环境考量的法规基础正在不断增强，迫切性也在不断提高。

一、理念形成阶段

1949 年新中国成立后，20 世纪五六十年代我国的主要任务是恢复经济和建立自己的工业体系。由于当时的工业基础极其薄弱，因此第一要务是发展经济。同时，受意识形态的影响，我国一度认为社会主义没有环境问题。以上现实和意识形态的原因，致使我国在新中国成立后很长一段时期内环保工作非常薄弱。当然，该时期由于生产力水平较低，资源环境问题也不是非常尖锐。直到 20 世纪 70 年代初，我国的环保工作才开始起步。1973 年第一次全国环境保护会议通过的《关于保护和改善环境的若干规定》（试行草案）中，就很有创见性地提出了“全面规划、合理布局，综合利用、化害为利，依靠群众、大家动手，保护环境、造福人民”的 32 字环保工作方针。其中“全面规划”和“合理布局”就体现了从决策源头防范环境问题的思想。文件第一部分“全面做好规划”提出：“各地区、各部门制定发展国民经济计划，既要从发展生产出发，又要充分注意到环境的保护和改善，把两方面的要求统一起来，统筹兼顾，全面安排。”当时我国实行计划经济体制，文件提出要把环保要求纳入发展计划，事实上就是要求从决策源头防治环境问题。随后，我国 1982 年《宪法》第二十六条规定：“国家保护和改善生活环境和生态环境，防治污染和其他公害”。将环保要求纳入根本大法，反映了环境保护在我国各项事业中的重要地位。1990 年《国务院关于进一步加强环境保护工作的决定》(国发〔1990〕65号)提出:“保护和改善生产环境与生态环境、防治污染和其他公害,是中国的一项基本国策”。这是我国首次通过官方文件的形式将保护环境确立为基本国策,意味着所有的重大决策和开发行为都应充分考虑环境问题,做好环境保护工作。该阶段我国虽然对环保工作的重视程度不断提高,但经济发展是核心任务,因此尽管提出了一些从决策源头防治环境问题的理念,但能够落到实处的并不多。

二、制度建设阶段

20世纪90年代初期,随着对外开放程度的加深和市场经济体制的建立,我国的经济发展明显提速,长期积累的环境问题也逐渐显现,党中央和国务院开始认识到从决策源头防治环境问题的必要性。1996年3月,第八届全国人民代表大会第四次会议审议通过的《国民经济和社会发展“九五”计划和2010年远景目标纲要》,首次把实施可持续发展作为我国现代化建设的一项重大战略,标志着我国的环保工作进入了一个新的阶段。1996年7月,时任中共中央总书记江泽民在第四次全国环境保护工作会议上指出:“经济决策对环境的影响极大。要从宏观管理入手,建立环境与发展综合决策的机制。在制定重大经济和社会发展政策,规划重要资源开发和确定重要项目时,必须从促进发展与环境相统一的角度审议其利弊,并提出相应对策。”这是中央领导首次明确提出在决策中纳入环境考量的要求。2004年3月国务院发布的《全面推进依法行政实施纲要》,提出了建设法治政府的奋斗目标和依法治国的基本方略,要求:“建立健全公众参与、专家论证和政府决定相结合的行政决策机制。实行依法决策、科学决策、民主决策”。该文件的发布,标志着我国的行政决策模式发生转变,开始重视通过制度建设来保障决策的科学性。

2006年,温家宝总理在第六次全国环境保护大会上强调,做好新形势下的环保工作,要加快实现三个转变:“一是从重经济增长轻环境保护转变为保护环境与经济增长并重,在保护环境中求发展。二是从环境保护滞后于经济发展转变为环境保护和经济发展同步,努力做到不欠新账,多还旧账,改变先污染后治理、边治理边破坏的状况。三是从主要用行政办法保护环境转变为综合运用法律、经济、技术和必要的行政办法解决环境问题,自觉遵循经济规律和自然规律,提高环境保护工作水平。”这段话比较全面地反映了中央在处理经济发展和环境保护关系上的思想变化，特别是温家宝总理提到的第三个转变显然包含了从多个维度保障决策的科学性，使重大决策符合可持续发展要求的含义。在谈到今后的环境保护措施时，温家宝总理还特别指出今后要“制定区域开发和保护政策。根据不同地区资源环境承载能力，规范国土空间开发秩序”。从规范空间开发秩序的高度来开展环保工作，标志着我国对环境问题的预防和治理已经上升到了一个新的高度。

2007 年中国共产党第十七次全国代表大会把科学发展观写入党章，提出要坚持生产发展、生活富裕、生态良好的文明发展道路，建设资源节约型、环境友好型社会，实现速度和结构质量效益相统一、经济发展与人口资源环境相协调，使人民在良好生态环境中生产生活，实现经济社会永续发展。之后，我国的环境管理手段发生了两个明显的变化：一是进入了环境经济政策的密集发布期，环境经济政策逐渐成为重要的环境调控手段，迄今已初步建立起包括绿色信贷、保险、贸易、电价、证券、税收等在内的环境政策框架体系。二是空间管制逐渐成为从决策源头防治环境问题的重要手段。2008 年环保部和中科院联合发布了《全国生态功能区划》，2010 年国务院发布了《全国主体功能区规划》，各地也先后编制了生态功能区划和主体功能区规划。这两类规划逐渐成为规范空间开发秩序的重要依据，成为环境保护参与重大决策制定的重要抓手。

三、全面深化阶段

2012 年 11 月中国共产党第十八次代表大会以来，环境考量开始融入社会经济生活的各个方面，成为国家治理体系的重要组成部分。其中，中国共产党的十八大报告首次把生态文明建设与经济建设、政治建设、文化建设、社会建设并列，将生态文明建设提升为社会主义五位一体总布局的重要组成部分。提出要把生态文明建设放在突出地位，融入经济建设、政治建设、文化建设、社会建设各方面和全过程，努力建设美丽中国，实现中华民族永续发展。随后，2013 年 11 月十八届三中全会《中共中央关于全面深化改革若干重大问题的决定》提出：建设生态文明，必须建立系统完整的生态文明制度体系，实行最严格的源头保护制度、损害赔偿制度、责任追究制度，完善环境治理和生态修复制度，用制度保护生态环境。通过制度化手段增强决策中的环境考量，事实上属于生态文明制度体系的重要内容。此外，十八届三中全会还提出要创新社会治理体制，推进国家治理体系和治理能力现代化，同时把加快生态文明制度建设作为当前亟待解决的重大问题和全面深化改革的主要任务，强调要紧紧围绕建设美丽中国深化生态文明体制改革，亟须不断创新完善环境管理思路，加快形成科学有效的环境治理体制机制。

2014 年新修订的《中华人民共和国环境保护法》第十四条规定："国务院有关部门和省、自治区、直辖市人民政府组织制定经济、技术政策，应当充分考虑对环境的影响，听取有关方面和专家的意见。"这是我国首次在法律层面提出要在政策的制定阶段考虑环境问题，标志着环境保护问题在决策制定中的地位得到了进一步提升，接下来相关的体制机制建设必将成为工作的重点。

综观 1949 年以来我国决策体制的变化不难发现，虽然目前我国决策过程中的精英主义色彩依然浓厚，但总体上已经走出了内部封闭决策的模式。社会组织、专家学者、社会公众等在决策中发挥的作用越来越大，具体决策的机制建设也在不断加强，决策过程的规范化、程序化程度不断提高，环境保护参与决策制定的途径也越来越顺畅。然而，由于我国尚属发展中国家，无论是对于环保工作的认识还是相关的制度建设，与发达国家相比还有很大差距。在当前环境问题突出，群众环境意识不断提高的时代背景下，亟须加强决策制定过程中的环境考量，为可持续发展提供更加坚实的制度保障。

第五章

我国环境保护参与决策制定的主要途径

正如前文所述，对于决策制定过程中纳入环境考量的途径，国际上主要有空间环境管制、行业环境管制、政策评估和战略环境评价四种类型。其中，前两种主要是为决策制定设置外部边界条件，后两种则是将决策作为评价对象，从外部评价其是否符合可持续发展的要求。与西方国家相比，尽管我国的决策模式和决策程序仍需进一步规范，但作为一个具有管制传统的国家，环境保护参与决策制定的方式则更加多样。其中，与西方国家的主要区别在于，西方主要是以法律和市场手段为主，我国则大量使用行政手段。随着市场经济体制改革的深入和社会法制化水平的提高，我国环境保护参与决策制定的法律手段和经济手段正在不断增多。虽然在具体方式上有所不同，但我国环境保护参与决策制定的途径仍可归入空间环境管制、行业环境管制、政策评估和战略环境评价四个范畴。

第一节　空间环境管制

不管是何种类型的区划和管制，目的都是规范空间开发秩序、按照区域特点组织生产活动，并最大限度地发挥区域比较优势。当然，在实现上述目的的同时，必然会促进产业分工格局与区域资源环境承载能力相匹配，有利于自然资源的合理高效利用。因此，从这个意义上来讲，大部分区划都与可持续发展有关，在广义上都可以归入空间环境管制的范畴。与其他工业化国家的空间管制历程相似，我国的空间管制也经历了从早期偏重于生产功能，到后期偏重于环境保护和可持续发展功能的转变。

一、我国空间管制的类型与历史

正如前文所述，空间管制要以空间规划为基础，因此我国空间管制的历史事实上也是空间规划的发展历史。具体而言，1949 年新中国成立之前，一些学者虽然也开展了一些探索性的区域划分研究，但主要限于研究范畴，相关成果并没有纳入政府管理体系，因而还不能称为真正意义上的空间管制。1949 年新中国成立后，我国学习苏联模式，对社会经济活动实行严格的计划管理，因而空间管制成为政府部门管理社会经济事务的重要手段。出于空间管制需要，我国开展了一系列区划研究和编制工作，并将其作为组织社会生产活动的重要依据。改革开放后，我国的空间管制立法开始加强，《土地管理法》《城市规划法》《环境保护法》《水法》等重要法律陆续出台，空间管制逐渐步入法制化的轨道。20 世纪 90 年代后，我国的法律体系进一步完善，要求编制空间规划的种类进一步增加。进入 21 世纪以来，我国空间管制领域的新概念、新做法层出不穷，并且加快了与国际社会接轨的步伐。从目前来看，我国空间管制依托的空间规划主要有自然区划、部门区划、经济区划和综合区划等几类。

（一）自然区划

所谓自然区划，就是根据自然地理环境的空间分异规律，将某一区域划分为不同等级、不同尺度空间单元的过程。开展自然区划的目的，是为了更好地认识自然规律，因地制宜地组织生产。根据区划对象和主要依据，自然区划可进一步分为综合自然区划和部门自然区划，其中综合自然区划以自然环境整体为对象，部门自然区划则以自然地理环境的某一组分为对象，如地貌、气候、植被等。从 1954 年开始，林超、罗开富、黄秉维、任美锷、侯学煜、赵松桥等先后开展了关于中国综合自然区划的研究工作，其目的主要是揭示我国的地带性分异规律，为政府部门合理安排工农业生产活动提供指导。其中，影响最大的是黄秉维先生在 1959 年提出的区划方案。在《中国综合自然区划草案》中，他将全国划分为 3 个大自然区、6 个热量带、18 个自然地区和亚地区、28 个自然地带和亚地带、90 个自然省（黄秉维，1959）。该区划方案后来经过几次调整，比较全面地揭示了我国大尺度的地域分异规律，成为指导农业、水利、交通等部门安排生产活动的重要依据。1983 年，赵松桥根据综合分析和主导因素相结合、多级划分，以及主要为农业服务等原则，将全国划分为东部季风区、西北干旱区和青藏高原区 3 个大自然区，然后再根据温度、水分条件的组合及其在土壤、植被等方面的反映，划分出 7 个自然地区，最后综合考虑地带性因素和非地带性因素，再划分出 33 个自然区。其中，赵松桥提出的关于我国 3 个大自然区的划分方案被一直沿用至今。2001 年，傅伯杰在综合前人研究成果的基础上，提出了按照生态服务功能将全国划分为 3 级生态功能区的设想。后来，中国科学院组织专家进行了更加深入的研究，于 2008 年与国家环境保护总局共同发布了《全国生态功能区划》。《全国生态功能区划》发布后，全国各省级和市级行政区也相继制定了生态功能区划。从目前来看，各级生态功能区划已经成为相关部门安排区域开发和保护活动的重要依据。我国的部门自然区划主要有土壤区划、植被区划、气候区划、水文区划、公路自然区划、环境功能区划等，其主要作用是为部门管理提供依据。例如，为了更好地开发、利用和改良土壤资源，合理规划农、林、牧业生产，我国自 1949 年以来开展过多次土壤区划研究，提出了多个土壤区划方案。其中，1982 年席承藩、张俊民提出的方案将全国土壤分为土壤区域、土壤带和土区三级（席承藩等，1982）。其中，一级区土壤区域共有四个，分别是富铝质土区域、硅铝质土区域、干旱土区域和高山土区域。二级区土壤带共有 15 个，三级区土区共有 90 个。与综合自然区划相比，部门自然区划往往版本更多，争议也更大，并且至今仍在不断地推陈出新。

（二）部门区划

所谓部门区划，就是对特定部门的经济活动进行地域划分，在空间上全面反映区域发展条件与部门发展要求之间的关系，以便合理安排部门生产活动。在部门区划中，农业区划是开展较早的一类区划。早在 1956 年，中共中央就颁布了《1956 年到 1967 年全国农业发展纲要（修正草案）》，将全国划分为三大农业区，分别是黄河、秦岭、白龙江、黄河（青海境内）以北地区，黄河以南、淮河以北地区，以及淮河、秦岭、白龙江以南地区，并对以上三类地区 1956—1967 年应达到的粮食平均亩产量提出了目标要求。20 世纪 80 年代初，周立三主持编制的《全国综合农业区划》（周立三，1981），将全国划分为 10 个一级农业区和 38 个二级农业区，其中 10 个一级区分别是东北区、内蒙古长城沿线区、黄淮海区、黄土高原区、长江中下游区、西南区、华南区、甘新区、青藏区和海洋水产区。以上研究成果不仅推动了全国农业区划工作的深入开展，对于指导全国各地因地制宜地发展农业生产也发挥了重要作用。2015年，农业部、国家发改委等多个部门联合发布了《全国农业可持续发展规划（2015—2030年）》，将全国划分为优化发展区、适度发展区和保护发展区三类区域。其中，优化发展区包括东北区、黄淮海区、长江中下游区和华南区，适度发展区包括西北及长城沿线区、西南区，保护发展区包括青藏区和海洋渔业区。这一规划已经成为指导我国农业生产布局，安排重大农业项目的依据。除了农业区划，其他一些行业也开展了区划工作。例如，20世纪80年代，煤炭工业管理部门从区域之间煤炭供需平衡和运输调配的角度出发，以省级行政区为单位，将全国划分为东部煤炭调入区带、中部煤炭供给区带和西部煤炭后备区带，三个区带又进一步细分为东北规划区、华东规划区、京津冀规划区、中南规划区、晋陕蒙规划区、西南规划区和新甘宁青规划区。2009年，国家发展与改革委员会从促进煤炭资源整合、培育大型矿业集团、提高产业集中度等角度出发，编制了全国大型煤炭基地规划，将全国煤炭资源富集区划分为13个大型煤炭基地，2014年又增加了新疆基地，作为今后开发的重点区域。对于每个煤炭规划区和大型煤炭基地，管理部门分别从资源开发、综合利用、煤炭运输、环境保护等多个方面提出了有针对性的管理要求。

（三）经济区划

所谓经济区划，就是根据一定时期内国家的经济社会发展目标和任务分工，在综合考虑区域差异性和互补性的基础上，对全部经济活动进行的空间划分。划分后，同一经济区内一般具有比较密切的经济联系和完整的产业体系，并在全国产业分工格局中具有一定地位。自20世纪50年代以来，我国已经进行了多次经济区划调整。1958年，为了更好地实施计划经济体制，同时改变生产力布局的不平衡状态，中央决定在全国成立7个经济协作区，以便相关省、市、自治区互通情报，交流经验，互相协作，共同发展。7个经济协作区分别是东北经济协作区、华北经济协作区、西北经济协作区、华东经济协作区、华中经济协作区、华南经济协作区和西南经济协作区。随后，1961年又将华中区与华南区合并成中南区，从而将全国划分为六大经济协作区，分别是东北区、华北区、华东区、中南区、西南区和西北区，各大经济协作区均设有中央局和大区计委，负责协调大区内各省、市、自治区之间的经济关系，并组织各种经济协作。1966年“文化大革命”开始后，各大协作区相继被撤销。“七五”期间，中央提出将全国划分为三大地带，分别是东部沿海地带（包括12个省、市、自治区）、中部地带（包括9个省、自治区）和西部地带（包括 9 个省、自治区）。划分三大地带的目的在于科学处理发展水平处于不同梯度的地区之间的关系，充分发挥不同地区之间的比较优势，并加强相互之间的经济联系。在三大地带划分的基础上，国家分别从发展目标、主要任务和政策措施等几个方面提出了具体要求。“九五”期间，中央提出要“按照市场经济规律和经济内在联系以及地理自然特点，突破行政区划界限，在已有经济布局的基础上，以中心城市和交通要道为依托，逐步形成 7 个跨省区市的经济区域。”这 7 个跨省区的经济区域分别是长江三角洲及沿江地区、环渤海地区、东南沿海地区、西南和华南部分省区、东北地区、中部五省地区以及西北地区。“十一五”期间，中央又正式提出了区域发展总体战略，将全国划分为“四大板块”，即东北地区、东部地区、中部地区和西部地区，并确定了每个板块的发展战略，分别是推进西部大开发，振兴东北地区等老工业基地，促进中部地区崛起和鼓励东部地区率先发展。尽管我国的经济区划一直随着社会经济发展格局和国家发展战略的变化而调整，但始终是我国制定区域政策、布局重大项目和安排基础设施建设的重要依据。

（四）综合区划

无论是自然区划、部门区划还是经济区划，划分依据和服务对象都比较单一。随着自然系统中人类活动的加强，统筹考虑社会、经济、资源、环境等多方面因素，从多目标出发编制综合性区划，进行多维度综合管理的要求日益迫切。从国外的规划实践来看，对全部国土进行综合规划分区已经成为一个发展趋势。作为一个具有管制传统的国家，我国从 1985 年起就开始组织编制全国国土规划纲要，并于 1990 年编制完成《全国国土总体规划纲要（草案）》。然而，由于多种原因，这一规划并没有正式颁布。地方各省市也开展了本行政区的国土规划编制工作，但大部分没有得到批准。从《全国国土总体规划纲要（草案）》的编制内容来看，包括产业布局、人口城市化和城市格局、土地利用与整治、水资源的利用、大江大河的治理、农业的发展与布局、海洋开发和保护、环境保护、综合开发的重点地区等国土开发方方面面的内容，是一个典型的综合性空间规划。随后，受国务院机构改革等因素影响，我国的国土规划工作基本处于停滞状态。从 2010 年开始，国土资源部又牵头开展了一轮全国国土规划纲要编制工作。本次国土规划以水资源、环境容量、优质耕地、近海海域和地质环境安全等多方面的资源环境承载能力分析为基础，提出了未来 20 年我国国土空间开发的总体方针、基本原则和战略目标。

除国土规划外，我国的综合性空间规划并不多，其中比较有代表性的是城镇体系规划和主体功能区规划。其中，城镇体系规划是我国的法定规划。根据《中华人民共和国城乡规划法》，我国的城镇体系规划分为全国城镇体系规划和省域城镇体系规划两级。但是，2006 年开始实施的《城市规划编制办法》规定，城市总体规划应包括市域城镇体系规划和中心城区规划。因此，实际上我国的城镇体系规划共分为国家级、省级和市级，已经形成了一个自上而下密切衔接的体系。城镇体系规划在内容上虽然偏重于城镇建设，却涉及多个方面的内容，事实上属于综合性空间规划的范畴。例如，《全国城镇体系规划（2006—2020 年）》提出要："按照循序渐进、节约土地、节约资源、保护环境、集约发展、合理布局的原则，在空间上落实和协调国家发展的各项要求，明确城镇发展目标、发展战略，明确国家城镇空间布局和调控重点，转变城镇发展模式，提高资源配置效率，提高城镇综合承载能力，促进城镇化健康发展。"据此，规划提出了"一带七轴"的城镇空间格局。其中，"一带"是指沿海城镇带，"七轴"是指七条依托国家主要交通轴形成的城镇联系通道。此外，规划还提出了我国的城镇空间发展策略，识别了具有全国意义的城镇群、都市经济区和产业集聚区。根据《中华人民共和国城乡规划法》的规定，省域城镇体系规划的内容包括：城镇空间布局和规模控制，重大基础设施的布局，为保护生态环境、资源等需要严格控制的区域。根据《城市规划编制办法》，市域城镇体系规划的内容包括：确定生态环境、土地和水资源、能源、自然和历史文化遗产等方面的保护与利用的综合目标和要求，提出空间管制原则和措施；确定各城镇人口规模、职能分工、空间布局和建设标准；确定市域交通发展策略。由此可见，不管是我国哪级的城镇体系规划，都涉及了社会、经济、环境等多个方面的内容。

迄今我国综合性最强的空间规划是 2010 年 12 月国务院颁布的《全国主体功能区规划》以及随后各省、市、自治区编制的省级主体功能区规划。主体功能区规划是我国特有的一类空间规划，其出发点是构建高效、协调、可持续的国土空间开发格局。规划依据是不同区域的资源环境承载能力、现有开发密度和发展潜力。在此基础上，再统筹谋划未来人口分布、经济布局、国土利用和城镇化格局。主体功能区规划将国土空间划分为优化开发、重点开发、限制开发和禁止开发四类区域。其主要目的是引导人口分布、经济布局与资源环境承载能力相适应，促进形成人口、经济、资源环境相协调的国土空间开发格局。可见，该类规划是较为典型的综合区划，中央也多次强调了《全国主体功能区规划》在空间规划体系中的战略性、基础性和约束性地位。主体功能区规划目前已经成为我国对国土空间进行综合管制的主要依据，在空间规划体系中居于统领地位。

二、我国的空间环境管制实践

我国国土空间辽阔，地势自西向东呈三阶梯状分布；地形复杂多样，平原、高原、山地、丘陵、盆地五种地形齐备；气候差异明显，既有热带、亚热带和温带季风气候，也有温带大陆性、高原山地和海洋性气候；植被类型丰富，有森林、灌丛、草原、草甸、荒漠和草本沼泽等多种植被类型。不同地区除了自然条件差异巨大外，社会经济发展也很不平衡。东部一些地区已经达到了发达国家的经济发展水平，产业结构正在向轻型化和高技术化方向转变，但中西部地区还存在大量贫困人口，资源开发和重化工业发展方兴未艾。以上差异决定了不同地区的功能定位、发展诉求和环境保护任务也各不相同。因此，空间环境管制必须统筹考虑区域社会、经济、环境特点，并结合国家的总体战略目标来实施。在此，为了不使讨论的议题过于泛化，重点分析与资源环境保护直接相关的管制区划，并按照作用范围将其分为宏观、中观和微观三个尺度。

（一）宏观尺度的空间环境管制

宏观尺度的空间环境管制，主要是指在全国或省级尺度上开展的，与环境保护工作密切相关的区划及其管理活动，这类管制往往与国家生态安全和环境保护工作全局具有直接关系，主要是由国家发展改革委、国土资源部、环境保护部、水利部等部门主导。具体而言，主要有主体功能区规划、国土规划、生态功能区划、水土保持区（规）划等。

1. 主体功能区规划

2005 年 10 月 11 日中国共产党第十六届中央委员会第五次全体会议通过了《中共中央关于制定“十一五”规划的建议》，其中提出：“各地区要根据资源环境承载能力和发展潜力，按照优化开发、重点开发、限制开发和禁止开发的不同要求，明确不同区域的功能定位，并制定相应的政策和评价指标，逐步形成各具特色的区域发展格局。”随后，2006 年 3 月 14 日第十届全国人民代表大会第四次会议批准的《中华人民共和国国民经济和社会发展第十一个五年规划纲要》第二十章专门提出了“推进形成主体功能区”的要求。2007 年 10 月中国共产党第十七次全国代表大会报告把“主体功能区布局基本形成”作为 2020 年实现全面建成小康社会宏伟目标的一项新要求，提出要“加强国土规划，按照形成主体功能区的要求，完善区域政策，调整经济布局”。按照党中央、国务院的要求，国家发展改革委从 2006 年 8 月开始组织编制《全国主体功能区规划》，历经 4 年多的时间编制完成，于 2010 年 12 月 21 日由国务院正式颁布。

《全国主体功能区规划》的规划范围为全国陆地国土空间、内水和领海（不包括港澳台地区），分区依据是不同区域的资源环境承载能力、现有开发密度和发展潜力。在此基础上，再统筹谋划未来人口分布、经济布局、国土利用和城镇化格局，将国土空间划分为优化开发、重点开发、限制开发和禁止开发四类主体功能区域。《全国主体功能区规划》的主要目的是引导人口分布、经济布局与资源环境承载能力相适应，促进形成人口、经济、资源环境相协调的国土空间开发格局。规划发布后，2011 年 3 月《国民经济和社会发展第十二个五年规划纲要》正式将其提升为一项新的国家战略，2013 年中国共产党十八届三中全会提出要“坚定不移实施主体功能区制度”。2016 年 3 月《国民经济和社会发展第十三个五年规划纲要》提出要以主体功能区规划为基础统筹各类空间性规划，推进“多规合一”。《全国主体功能区规划》确定了我国国土空间开发与保护的基本格局，明确了我国的城市化战略格局、农业战略格局和生态安全战略格局，已经成为我国国土空间开发的战略性、基础性和约束性规划，是编制国民经济和社会发展总体规划、区域规划、城市规划等骨干性规划的基本依据，在空间规划体系中居于统领地位。

主体功能区规划分为国家级和省级两级。《全国主体功能区规划》仅对具有国家战略意义的重要区域做出功能规定，对于没有覆盖的区域，由各省、自治区、直辖市人民政府通过编制省级主体功能区规划来进一步明确其功能属性。通过国家和省级两级主体功能区规划，我国全部陆地国土面积的功能属性均已限定。

根据《全国主体功能区规划》，优化开发区域是指经济比较发达、人口比较密集、开发强度较高、资源环境问题更加突出，从而应该优化进行工业化城镇化开发的城市化地区。重点开发区域是有一定经济基础、资源环境承载能力较强、发展潜力较大、集聚人口和经济的条件较好，从而应该重点进行工业化城镇化开发的城市化地区。限制开发区域分为两类：一类是农产品主产区，即耕地较多、农业发展条件较好，尽管也适宜工业化城镇化开发，但从保障国家农产品安全以及中华民族永续发展的需要出发，必须把增强农业综合生产能力作为发展的首要任务，从而应该限制进行大规模高强度工业化城镇化开发的地区；另一类是重点生态功能区，即生态系统脆弱或生态功能重要，资源环境承载能力较低，不具备大规模高强度工业化城镇化开发的条件，必须把增强生态产品生产能力作为首要任务，从而应该限制进行大规模高强度工业化城镇化开发的地区。禁止开发区域是依法设立的各级各类自然文化资源保护区域，以及其他禁止进行工业化城镇化开发、需要特殊保护的重点生态功能区。在区域划分的基础上，《全国主体功能区规划》对以上四类区域的功能定位、发展方向和重点建设（保护）要求都做出了明确规定（表 5-1）。

表 5-1　国家层面的主体功能区域

<table>
<tr><th>区域类型</th><th>主体功能</th><th>范围</th><th>战略格局</th></tr>
<tr><td>优化开发区域</td><td rowspan="2">提供工业品和服务产品</td><td>环渤海地区（包括京津冀、辽中南和山东半岛）、长江三角洲地区、珠江三角洲地区，共 5 个区域</td><td rowspan="2">“两横三纵”城镇化战略格局</td></tr>
<tr><td>重点开发区域</td><td>冀中南地区、太原城市群、呼包鄂榆地区、哈长地区、东陇海地区、江淮地区、海峡西岸经济区、中原经济区、长江中游地区、北部湾地区、成渝地区、黔中地区、滇中地区、藏中南地区、关中—天水地区、兰州—西宁地区、宁夏沿黄经济区、天山北坡地区，共 18 个区域</td></tr>
<tr><td rowspan="2">限制开发区域</td><td>提供农产品</td><td>东北平原主产区、黄淮海平原主产区、长江流域主产区、汾渭平原主产区、河套灌区主产区、华南主产区、甘肃新疆主产区，共 7 个主产区和 23 个产业带</td><td>“七区二十三带”农业战略格局</td></tr>
<tr><td rowspan="2">提供生态产品</td><td>大小兴安岭森林生态功能区、黄土高原丘陵沟壑水土保持生态功能区、塔里木河荒漠化防治生态功能区、川滇森林及生物多样性生态功能区等，共 25 个重点生态功能区</td><td>“两屏三带”生态安全战略格局</td></tr>
<tr><td>禁止开发区域</td><td>包括国家级自然保护区、世界文化自然遗产、国家级风景名胜区、国家森林公园、国家地质公园，共 5 类区域，共 1 443 处</td><td></td></tr>
</table>

在《全国主体功能区规划》中，重点生态功能区和禁止开发区域是环境管制的重点。国家重点生态功能区分为水源涵养型、水土保持型、防风固沙型和生物多样性维护型四种，共 25 个地区，总面积约 386 万 km^2，占全国陆地国土面积的 40.2%。国家层面的禁止开发区域包括国家级自然保护区、世界文化自然遗产、国家级风景

名胜区、国家森林公园和国家地质公园，共 1 443 处，总面积约 120 万 km^2，占全国陆地国土面积的 12.5%。以上两类功能区面积占到我国陆地国土面积的 50%以上，基本涵盖了最具生态保护价值的区域，也是环境保护工作应该重点关注的区域。这项工作的开展，对于我国从国土开发布局层面保护生态环境具有非常重要的意义。2015 年 7 月，环境保护部和国家发展改革委联合发布了《关于贯彻实施国家主体功能区环境政策的若干意见》（环发〔2015〕92 号），从环境质量标准、产业准入标准、考评机制等多个方面提出了四类主体功能区域的配套环境政策。

目前，国家和省级主体功能区规划已经成为各级政府制定区域发展规划和重大生产力布局的依据，也是环境保护工作的重要依据，特别是已经成为编制环境保护规划和实施建设项目环境准入的重要依据。

2015 年 8 月 1 日，国务院颁布了《全国海洋主体功能区规划》，规划范围为我国内水和领海、专属经济区和大陆架及其他管辖海域（不包括港澳台地区）。海洋主体功能区也分为优化开发、重点开发、限制开发和禁止开发四类。其中，限制开发区域是指以提供海洋水产品为主要功能的海域，包括用于保护海洋渔业资源和海洋生态功能的海域。禁止开发区域是指对维护海洋生物多样性、保护典型海洋生态系统具有重要作用的海域，包括海洋自然保护区、领海基点所在岛屿等。《全国海洋主体功能区规划》是《全国主体功能区规划》的重要组成部分，是海洋空间开发的基础性和约束性规划，也是对海洋进行空间环境管制的基本依据。

2．国土规划

2017 年 1 月 3 日，国务院印发了《全国国土规划纲要（2016—2030 年）》，这是继《全国主体功能区规划》之后的又一综合性空间规划。2010 年《全国主体功能区规划》发布时，国务院在批复中将其定位为战略性、基础性和约束性规划。然而，国务院在《全国国土规划纲要（2016—2030 年）》的批复中却并没有对其性质做出说明，只是要求各地和各部门贯彻执行。“导言”中对此的说法是：“对涉及国土空间开发、保护、整治的各类活动具有指导和管控作用，对相关国土空间专项规划具有引领和协调作用，是战略性、综合性、基础性规划。”与《全国主体功能区规划》相比突出了“综合性”，没有强调“约束性”。由于《全国主体功能区规划》发布在前，并且已经成为各类政策制定的依据，因此在国土开发与保护格局方面，《全国国土规划纲要（2016—2030 年）》基本上继承了《全国主体功能区规划》的构想。

《全国国土规划纲要（2016—2030年）》在内容上涉及城镇建设、生态保护、土地整治、海洋开发等多个方面；在指导思想上，增加了近年来中央提出的生态文明、绿色发展、新型城镇化、“一带一路”等理念和战略。具体而言，《全国国土规划纲要（2016—2030 年）》除了重申《全国主体功能区规划》提出的城市化战略格局、农业战略格局和生态安全战略格局外，在内容上进行了适度扩展。在国土开发格局方面，提出要构建多中心网络型开发格局。所谓“多中心”，基本上就是《全国主体功能区》规划确定的城市群地区。对于全国性开发轴线，则增加了丝绸之路经济带、长江经济带、京九轴带、沪昆轴带等新的发展轴。在农业开发格局方面，主要是增加了畜牧产品优势区和水产品优势区等内容。此外，《全国国土规划纲要（2016—2030 年）》还对煤炭、电力、钢铁、有色等重点产业布局做出了部署。在生态保护格局方面，《全国国土规划纲要（2016—2030年）》提出按照环境质量、人居生态、自然生态、水资源和耕地资源五大类资源环境主题，区分保护、维护、修复3个级别，将陆域国土划分为16类保护地区，实施全域分类保护，构建“五类三级”国土全域保护格局。《全国国土规划纲要（2016—2030年）》还提出要推进形成“四区一带”国土综合整治格局，也就是说要以主要城市化地区、农村地区、重点生态功能区、矿产资源开发集中区及海岸带和海岛地区为重点开展国土综合整治。此外，《全国国土规划纲要（2016—2030年）》还对区域一体化、基础设施建设、水资源配置、防灾减灾等提出了原则性要求。

3．生态功能区划

自20世纪80年代初改革开放以来，长期粗放的经济发展模式，造成了严重的生态破坏和环境污染。特别是大江大河源头和重要生态功能区生态破坏严重，生物多样性锐减，国家生态安全受到威胁。在此背景下，国务院于2000年11月颁布了《全国生态环境保护纲要》，其中提出：“各地要抓紧编制生态功能区划，指导自然资源开发和产业合理布局，推动经济社会与生态环境保护协调、健康发展。制定重大经济技术政策、社会发展规划、经济发展计划时，应依据生态功能区划，充分考虑生态环境影响问题。”在这一文件中，国务院把生态功能区划视作经济社会发展与生态环境保护综合决策机制的重要组成部分。也就是说，要通过划定生态功能区，为自然资源开发和产业布局提供空间指导或空间边界，使重大开发活动尽量避让重要生态功能区，或者不与区域主导生态功能相冲突，从而起到在决策源头防治环境问题的作用。

2001 年开始，国家环境保护总局会同有关部门组织开展了全国生态现状调查。在生态现状调查的基础上，中国科学院以甘肃省为试点开展了省级生态功能区划研究，并编制了《全国生态功能区划规程》。2002 年 8 月，国家环境保护总局会同国务院西部开发办公室联合下发了《关于开展生态功能区划工作的通知》，启动了西部 12 个省、自治区、直辖市和新疆生产建设兵团的生态功能区划编制工作。2003 年 8 月，中东部地区开始了生态功能区划的编制。截至 2004 年，我国内地 31 个省、自治区、直辖市和新疆生产建设兵团全部完成了生态功能区划编制工作。在此基础上，中国科学院综合运用新中国成立以来自然区划、农业区划、气象区划，以及生态系统及其服务功能研究成果，于 2005 年汇总完成了《全国生态功能区划》初稿。之后，经过多次修改完善，并征求国务院有关部门和各省、自治区和直辖市的意见后，环境保护部和中国科学院于 2008 年 7 月联合对外发布了《全国生态功能区划》。

与《全国主体功能区规划》类似，《全国生态功能区划》的范围也是我国内地 31 个省级行政区（不包括港澳台），在层级上也分为国家级和省级。《全国生态功能区划》是从国家宏观管理需要出发进行的大尺度空间划分，省级生态功能区划在与全国生态功能区划衔接的基础上，定位于更能满足省域经济社会发展和生态保护工作的微观管理需要。后来，很多地级市甚至县域也开展了生态功能区划工作，目前全国已经形成了具有多个层级的生态功能区划体系。总体来看，生态功能区划无论是从工作的广度和深度来说，还是从服务管理的角度来说，都是迄今为止比较成功的部门自然区划。

《全国生态功能区划》（2008 年版）在生态调查的基础上，基于生态系统空间特征分析、生态敏感性评价、生态系统服务功能及其重要性评价，根据主导生态功能将全部陆地国土（不包括港澳台）划分为三个等级不同类型的生态功能区。一级区的主导生态服务功能分为生态调节、产品提供与人居保障 3 类，共 31 个区；二级区在一级区的基础上依据生态功能重要性进一步划分，共 9 类 67 个。其中，生态调节功能分为水源涵养、土壤保持、防风固沙、生物多样性保护和洪水调蓄 5 类；产品提供功能分为农产品提供和林产品提供两类；人居保障功能主要指大都市群和重点城镇群。生态功能三级区在二级区的基础上，按照生态系统与生态功能的空间分异特征、地形差异、土地利用组合进一步划分，共 216 个。在分区的基础上，《全国生态功能区划》指出了各类生态功能区面临的主要生态问题，并指出了生态保护方向，涉及生态建设、产业准入、污染治理等多个方面。此外，《全国生态功能区划》还根据各生态功能区对保障国家生态安全的重要性，以水源涵养、土壤保持、防风固沙、生物多样性保护和洪水调蓄 5 类主导生态调节功能为基础，确定了 50 个重要生态服务功能区域。2015 年，环境保护部和中国科学院以 2014 年完成的全国生态环境十年变化（2000—2010 年）调查与评估为基础，对《全国生态功能区划》进行了修编，发布了《全国生态功能区划》（修编版），将三级生态功能区的数量由 216 个调整为 242 个（表 5-2）；将重要生态功能区的数量由 50 个增加到 63 个。

表 5-2　全国生态功能区划体系

一级区（3 类）	二级区（9 类）	面积/万 km^2	面积比例/%	三级区举例（242 个）
生态调节	水源涵养（47）	256.85	26.86	米仓山—大巴山水源涵养功能区
	防风固沙（30）	198.95	20.80	科尔沁沙地防风固沙功能区
	土壤保持（20）	61.40	6.42	陕北黄土丘陵沟壑土壤保持功能区
	生物多样性保护（43）	220.84	23.09	小兴安岭生物多样性保护功能区
	洪水调蓄（8）	4.89	0.51	皖江湿地洪水调蓄功能区
产品提供	农产品提供（58）	180.57	18.88	三江平原农产品提供功能区
	林产品提供（5）	10.90	1.14	小兴安岭山地林产品提供功能区
人居保障	大都市群（3）	10.84	1.13	长三角大都市群
	重点城镇群（28）	11.04	1.15	武汉城镇群

《全国生态功能区划》发布后，对于指导资源开发、经济结构调整和产业布局、生态环境保护和建设等工作发挥了重要作用，也是发改、国土、水利、环保等部门制定规划、审批项目的重要依据。不足之处在于，《全国生态功能区划》只是提出了各类生态功能区保护和建设的指导性和方向性要求，并没有配套具体的产业准入控制要求，因而对于生态保护和建设的指导性较强，对于开发活动的约束力偏弱。在以 GDP 为导向的政府绩效考核机制下，事实上仍然有很多与区域主导生态功能严重冲突的项目得以上马建设。例如，西部地区很多煤电、煤化工项目，甚至煤电基地都建在了防风固沙和水土保持生态功能区内。这些开发行为不仅直接与区域主导生态功能相冲突，大量消耗水资源更是对主导生态功能具有潜在的破坏性影响。

4．全国水土保持区（规）划

2012 年 12 月，水利部印发了《全国水土保持区划（试行）》，用以指导全国的水土保持工作。该区划采用三级分区体系，一级区为总体格局区，主要用于确定全国水土保持工作战略部署与水土流失防治方略，反映水土资源保护、开发和合理利用的总体格局，体现水土流失的自然条件（地势—构造和水热条件）及水土流失成因的区内相对一致性和区间最大差异性，如北方风沙区（新甘蒙高原盆地区）、北方土石山区（北方山地丘陵区）等；二级区为区域协调区，主要用于确定区域水土保持总体布局和防治途径，主要反映区域特定优势地貌特征、水土流失特点、植被区带分布特征等的区内相对一致性和区间最大差异性，如燕山及辽西山地丘陵区、泰沂及胶东山地丘陵区等；三级区为基本功能区，主要用于确定水土流失防治途径及技术体系，作为重点项目布局和规划的基础。如燕山山地丘陵水源涵养生态维护区、太行山西北部山地丘陵防沙水源涵养区等。根据以上分区体系，共将全国划分为 8 个一级区、40 个二级区、115 个三级区。水利部要求各省（自治区、直辖市）水行政主管部门在《全国水土保持区划（试行）》的基础上，进一步组织开展省级水土保持区划。总体来看，《全国水土保持区划（试行）》充分借鉴了《全国生态功能区划》和《全国主体功能区规划》的特点，对水土保持工作专门进行了空间管制安排，对于指导各省、市、自治区的水土保持工作具有较强的指导意义。

在水土保持区划的基础上，水利部还会同国家发展改革委、财政部、国土资源部、环境保护部、农业部、林业局等部门，组织编制了《全国水土保持规划（2015—2030 年）》，并于 2015 年 10 月得到国务院批复，成为今后各地区、各部门开展水土流失防治工作的重要依据。《全国水土保持规划（2015—2030 年）》以全国水土保持区划为基础，提出了我国预防和治理水土流失、保护和合理利用水土资源的总体方略、主要布局、目标任务、重点项目和对策措施。除全国水土保持区划提出的水土保持布局外，《全国水土保持规划（2015—2030 年）》还在全国识别了 23 个国家级水土流失重点预防区，涉及 460 个县级行政单元，重点预防面积 43.92 万 km^2；17 个国家级水土流失重点治理区，涉及 631 个县级行政单元，重点治理面积 49.44 万 km^2。基于以上划分，以最亟须保护、最需要治理的区域为重点，拟定了一批重点预防和重点治理项目，并提出要构建和完善水土保持政策与制度体系，重点建立规划管理、工程建设管理、生产建设项目监督管理、监测评价等一系列制度。

5．水功能区划

从 1999 年开始，水利部就组织各流域管理机构和全国各省区开展水功能区划工作；2002 年 3 月编制完成了《中国水功能区划（试行）》，并在全国范围内试行。

2001年10月—2008年8月，全国31个省、自治区、直辖市（不包括港澳台）人民政府先后批复并实施了本辖区的水功能区划。2010年，在各省区批复的水功能区划的基础上，水利部会同国家发展和改革委、环境保护部核定完成了《全国重要江河湖泊水功能区划（2011—2030年）》，并于2011年12月得到国务院批复。全国重要江河湖泊水功能区在全国31个省、自治区、直辖市（不包括港澳台）人民政府批复的辖区水功能区划的基础上，按照下列原则选定：一是国家重要江河干流及其主要支流的水功能区；二是重要的涉水国家级及省级自然保护区、国际重要湿地和重要的国家级水产种质资源保护区、跨流域调水水源地及重要饮用水水源地的水功能区；三是国家重点湖库水域的水功能区，主要包括对区域生态保护和水资源开发利用具有重要意义的湖泊和水库水域的水功能区；四是主要省际边界水域、重要河口水域等协调省际用水关系以及内陆与海洋水域功能关系的水功能区。

全国重要江河湖泊水功能区划共分两级，一级区划旨在从宏观上调整水资源开发利用与保护的关系，协调地区间用水关系，分为保护区、保留区、开发利用区、缓冲区四类；二级区划将一级区划中的开发利用区细化为饮用水水源区、工业用水区、农业用水区、渔业用水区、景观娱乐用水区、过渡区、排污控制区七类，主要协调不同用水行业间的关系。根据核定结果，全国重要江河湖泊一级水功能区共2 888个，区划河长17.8万km，区划湖库面积4.3万km^2。其中，保护区618个，保留区679个，缓冲区458个，开发利用区1 133个。二级区划进一步将1 133个开发利用区划分为2 738个二级水功能区，区划长度7.2万km，区划面积6 792 km^2。在全国重要江河湖泊水功能区划的基础上，结合水资源开发利用和水质现状，确定了各个水功能区到2030年应达到的水质目标。

水既是生产要素，也是环境要素，因此水功能区划兼有部门区划和自然区划的属性。由于水功能区划的主要目的是改善水环境质量，因此是空间环境管制的重要手段。鉴于《中华人民共和国水法》第三十二条对水功能区划工作做出了明确规定，因此水功能区划是我国的一项法定区划。从目前来看，我国的水功能区划已经形成国家、省和市县等多个层级，成为水资源配置和水环境保护的重要依据。

6．生态脆弱区规划

生态脆弱区也称生态交错区（ecotone），是指两种不同类型生态系统的交界过渡区域。这类区域具有系统抗干扰能力弱、对全球气候变化敏感、时空波动性强、边缘效应显著、环境异质性高等特点，需要重点保护。为此，2008 年 9 月，环境保护部印发了《全国生态脆弱区保护规划纲要》，在全国确定了八大生态脆弱区，分别是东北林草交错生态脆弱区、北方农牧交错生态脆弱区、西北荒漠绿洲交接生态脆弱区、南方红壤丘陵山地生态脆弱区、西南岩溶山地石漠化生态脆弱区、西南山地农牧交错生态脆弱区、青藏高原复合侵蚀生态脆弱区以及沿海水陆交接带生态脆弱区。在此基础上，分析了生态脆弱区存在的主要问题和成因，并提出了规划目标和主要任务。在主要任务部分，对八大生态错弱区中 19 个重点区域提出了分区规划建设要求，包括生态建设、产业准入、环境监管等。从目前来看，该规划提出后，由于缺乏后续行动和配套政策，影响力非常有限。

7. 中国生物多样性保护行动计划

《生物多样性公约》规定，政府承担保护和可持续利用生物多样性的义务，必须制定并及时更新生物多样性战略和行动计划，并将其纳入环境保护和发展计划中。我国作为《生物多样性公约》的缔约国，1994 年由国家环境保护局会同相关部门制定并发布了《中国生物多样性保护行动计划》。截至 2010 年，该行动计划确定的七大目标已基本实现，26 项优先行动也大部分已完成。根据公约要求，需要及时更新生物多样性保护行动计划。在此背景下，环境保护部会同 20 多个部门和单位编制了《中国生物多样性保护战略与行动计划(2011—2030 年)》，并于 2010 年 9 月 15 日经国务院常委会审议通过。随后，环境保护部正式将其印发各省、自治区、直辖市和各有关部门，要求认真落实行动计划，做好生物多样性保护与管理工作。

在空间环境管制方面，《中国生物多样性保护战略与行动计划（2011—2030 年）》在综合考虑生态系统类型的代表性、特有程度、特殊生态功能，以及物种的丰富程度、珍稀濒危程度、受威胁因素、地区代表性、经济用途、科学研究价值、分布数据的可获得性等因素的基础上，在全国划定了 35 个生物多样性保护优先区域，包括大兴安岭区、三江平原区、祁连山区、秦岭区、塔里木河流域区等 32 个内陆陆地及水域生物多样性保护优先区域，以及黄渤海保护区域、东海及台湾海峡保护区域和南海保护区域等 3 个海洋与海岸生物多样性保护优先区域。在生物多样性保护优先区域划定的基础上，确定了各个区域的保护重点和主要举措。此外，该计划还确定了生物多样性保护的 10 个优先领域、30 个优先行动和 39 个优先项目，并提出了期限要求。由于内容具体、任务明确，《中国生物多样性保护战略与行动计划（2011—2030 年）》对于推进我国的生物多样性保护工作，特别是推进生物多样性优先区域的保护工作具有很强的指导作用。

8．环境功能区划

2009年环境保护部启动了“国家环境功能区划编制与试点研究”项目，旨在探索以环境功能区划为基础的“分类指导、分区管理”环境管理体系。2011年《国务院关于加强环境保护重点工作的意见》（国发〔2011〕35号）正式以国务院的名义对外提出了编制环境功能区划的要求。2012年，环境保护部联合发展改革委、国土资源部、水利部等部门，研究提出了《全国环境功能区划（大纲）》，制定了《环境功能区划编制技术指南》，将环境功能区定义为：“依据社会经济发展需要和不同地区在环境结构、环境状态和使用功能上的分异规律划定的区域，区域内执行相应的环境管理要求。”在具体分区上，根据环境保障自然生态安全和维护人群环境健康两方面的基本功能，拟将我国国土空间划分为五类环境功能区：从保障自然生态安全角度出发划分出自然生态保留区和生态功能调节区，从维护人群环境健康角度出发划分出食物安全保障区、聚居发展维护区和资源开发引导区。在此基础上，根据环境功能体现形式的差异或环境管理要求的差异，再将各类环境功能区进一步划分为若干亚类。具体而言，自然生态保留区可进一步划分为自然文化资源保护区和保留引导区；生态功能调节区可进一步划分为水源涵养区、水土保持区、防风固沙区和生物多样性维护区；食物安全保障区可进一步划分为粮食环境安全保障区、畜产品环境安全保障区和近海水产环境安全保障区；聚居发展维护区可进一步划分为聚居环境优化区、聚居环境维持区和聚居环境治理区；资源开发引导区则不再划分亚类。

《全国环境功能区划（大纲）》和《环境功能区划编制技术指南》颁布后，先后在浙江、河南、青海等13个省（区）开展了编制试点。2015年环境保护部和国家发展改革委联合发布的《关于贯彻实施国家主体功能区环境政策的若干意见》（环发〔2015〕92号）提出：“以全国主体功能区规划为依据，编制环境功能区划，实施分区管理、分类指导。明确不同区域的环境功能定位，以及分区的水、大气、土壤、生态、噪声和核与辐射等环境质量要求，制定相应的污染物总量控制要求、环境风险防范要求、自然生态保护要求和产业准入标准，提出分区生态保护、污染控制、环境监管等管控导则。”从以上表述可以看出，环境功能区划可能是全国主体功能区规划的进一步延伸，也是一类具有全国意义的宏观空间管制规划。从目前来看，一些市、县也开展了环境功能区划工作。由于该类规划目前还处于编制阶段，因而对于实施后能够发挥多大作用尚需进一步观察。

（二）中观尺度的空间环境管制

所谓中观尺度的空间环境管制，是指具有区域生态环境保护意义的空间管制。这类管制区域既不像主体功能区和生态功能区那样具有全局性、系统性和统领性功能，也不像具体城镇或农村中的管制区域那样微观和破碎。具体而言，这类区域就是主体功能区规划中专门指出的以自然保护区、风景名胜区、森林公园、地质公园、世界文化和自然遗产等为代表的禁止类开发区域。在以上几类区域中，世界文化和自然遗产中的文化遗产与环境保护并无直接关系，但考虑到其中有相当部分是自然遗产，且《全国主体功能区规划》将其与自然保护区、风景名胜区、森林公园等并列，这里也将其作为空间环境管制的分析对象，但主要是指其中的自然遗产。中观尺度的管制区域面积差别较大，如我国最大的自然保护区西藏羌塘国家级自然保护区面积为 29.8 万 km^2，比绝大多数省级行政区的面积都要大，而最小的自然保护区面积仅几平方公里。总体而言，这类区域的面积一般都有几百平方公里，因此本书将其称为中观层次的环境管制区域。这类区域的建设始于 1949 年之后，随着环境保护法律法规和管理机构的建立健全不断加强，2000 年之后进入了一个新高潮。我国中观尺度环境管制区域的名称、保护对象、主管部门、法律依据等见表 5-3。

表 5-3　中观尺度的主要环境管制区域

序号	名称	保护对象	主管部门	法律依据
1	自然保护区	有代表性的自然生态系统、珍稀濒危野生动植物物种的天然集中分布区、有特殊意义的自然遗迹等	环保、林业、国土、农业、水利、海洋等有关行政主管部门	《中华人民共和国自然保护区条例》（1994 年）
2	风景名胜区	具有观赏、文化或者科学价值，自然景观、人文景观比较集中，环境优美，可供人们游览或者进行科学、文化活动的区域	建设行业主管部门	《风景名胜区条例》（2006 年）
3	森林公园	森林景观优美，自然景观和人文景观集中，具有一定规模，可供人们游览、休息或进行科学、文化、教育活动的场所	林业部门	《森林公园管理办法》（1993 年）

序号	名称	保护对象	主管部门	法律依据
4	地质公园	在地球演化的漫长地质历史时期，由于各种内外动力地质作用，形成、发展并遗留下来的珍贵的、不可再生的地质自然遗产	地质矿产行政主管部门	《地质遗迹保护管理规定》(1994年)
5	世界文化和自然遗产	具有突出的普遍价值的古迹、建筑群、遗址、自然景观、动物和植物生境区、天然名胜或明确划分的自然区域	文化、住建、林业等	《保护世界文化和自然遗产公约》(我国 1985 年加入)

1．自然保护区

我国自然保护区的建设历史可以追溯到 1956 年。当年 6 月，秉志、钱崇澍、杨惟义、秦仁昌、陈焕镛 5 位科学家在第一届全国人大三次会议上提出了“请政府在全国各省（区）划定天然林禁伐区，保存自然植被以供科学研究的需要”的提案并获得通过。随后，原国家林业部会同其他部门制定了《天然森林禁伐区（自然保护区）划定草案》，并在全国选定了包括鼎湖山在内的多处区域为拟划定的禁伐区（即自然保护区）。同年，我国的第一个自然保护区——鼎湖山国家级自然保护区正式建立。经过近 60 年的建设，截至 2014 年年底，我国共建立各类自然保护区 2 729 个，总面积约 147 万 km^2，占陆地国土面积的 14.84%，85%以上的国家重点保护野生动植物在自然保护区内得到了保护（王开广，2015）。根据《中华人民共和国自然保护区条例》，我国的自然保护区分国家级自然保护区和地方级自然保护区，其中地方级自然保护区可以分级管理。因此，我国的自然保护区事实上可分为国家级、省级、地市级、县级等多个层级。自然保护区在空间上一般划分为核心区、缓冲区和实验区，其中核心区禁止任何单位和个人进入，甚至未经批准也不得进入从事科学研究活动；核心区外围可以划定一定范围的缓冲区，只准进入从事科学研究观测活动；缓冲区外围可以划定实验区，准许进入从事科学试验、教学实习、参观考察、旅游以及驯化、繁殖珍稀、濒危野生动植物等活动。此外，如有必要，还可以在自然保护区的外围划定一定面积的外围保护地带。设立自然保护区的主要目的是保护有代表性的自然生态系统、珍稀濒危野生动植物物种和有特殊意义的自然遗迹，因此自然保护区是我国最严格的一类空间环境管制区域。

2．风景名胜区

我国的风景名胜区制度建立于1982年，迄今已有30多年的历史。根据2006年国务院颁布的《风景名胜区条例》，风景名胜区是指："具有观赏、文化或者科学价值，自然景观、人文景观比较集中，环境优美，可供人们游览或者进行科学、文化活动的区域。"我国的风景名胜区分国家级风景名胜区和省级风景名胜区两级，由建设主管部门统一管理。与自然保护区主要强调保护功能不同，风景名胜区的游览和娱乐功能较为突出，但也会划定禁止开发和限制开发的范围，并对一些生产活动提出限制性要求。例如，根据《风景名胜区条例》，开山、采石、开矿、开荒、修坟立碑等破坏景观、植被和地形地貌的活动是明令禁止的；改变水资源、水环境自然状态的活动，以及其他影响生态和景观的活动需要经风景名胜区管理机构审核。由于大多数风景名胜区都是自然环境优美、具有较高生态保护价值的区域，因此，通过设立风景名胜区客观上能够起到保护自然生态环境的作用。截至2012年年底，国务院共批准设立国家级风景名胜区225处，面积约10.36万km^2；各省级人民政府批准设立省级风景名胜区737处，面积约9.01万km^2。国家级和省级风景名胜区总面积19.37万km^2，占我国陆地面积的2.02%，其中40处风景名胜区被列入联合国教科文组织《世界遗产名录》（住房和城乡建设部，2012）。

3．森林公园

根据1993年林业部颁布的《森林公园管理办法》，森林公园是指森林景观优美，自然景观和人文景物集中，具有一定规模，可供人们游览、休息或进行科学、文化、教育活动的场所。我国的森林公园分为三级，分别是国家级森林公园、省级森林公园和市县级森林公园，均由林业部门统一管理。我国最早的国家森林公园是1982年建立的张家界国家森林公园。之后，森林公园建设呈现出快速增长的态势。截至2015年年底，全国共建立森林公园3 234处，规划总面积18.02万km^2。其中，国家级森林公园826处，国家级森林旅游区1处，省级森林公园1 402处，县（市）级森林公园1 005处（中国森林公园网，2016）。根据《森林公园管理办法》，森林公园内禁止毁林开垦和毁林采石、采砂、采土以及其他毁林行为，并不得在珍贵景物、重要景点和核心景区建设宾馆、招待所、疗养院和其他工程设施。与风景名胜区类似，森林公园同样重视旅游功能，重点是保护优美的自然景观，充分发挥观赏和娱乐功能。由于森林公园具有较高的景观价值和生态服务功能，因而对于保护区域生态环境具有重要作用。

4．地质公园

地质公园是以独特的地质景观为主，融合自然景观与人文景观的自然公园。1989年联合国教科文组织、国际地科联、国际地质对比计划及国际自然保护联盟在美国华盛顿成立了“全球地质及古生物遗址名录”计划，目的是选择适当的地质遗址纳入世界遗产名录。该计划于1996年改名为“地质景点计划”。1997年联合国大会通过了教科文组织提出的“促使各地具有特殊地质现象的景点形成全球性网络”计划，希望从各国（地区）推荐的地质遗产地中遴选出具有代表性、特殊性的地区纳入世界地质公园体系。1999年4月联合国教科文组织第156次常务委员会议提出了建立地质公园计划，目标是在全球建立500个世界地质公园，其中每年拟建 20 个，并确定中国为建立世界地质公园的计划试点国家之一。2004年2月，安徽黄山、江西庐山、河南云台山等8家中国国家地质公园被列入了联合国教科文组织的世界地质公园网络名录。截至2015年年底，我国共有33个地质公园入选世界地质公园名录，是世界地质公园数量最多的国家。

我国地质构造比较复杂，地质遗迹非常丰富，为了做好保护工作，原地质矿产部早在1995年就颁布了《地质遗迹保护管理规定》，其中第五条提出：“地质遗迹的保护是环境保护的一部分，应实行‘积极保护、合理开发’的原则”。第八条规定：“对具有国际、国内和区域性典型意义的地质遗迹，可建立国家级、省级、县级地质遗迹保护段、地质遗迹保护点或地质公园”。因此，我国的地质公园在管理体制上可划分为国家级、省级和县级三级。对于地质遗迹的保护级别，分为一级保护、二级保护和三级保护 3 个等级。在开发行为的管控方面，规定任何单位和个人不得在保护区内及可能对地质遗迹造成影响的一定范围内进行采石、取土、开矿、放牧、砍伐以及其他对保护对象有损害的活动；不得在保护区内修建与地质遗迹保护无关的厂房或其他建筑设施。

国土资源部在2001年4月公布了第一批共11家国家地质公园名单。截至2014年1月，共公布了7批共240家国家地质公园（新华网，2014），各地也陆续建立了一些地质公园。虽然地质公园的直接保护对象并不是生态环境，但绝大多数地质公园都具有较高的生态和旅游价值，如黑龙江五大连池国家地质公园、安徽黄山国家地质公园等。因此，通过设立地质公园，也能间接起到保护生态环境的作用。

5．世界文化和自然遗产

1972年11月，联合国教科文组织大会第17届会议在巴黎通过了《保护世界文化和自然遗产公约》(*Convention Concerning the Protection of the World Cultural and Natural Heritage*)。公约规定：各缔约国可自行确定本国领土内的文化和自然遗产，并向世界遗产委员会递交其遗产清单，由世界遗产大会审核和批准。凡是被列入世界文化和自然遗产的地点，都由其所在国家依法严格予以保护。从目前来看，世界遗产共分为自然遗产、文化遗产、自然遗产与文化遗产混合体（即双重遗产）、文化景观 4 类。我国在 1985 年加入了《保护世界文化和自然遗产公约》，成为缔约国之后，各地政府的“申遗”热情激增。截至 2015 年 7 月，我国共有 48 个项目被联合国教科文组织列入《世界遗产名录》，其中世界文化遗产 31 处，世界自然遗产 10 处，世界文化和自然遗产 4 处，世界文化景观遗产 3 处。除世界文化遗产为文物古迹外，其他大多为风景名胜区，具有较高的生态和景观价值，如泰山、黄山、九寨沟等。

6．生态保护红线

生态保护红线是继 18 亿亩耕地红线之后在国家层面提出的又一重要红线概念，是目前正在开展的一项工作。2011 年 10 月，《国务院关于加强环境保护重点工作的意见》(国发〔2011〕35 号）提出：“在重要生态功能区、陆地和海洋生态环境敏感区、脆弱区等区域划定生态红线”。这是官方首次正式提出“生态红线”的概念和划分任务。2013 年 5 月，习近平同志在中央政治局第六次集体学习时强调：“要牢固树立生态红线的观念。在生态环境保护问题上，就是要不能越雷池一步，否则就应该受到惩罚。”2013 年 11 月中共中央十八届三中全会更是把划定生态保护红线作为生态文明制度体系建设的重要内容。2014 年新修订的《中华人民共和国环境保护法》第二十九条规定：“国家在重点生态功能区、生态环境敏感区和脆弱区等区域划定生态保护红线，实行严格保护。”生态保护红线概念自 2011 年首次被官方正式提出，到 2014 年写入法律，中间仅用了三年时间，充分反映了中央高层对此项工作的重视。为推进生态保护红线划定工作，环境保护部在 2012 年提出了编制技术指南的任务，并委托环境保护部南京环境科学研究所等技术单位承担此项工作。随后，技术承担单位在研究和试点的基础上制定了《生态保护红线划定技术指南》，并于 2015 年 5 月由环境保护部正式对外发布。

根据《生态保护红线划定技术指南》，生态保护红线是指依法在重点生态功能区、生态环境敏感区和脆弱区等区域划定的严格管控边界，是国家和区域生态安全的底线。生态保护红线所包围的区域称为生态保护红线区，对于维护生态安全格局、保障生态系统功能、支撑经济社会可持续发展具有重要作用，是一条不可逾越的空间保护线，应实施最为严格的环境准入制度与管理措施。生态保护红线一旦划定，要做到性质不转换、功能不降低、面积不减少、责任不改变。综上所述，生态保护红线主要是在重点生态功能区、生态环境敏感区和脆弱区等区域划定。生态红线区在性质上与自然保护区相近，属于严格的禁止类开发区域。在实际操作中，对于生态保护红线的划定，首先要开展区域生态保护重要性评估，包括生态系统服务重要性评估和生态敏感性评估。生态系统服务重要性评估主要围绕水源涵养、水土保持、防风固沙、生物多样性维护四类生态服务功能进行，生态敏感性评估的重点则是水土流失、土地沙化和石漠化三个方面。在生态重要性评估的基础上，通过各类生态保护红线的空间叠加分析来形成生态保护红线划分建议方案。最后，通过与主体功能区规划、生态功能区划、土地利用总体规划、城乡规划等区划、规划相衔接，并经综合统筹，确定最终的生态保护红线划定方案。

生态红线这一概念的提出，在很大程度上是为了解决现有各类保护区域空间上交叉重叠严重，布局不够合理，生态保护效率不高等问题，并且生态保护红线区的性质与自然保护区等禁止开发区域相似，因此，在这里也将其归入中观层次空间环境管制区域的范畴。

（三）微观尺度的空间环境管制

微观尺度的空间环境管制，主要是在较小尺度上针对城镇建设、工农业发展和资源开发行为的空间环境管制，在实施过程中主要是给不同区域规定不同功能，并实施不同的环境标准；或者划定某些具有特殊功能的区域，对其开发和保护行为做出特殊规定。

1．土地利用总体规划中的基本农田保护和“三界四区”

土地利用总体规划、城乡规划以及国民经济和社会发展规划，一直是我国规划体系中最重要的三类规划（俗称“三规”）。这三类规划相互参照、相互配合，基本上决定了市县级行政区域的开发格局和发展方向。其中，土地利用总体规划是根据土地资源特点和社会经济发展要求，对各级行政区今后一段时期内（通常为10～15年）土地利用做出的总体安排。按照行政层级，土地利用总体规划可划分为全国、省（自治区、直辖市）、市（地）、县（市）和乡（镇）五级。其中，全国和省级土地利用总体规划的重点是确定各类型土地的规模控制指标，提出用途管制原则，明确管制政策。从市（地）级土地利用总体规划往下，对规划图件的要求逐步加强。其中，市（地）级土地利用总体规划要求划定土地利用功能区，县级和乡（镇）土地利用总体规划要求划定土地用途区，明确各类用地的空间范围。由于县级以下土地利用总体规划才真正具有落实用途管制的功能，因而这里将土地利用总体规划归入微观层次的空间管制范畴。

《中华人民共和国土地管理法》第四条明确提出，国家实行土地用途管制制度。其中，严格限制农用地转为建设用地，控制建设用地总量，对耕地实行特殊保护是土地用途管制的基本原则；通过编制土地利用总体规划，层层落实各类用地指标是实施土地用途管制的主要方式。最后，通过在县级和乡（镇）土地利用总体规划中划定基本农田保护区、一般农地区、城镇村建设用地区、独立工矿区、风景旅游用地区、生态环境安全控制区、自然与文化遗产保护区、林业用地区和牧业用地区共 9 种土地用途区，实现土地用途管制最终落地。其中，最严格的管制区域是基本农田保护区。根据《基本农田保护条例》，基本农田保护区经依法划定后，任何单位和个人不得改变或者占用。国家能源、交通、水利、军事设施等重点建设项目选址确实无法避开基本农田保护区，需要占用基本农田，涉及农用地转用或者征收土地的，必须经国务院批准。之所以要严格保护基本农田，是因为保护耕地是我国的基本国策，也是守住 18 亿亩耕地红线，确保国家粮食安全的基本举措。除基本农田保护区外，风景旅游用地区、生态环境安全控制区、自然与文化遗产保护区、林业用地区和牧业用地区也都具有生态功能，因而土地利用总体规划事实上也具有保护生态环境的职能。

2008 年，国务院发布了《全国土地利用总体规划纲要（2006—2020 年）》。随后各级地方政府开始了新一轮的土地利用总体规划修编。其中，在市、县土地利用总体规划修编中，提出了“三界四区”的概念。所谓“三界”，是指三类空间管制边界，分别为城乡建设用地规模边界、城乡建设用地扩展边界和禁止建设用地边界。“四区”是指空间管制边界划定后规划范围内形成的四类区域，分别是允许建设区、限制建设区、管制建设区和禁止建设区。“三界四区”的具体含义见表 5-4。

国土资源部 2012 年发布的《国土资源部严格土地利用总体规划实施管理的通知》（国土资发〔2012〕2 号）要求：各地要严格按照土地利用总体规划划定的“三界四区”，尽快将城镇建设用地管制边界和管制区域落到实地，明确四至范围，确定管制边界的拐点坐标，在主要拐点设置标识，并向社会公告，防止城镇建设无序蔓延扩张。并提出，城乡建设用地允许建设区不得突破建设用地扩展边界；城乡建设用地扩展边界原则上不得调整；禁止建设用地边界除法律法规另有规定外，

表 5-4　土地利用总体规划中的“三界四区”概念

类型	概念	解释
空间管制边界	城乡建设用地规模边界	按照规划确定的城乡建设用地面积指标，划定城、镇、村、工矿建设用地边界
	城乡建设用地扩展边界	为适应城乡建设发展的不确定性，在城乡建设用地规模边界之外划定城、镇、村、工矿建设规划期内可选择布局的范围边界。扩展边界与规模边界可以重合
	禁止建设用地边界	为保护自然资源、生态、环境、景观等特殊需要，划定规划期内需要禁止各项建设与土地开发的空间范围边界。禁止建设用地边界必须在城乡建设用地规模边界之外
空间管制区域	允许建设区	城乡建设用地规模边界所包含的范围，是规划期内新增城镇、工矿、村庄建设用地规划选址的区域，也是规划确定的城乡建设用地指标落实到空间上的预期用地区
	限制建设区	城乡建设用地规模边界之外、扩展边界以内的范围。在不突破规划建设用地规模控制指标前提下，区内土地可以用于规划建设用地区的布局调整；在特定条件下，区内土地可作为本级行政辖区范围内城乡建设用地增减挂钩的新建用地
	禁止建设区	禁止建设用地边界所包含的空间范围，是具有重要资源、生态、环境和历史文化价值的，必须禁止各类建设开发的区域
	管制建设区	辖区范围内除允许建设区、限制建设区、禁止建设区外的其他区域

不得进行调整。如果说划分土地用途区的目的主要是进行用途管制的话，那么新增的“三界四区”就是对土地性质的进一步限制。二者相互结合，使得土地利用总体规划的空间管制功能大为增强。

2．城市规划中的“三区四线”

城市是人口和产业最为集中的场所，其空间秩序直接关系到城市居民的生活品质和产业的资源配置效率，因而历来是空间管制的重点区域。我国的城市空间管制一直由国务院城市建设主管部门负责，主要手段是编制和实施城市规划。经过几十年的实践，迄今城市建设主管部门已经形成了一套比较成熟和规范的空间管制体系，对于维护城市空间秩序和保护生态环境具有重要作用。具体而言，城市规划中的空间管制主要有“三区划分”和“四线控制”。

所谓“三区划分”，是指根据原建设部 2006 年发布的新版《城市规划编制办法》，在城市总体规划中要提出禁止建设区、限制建设区和适宜建设区的范围。2008

年开始实施的《中华人民共和国城乡规划法》也明确要求城市和镇的总体规划内容应当包括禁止、限制和适宜建设的地域范围。尽管“三区划分”已经成为我国城市规划中的必备内容，但相关法规并未对“三区”的内涵和外延进行严格限定。但大体而言，禁止建设区是指城市中具有重要生态、景观、资源、文化、安全等价值，必须严格保护的区域，任何单位和个人不得改变其土地利用性质，一般包括基本农田保护区、地表水饮用水水源一级保护区、生态脆弱区等。禁建区可以看作城市建设的刚性边界，原则上禁止任何开发建设活动；限制建设区是指总体上不宜安排城镇开发项目的地区，确有开发建设必要时，应严格控制拟建项目的性质、规模和开发强度，一般包括生态保护区、水源地二级保护区、地下水防护区、文物地下埋藏区、机场噪声控制区、地质灾害易发区等，这类区域属于城市开发建设的弹性边界；适宜建设区是指已经划定为城市建设发展用地的区域，如城市规划区、城乡接合部、农村居民点等。这类区域可用于开发房地产和发展第二、第三产业，但需要合理确定开发模式和开发强度。

在城市总体规划确定的三类区域中，对于生态保护比较重要的是禁止建设区和限制建设区。例如，根据《宁波市城市总体规划（2006—2020 年）》（2015 年修订），限建区包括资源承载能力及生态环境脆弱的区域以及远景发展预留用地，约占市域陆域面积的 31%；禁建区则是自然及人文资源独特、珍贵，必须加以原真性保护、避免受人类开发活动破坏的区域，约占市域陆域面积的 48%。通过划定以上两类区域，市域内具有重要生态价值的区域基本上都能得到妥善保护。

所谓“四线控制”，是指根据原建设部颁布的《城市绿线管理办法》《城市紫线管理办法》《城市黄线管理办法》《城市蓝线管理办法》，在各类城市规划中需要划定绿线、紫线、黄线和蓝线。其中，城市绿线是指城市各类绿地范围的控制线；城市紫线是指国家历史文化名城内的历史文化街区和省、自治区、直辖市人民政府公布的历史文化街区的保护范围界线，以及历史文化街区外经县级以上人民政府公布保护的历史建筑的保护范围界线；城市黄线是指对城市发展全局有影响的、城市规划中确定的、必须控制的城市基础设施用地的控制界线；城市蓝线是指城市规划确定的江、河、湖、库、渠和湿地等城市地表水体保护和控制的地域界线。划定“四线”并提出相应的管控要求，是维护城市空间格局，保护生态空间，规范城市开发秩序的重要抓手。通过“三区”和“四线”的面、线结合，具有重要生态价值的区域一般都能够得到妥善保护。城市规划中的“三区四线”概念见表 5-5。

表 5-5　城市规划中的“三区四线”概念

类型	概念	解释
三区	适宜建设区	指已经划定为城市建设发展用地的范围，需要合理确定开发模式和开发强度
	限制建设区	指根据生态、安全、资源环境等考虑需要控制的区域，城市建设用地需要尽量避让
	禁止建设区	是指对生态、安全、资源环境、城市功能等有重大影响的地区，原则上禁止任何城镇开发建设行为
四线	城市绿线	指城市各类绿地范围的控制线
	城市紫线	指国家历史文化名城内的历史文化街区和省、自治区、直辖市人民政府公布的历史文化街区的保护范围界线，以及历史文化街区外经县级以上人民政府公布保护的历史建筑的保护范围界线
	城市黄线	指对城市发展全局有影响的、城市规划中确定的、必须控制的城市基础设施用地的控制界线
	城市蓝线	指城市规划确定的江、河、湖、库、渠和湿地等城市地表水体保护和控制的地域界线

3．城市开发边界

如前文所述，划定城市增长边界是美国、澳大利亚等一些西方国家控制城市地域范围过度扩张的重要规划管控手段，这一做法事实上也引起了我国规划管理部门的注意。例如，2005 年由原建设部组织编制的《城市规划编制办法》就曾要求城市总体规划纲要和中心城区规划要研究中心城区空间增长边界，提出建设用地规模和建设用地范围。随后，规划界的专家学者对此进行了一些研究和探索。然而，由于没有形成共识，且难以与现行规划体系相融合，导致划定城市增长边界在我国没有形成行业规范。

2014 年《国家新型城镇化规划（2014—2020 年）》提出，城市规划要由扩张性规划逐步转向限定城市边界，并且要合理确定城市规模、开发边界、开发强度和保护性空间。2014 年 7 月，住房和城乡建设部和国土资源部共同确定了全国 14 个城市开展划定城市开发边界试点工作。这里的城市开发边界，事实上就是国外的城市增长边界，主要目的是限制城市无序蔓延，特别是控制大城市“摊大饼”式的扩张。首批试点城市包括北京、沈阳、上海、南京、苏州、杭州、厦门、郑州、武汉、广州、深圳、成都、西安以及贵阳。从上述城市的实践来看，城市开发边界划定普遍与“多规合一”同时推进，重点是划定生态控制线、实现城市总体规划和土地利用总体规划在土地分类标准方面的统一。对于具体的划定工作，一般是首先开展区域资源环境承载力评价、生态敏感性评价和建设用地适宜性评价。在此基础上，明确不能开发建设的国土空间，并划定生态控制区。最后，按照近期严控和远期留有适当弹性的原则来划定城市开发边界，并提出相应的开发边界管理办法。

4．环境质量功能区

环境质量功能区不同于上文提到的环境功能区划，是环境管理部门在微观尺度早已实施的一项管制行为。具体而言，是指根据区域某个环境要素的功能和环境保护目标，并结合社会经济现状、自然条件等因素对区域空间进行的划分。划分后，在不同的环境质量功能区执行不同等级的环境质量标准。在开发建设过程中，如果不能判断某一区域属于哪一类环境质量功能区，一般需要请示当地的环境保护主管部门确定。例如，在规划和建设项目环境影响评价文件的编制过程中，对于所在区域应该执行什么样的环境质量标准，需要由规划编制部门或业主单位请示当地环保部门。在实施过程中，根据每一环境要素均可划分出相应的环境质量功能区，并与具体的环境质量标准相对应。例如，根据《环境空气质量标准》（GB 3095—2012），环境空气质量功能区分为二类，一类为自然保护区、风景名胜区和其他需要特殊保护的区域，执行环境空气质量一级标准；二类区为居住区、商业交通居民混合区、文化区、工业区和农村地区，执行环境空气质量二级标准。地表水按照功能划分为 5 类，其中，源头水和国家级自然保护区属于Ⅰ类水体，执行Ⅰ类水质标准；集中式生活饮用水地表水源地一级保护区、珍稀水生生物栖息地、鱼虾类产卵场、仔稚幼鱼的索饵场等一般工业用水区及人体非直接接触的娱乐用水区属于Ⅱ类水体，执行Ⅱ类水质标准，其他三类水体分别对应Ⅲ～Ⅴ类水质标准。当然，功能区的划分和环境质量因子及其限值，也会随着社会经济发展水平的提高和环境保护形势的变化进行调整。例如，在 1996 年颁布的《环境空气质量标准》（GB 3095—1996）中，将工业区单独列为三类区，执行三类标准，但在 2012 年进行修订时，则将其合并到了二类区，取消了三类区。同时，增加了 $PM_{2.5}$ 浓度限值和臭氧 8 h 平均浓度限值，调整了 PM_{10}、二氧化硫等污染因子的浓度限值。我国环境标准中提出的主要环境功能区及其标准等级见表 5-6。

表 5-6　我国现行的主要环境质量功能区

环境标准	功能区	功能区描述
《环境空气质量标准》（GB 3095—2012）	一类区	自然保护区、风景名胜区和其他需要特殊保护的区域
	二类区	居住区、商业交通居民混合区、文化区、工业区和农村地区
《地表水环境质量标准》（GB 3838—2002）	Ⅰ类	源头水、国家级自然保护区
	Ⅱ类	集中式生活饮用水地表水源地一级保护区、珍稀水生生物栖息地、鱼虾类产卵场、仔稚幼鱼的索饵场等
	Ⅲ类	集中式生活饮用水地表水源地二级保护区、鱼虾类越冬场、洄游通道、水产养殖区等渔业水域及游泳区
	Ⅳ类	一般工业用水区及人体非直接接触的娱乐用水区
	Ⅴ类	农业用水区及一般景观要求水域
声环境质量标准（GB 3096—2008）	0 类	康复疗养区等特别需要安静的区域
	1 类	居民住宅、医疗卫生、文化教育、科研设计、行政办公为主要功能，需要保持安静的区域
	2 类	以商业金融、集市贸易为主要功能，或者居住、商业、工业混杂，需要维护住宅安静的区域
	3 类	以工业生产、仓储物流为主要功能，需要防止工业噪声对周围环境产生严重影响的区域
	4 类	交通干线两侧一定距离之内，需要防止交通噪声对周围环境产生严重影响的区域，包括 4a 和 4b 两种类型。4a 类为高速公路、一级公路、二级公路、城市快速路、城市主干路、城市次干路、城市轨道交通（地面段）、内河航道两侧区域；4b 类为铁路干线两侧区域
海水水质标准（GB 3097—1997）	第一类	海洋渔业水域，海上自然保护区和珍稀濒危海洋生物保护区
	第二类	水产养殖区，海水浴场，人体直接接触海水的海上运动或娱乐区，以及与人类食用直接有关的工业用水区
	第三类	一般工业用水区、滨海风景旅游区
	第四类	海洋港口水域、海洋开发作业区

（四）针对问题区域的空间环境管制

自 20 世纪 80 年代初期以来，我国二氧化硫超标的城市不断增多，酸雨污染范围逐渐扩大。为了防治酸雨和二氧化硫污染，1995 年 8 月修订的《中华人民共和国大气污染防治法》通过立法的形式提出了在全国划定酸雨控制区和二氧化硫污染控制区（以下简称“两控区”）的要求。随后，《国务院关于环境保护若干问题的决定》（国发〔1996〕31号）提出：“国家环保局要尽快会同有关部门依法提出酸雨控制区和二氧化硫污染控制区的划定意见和目标要求，报国务院批准后执行。”1998年，国家环保局组织制定的《酸雨控制区和二氧化硫污染控制区划分方案》得到了国务院的批复认可。其中，酸雨控制区的基本划分条件为：①现状监测降水 pH≤4.5；②硫沉降超过临界负荷；③二氧化硫排放量较大的区域。二氧化硫污染控制区的划分基本条件确定为：①近年来环境空气二氧化硫年平均浓度超过国家二级标准；②日平均浓度超过国家三级标准；③二氧化硫排放量较大；④以城市为基本控制单元。根据以上标准，在全国划定了总面积约为109万 km^2 的“两控区”，占我国国土面积的11.4%，其中酸雨控制区面积约为80万 km^2，二氧化硫污染控制区面积约为29万 km^2。针对“两控区”，有关部门出台了一系列空间环境管制政策，其中包括：禁止新建煤层含硫分大于3%的矿井；除以热定电的热电厂外，禁止在大中城市城区及近郊区新建燃煤火电厂；新建、改造燃煤含硫量大于1%的电厂，必须建设脱硫设施；化工、冶金、建材、有色等污染严重的企业，必须建设工艺废气处理设施或采取其他减排措施。进入21世纪以来，由于仅对“两控区”管制已经不能适应环保形势的需要，2015年8月新修订的《大气污染防治法》删除了“两控区”的提法。

针对我国酸雨、灰霾和光化学烟雾等区域性大气污染问题日益突出的现状，环境保护部、国家发展改革委等部门在2010年联合发布了《关于推进大气污染联防联控工作改善区域空气质量的指导意见》，将京津冀、长三角和珠三角三大城市群地区作为大气污染联防联控工作的重点区域，将二氧化硫、氮氧化物、颗粒物、挥发性有机物等作为大气污染联防联控的重点污染因子，提出要重点控制火电、钢铁、有色、石化、水泥、化工等对区域空气质量影响较大的企业。具体措施包括：制定并实施重点行业的大气污染物特别排放限值，在地级城市市区禁止建设除热电联产以外的火电厂，严格控制钢铁、水泥、平板玻璃等产能过剩行业扩大产能项目建设，在城市城区及其近郊禁止新建和扩建重污染企业，开展区域煤炭消费总量控制等。随后，2015年8月新修订的《大气污染防治法》也增加了关于重点区域大气污染联防联控的要求，其中第八十六条规定：“国务院环境保护主管部门根据主体功能区划、区域大气环境质量状况和大气污染传输扩散规律，划定国家大气污染防治重点区域，报国务院批准”。从中可以看出，随着大气污染防治形势的变化，大气污染防治重点区域已经成为新的环境问题区域。

2011 年环境保护部制定的《重金属污染综合防治“十二五”规划》，根据重金属产业集中程度和区域环境质量状况，在全国确定了 138 个重金属污染防控重点区域，重点防控铅、汞、铬、镉和类金属砷等重金属污染物，主要防控目标是 2015 年重金属污染物排放量要比 2007 年减少 15%。为实现上述目标，提出要重点防控重有色金属采选业、重有色金属冶炼业、铅蓄电池制造业、皮革及其制品业、化学原料及化学制品制造业等涉重金属行业。主要措施包括加大重金属相关落后产能和工艺设备的淘汰力度、提高行业准入门槛、加强污染源监管、推进清洁生产、实施区域综合整治、加强产品安全管理等。以上要求将进一步纳入有关行业和有关部门的具体决策中去，成为决策中的重要环境考量因素。

根据以上几类比较典型的环境问题区域管制实践来看，其基本实施路径是：首先根据主观判断提出问题区域概念，进而制定问题区域的识别标准，最后对问题区域内的重点行业进行整治。因此，针对问题区域的空间环境管制，虽然也涉及空间布局问题，但主要管制对象还是区域内的重点产业，事实上属于空间管制和行业管制的有机结合。

三、我国空间环境管制存在的主要问题

（一）法律基础薄弱

空间环境管制事关国土开发格局，涉及众多利益主体，必须要有一定的权威性才能保障其顺利实施。因此，只有夯实空间管制的法律基础，使相关行动具有正当性，才能防止不同部门在执行过程中产生歧义，造成混乱。因此，西方国家不管是系统地编制国土开发规划，还是设立国家公园等保护地，都要首先进行立法，使空间管制行为有法可依。例如，日本迄今已经编制了六轮国土综合开发规划，均以《国土综合开发法》和《国土形成规划法》为依据，且每一次国土综合开发规划都需要由国会批准，具有法律效力。荷兰编制空间规划的依据是 1965 年实施的《空间规划法》，并且空间规划也需要得到国家议会批准。反观我国，尽管 2000 年之后空间管制领域的新概念、新做法层出不穷，但大多存在法律依据不足的问题，与我国依法治国的要求还存在很大差距。在宏观尺度，主体功能区的概念来源于“十一五”规划纲要，生态功能区划和正在开展的环境功能区划，其依据都是国务院的规范性文件，全国水土保持区划和生态脆弱区规划则是水利部

和环保部自行开展的一项工作，都没有立法保障。从目前来看，尽管中央一直在强调《全国主体功能区规划》的基础性、战略性和统领性地位，但该规划也并未经过全国人大审议和批准，只是通过国务院规范性文件的形式发布。在中观尺度，自然保护区和风景名胜区的管理依据分别是《中华人民共和国自然保护区条例》和《风景名胜区条例》，也都只是国务院颁布的行政法规；森林公园和地质公园的法律基础更加薄弱，其设立和管理依据只是林业局和国土资源部的部门规章。相比之下，虽然生态保护红线的概念被写入了2014年修订的《环境保护法》，但也存在缺乏实施细则的问题。在微观尺度，尽管土地利用总体规划和城市总体规划都有专门立法，且部门规划体系相对完善，但无论是城市规划中的“三区四线”，土地利用总体规划中的“三线四区”，还是近年来提出的城市开发边界，均非法律中明确界定的概念，有关划分要求均来自部门规章、规划甚至规范性文件，法律依据明显不足，容易在实践中造成混乱。

（二）空间管制政出多门

我国作为一个在历史上就具有管制传统的国家，1949年之后又实行了长达30年的计划经济体制，本应把国土规划和管制作为政府管理的重要事项，然而，我国在国土规划领域却远远落后于日本、荷兰等国家，这不能不说是一件奇怪的事情。究其原因，与缺乏一个强有力的国土规划综合管理部门有重要关系。从另一个方面来讲，我国在20世纪80年代后期到90年代初期之所以能够系统地编制国家、省、市、县多个层级的国土规划，与国家计委综合管理职能较强有直接关系。然而，自1993年之后，各级国土规划管理部门相继被撤销或名存实亡，致使国土规划工作基本上处于停顿状态。1998年国务院机构调整时，国家计委改为国家发展与改革委员会，国土规划的职能被划给了新成立的国土资源部。之后，在空间规划领域，事实上形成了国家发展改革委、国土资源部与住房和城乡建设部三足鼎立的局面。国土资源部虽然有编制国土规划的职能，却没有相应的综合协调能力，因此尽管数次启动国土规划编制工作，但一直没能形成一个被各方广泛认可的国土规划方案。从2010年开始，到2013年编制完成的《全国国土规划纲要》尽管也做了很多基础性的研究工作，但由于滞后于国家发展改革委组织编制的《全国主体功能区规划》，因此直到2017年才得到国务院批准。事实上，在国土规划领域，目前已经出现了国土资源部和国家发展改革委相互争权的态势，这在客观上是不利于国土资源的统一规划和调控的。

我国空间管制的法律依据不足，也是空间管制权力分散，制度化、体系化较弱，部门利益难以协调等问题的真实反映。空间管制的法律依据不足，会产生以下几个方面的不良后果：一是会削弱相关规划的权威性。例如，水利部编制的《全国水土保持区划》和环境保护部编制的《全国生态脆弱区保护规划纲要》都是主管部门自行开展的规划，因而其使用范围也主要是局限于本系统内，很难被其他部门普遍认可。再如，我国尽管分别在1989年和2013年编制了《全国国土规划纲要》，但最后都没有对外发布和实施，其中一个很重要的原因就是国土规划的法律基础薄弱，对于在实施过程中应该由哪个部门主管，其他部门如何配合等问题缺乏依据；二是容易导致部门之间争权。例如，尽管生态保护红线被写入了《中华人民共和国环境保护法》，但对于生态保护红线到底由哪个部门划定、如何划定、如何落实等问题，现行法律并未给出明确规定。因此，目前除环境保护部门外，林业、水利、海洋等管理部门也都在开展生态保护红线划定。如果不能很好地协调这些部门的工作，将来很容易出现各个部门自行其是的现象；三是在实施过程中容易产生混乱。事实上，由于法律对各个层次的空间管制行为如何协调缺乏明确规定，因而实际工作中的混乱早已存在，突出表现在各个部门都在强调自身管制行为的重要性，都希望通过空间管制扩充权力。例如，在环境管理部门的主导下，江苏省2013年就完成了生态红线划定工作，确定了15类生态红线区域，并将每类区域都划分为一级管控区和二级管控区，但这种划分显然与自然保护区、风景名胜区等保护地的法定分区不协调。再如，住房和城乡建设部和国土资源部联合推进的城市开发边界划定工作，由于法律基础薄弱，目前无论是在概念认识上还是在成果表达上均存在较多争议，实施过程中也容易引起混乱。此外，在空间管制权限分散的情况下，相关部门为了凸显自己的重要性，不断推陈出新地提出新概念和新规划，结果空间管制领域的分区类型越来越多，只能是进一步加剧混乱，降低空间管制效率。

（三）规划之间的衔接性不强

近年来，我国空间环境管制领域的新概念、新规划层出不穷，但相互之间的协调性、衔接性不强，对于管理工作十分不利。例如，国务院在2000年提出了编制生态功能区划的要求，国家环境保护总局和中国科学院从2001年开始组织编制《全国生态功能区划》，并于2008年7月正式对外发布。然而，《全国生态功能区划》的编制工作尚未结束，2005年又出现了主体功能区的概念。国家发展改革委从2006年8月开始组织编制《全国主体功能区规划》，并于2010年12月由国务院正式颁布。也就是说，《全国主体功能区规划》发布时，《全国生态功能区划》才刚刚实行两年多。在内容上，生态功能区划中的"生态调节"功能包含水源涵养、土壤保持、防风固沙、生物多样性保护和洪水调蓄五种功能，并且基于上述五种生态服务功能在全国识别出了50个重要生态功能区域。《全国主体功能区规划》也开展了类似工作，在全国划定了25个重点生态功能区。然而，与《全国生态功能区划》不同的是，重点生态功能区只有水源涵养型、水土保持型、防风固沙型和生物多样性维护型四种，将"洪水调蓄型"排除在外。《全国主体功能区规划》发布不足一年，2011年《国务院关于加强环境保护重点工作的意见》（国发〔2011〕35号）又提出了环境功能区的概念。根据环境保护部发布的《环境功能区划编制技术指南》，环境功能区共分为五类，分别是自然生态保留区、生态功能调节区、食物安全保障区、聚居发展维护区和资源开发引导区。其中，生态功能调节区又进一步划分为水源涵养区、水土保持区、防风固沙区和生物多样性维护区。在这里，再次出现了概念不一致的问题。具体而言，尽管环境功能区划是由环保部门主导编制，却并没有坚持生态功能区划中"生态调节"范畴下包含的具体类别，而是使用了发改委系统在主体功能区规划中提出的口径，从而使环保部主导的生态功能区划和环境功能区划中"生态调节功能"的外延出现了前后不一致的现象。此外，由于规划之间衔接不畅，目前主体功能区规划中的"重点生态功能区"和生态功能区划中的"重要生态功能区域"，已经成为极易混淆的概念，对于管理工作十分不利。

对于生态脆弱区的概念，也存在同样的问题。2008年9月，环境保护部在《全国生态脆弱区保护规划纲要》中给出的定义是："指两种不同类型生态系统交界过渡区域"。然而，2015年环境保护部发布的《生态保护红线划定技术指南》则将其定义为："生态系统组成结构稳定性较差，抵抗外在干扰和维持自身稳定的能力较弱，易于发生生态退化且难以自我修复的区域。"从中可以看出，该定义已经没有了特定的区域指向。由于对同一概念的界定前后不一致，将来生态红线的划定结果也很难与《全国生态脆弱区保护规划纲要》相协调。

在中观尺度，《全国主体功能区规划》将国家级自然保护区、国家级风景名胜区、国家森林公园、国家地质公园、世界文化自然遗产五类保护地列为国家层面的禁止开发区域。然而，2013年中国共产党第十八届中央委员会第三次全体会议通过的《中共中央关于全面深化改革若干重大问题的决定》又正式提出了建立国家公园体制的要求；2014 年修订的《环境保护法》则提出了在重点生态功能区、生态环境敏感区和脆弱区等区域划定生态保护红线的要求。其中，国家公园与自然保护区、风景名胜区之间的关系，以及生态保护红线与自然保护区边界之间的关系，目前都没有一个清晰的界定。由于概念之间交叉、重叠，而又没有建立起清晰的衔接关系，在实施过程中必然会导致不同部门之间重复管理，相互扯皮，不仅浪费行政资源，而且会削弱空间环境管制的权威性。

在微观尺度，土地利用总体规划中有允许建设区、限制建设区、管制建设区和禁止建设区的划分，城市总体规划中则有适宜建设区、限制建设区和禁止建设区的概念。尽管二者都要求在规划范围内划定限制建设区和禁止建设区，但其边界却并不相同。从目前来看，土地利用总体规划的范围已经涵盖城市规划区。在这种情况下，如果使用两套标准、两套概念，不仅会造成行政资源浪费，而且容易导致管理上的混乱。2014 年《国家新型城镇化规划（2014—2020 年）》颁布后，国土资源部与住房和城乡建设部又在全国积极推进城市开发边界的划定工作，而这无疑又会增加城镇尺度各类规划分区之间的协调难度，并对现行规划体制构成挑战。表 5-7 为我国相关规划中的区域划分及其行政层级。

（四）空间交叉重叠问题突出

由于我国的环境管理权限分散在环保、发改、国土、林业、水利、城建等多个部门，而不同部门都会根据自身的管理职能对国土空间进行划分，因而不同部门提出的空间管制区划之间必然会出现空间交叉重叠问题。在宏观领域，国家发展改革委组织编制了全国主体功能区规划，划定了国家级优化开发区域、重点开发区域、限制开发区域和禁止开发区域。环保部组织编制的全国生态功能区划，则将全部国土划分为 9 种类型的生态服务功能区；此外，环保部还在 2008 年印发了《全国生态脆弱区保护规划纲要》，在全国确定了 19 个生态脆弱区；2010 年印发了《中国生物多样性保护战略与行动计划（2011—2030 年）》，确定了 32 个陆地生物多样性保护优先区；目前正在开展的环境功能区划拟在全国划分出 13 种环境功能区。水利部在 2012 年印发了《全国水土保持区划（试行）》，基于 10 种水土保持基础功能对全国进行了三级分区，同时 2015 年颁布的水土保持规划还识别出了水土流失重点预防区和水土流失重点治理区。不同部门在同一空间范围内开展多个性质相似的空间区划，可想而知各类区域之间的交叉重叠问题有多么严重。

表 5-7　我国主要管制区域的类型与层级

区划或管制区域名称	分区类型				国家级	省级	市（地）级	县级	乡（镇）级
主体功能区规划	优化开发区域	重点开发区域	限制开发区域	禁止开发区域	☆	☆	—	—	—
生态功能区划	水源涵养	土壤保持	防风固沙	生物多样性保护	☆	☆	☆	—	—
	洪水调蓄	农产品提供	林产品提供	大都市群					
	重点城镇群								
水土保持区划	水源涵养	土壤保持	蓄水保水	防风固沙	☆	☆	—	—	—
	生态维护	农田防护	水质维护	防灾减灾					
	拦沙减沙		人居环境维护						
水土保持规划	水土流失重点预防区		水土流失重点治理区		☆	☆	—	—	—
环境功能区划	自然文化资源保护区	保留引导区	水源涵养区	水土保持区	—	☆	—	—	—
	防风固沙区	生物多样性维护区	粮食环境安全保障区	畜产品环境安全保障区					
	近海水产环境安全保障区	聚居环境优化区	聚居环境维持区	聚居环境治理区					
	资源开发引导区								
生态保护红线区	水源涵养	水土保持	防风固沙	生物多样性维护	—	☆	—	—	—
	水土流失	土地沙化	石漠化						
自然保护区	核心区	缓冲区	实验区		☆	☆	☆	☆	—
风景名胜区	限制开发范围		禁止开发范围		☆	☆	—	—	—
土地利用总体规划	允许建设区	限制建设区	管制建设区	禁止建设区	—	—	☆	☆	☆
城乡总体规划	适宜建设区	限制建设区	禁止建设区		—	—	☆	☆	☆
环境质量功能区	地表水	空气	声环境	海水	—	—	—	—	—

注：☆表示包含此层级。

《全国生态功能区划》（2008 年版）在全国划定了 50 个重要生态功能服务区域，包括水源涵养、土壤保持、防风固沙、生物多样性保护和洪水调蓄 5 类，随后国家发展改革委组织编制的《全国主体功能区规划》则划定了 25 个对保障国家生态安全具有重要意义的重点生态功能区，包括水源涵养、水土保持、防风固沙和生物多样性 4 类主导生态服务功能。通过对比不难发现，即使是对于同一类型的区域，这两个部门提出的功能区命名和范围也不一致。尽管 2015 年《全国生态功能区划》进行了修编，但上述问题依然存在。例如，《全国生态功能区划》（修编版）列出的第一个重要生态功能区是大兴安岭水源涵养与生物多样性保护重要区，面积 291 538 km^2，而《全国主体功能区规划》列出的第一个国家重点生态功能区是大小兴安岭森林生态功能区，面积 346 997 km^2。尽管这两个区划都把水源涵养作为该区的主导生态功能，但无论是名称、空间范围还是面积都存在很大差异。此外，《全国生态功能区划》确定的重点城镇群生态功能区共有 28 个，而《全国主体功能区规划》确定的城镇群数量则是 18 个，二者无论名称还是范围都不一致。之所以会出现上述问题，根本原因在于《全国主体功能区规划》是由国家发展改革委主导编制，而《全国生态功能区划》则由环境保护部主导编制，二者的出发点和认识并不一致。目前，这两个区划都是环境管理的重要依据，必然会给具体管理部门和企业造成困扰。

在中观尺度，同一地理区域内自然保护区、风景名胜区、森林公园、地质公园等保护区域相互重叠的现象也非常普遍。例如，很多保护地既是自然保护区也是风景名胜区，并同时挂有多块牌子。生态保护红线的概念出来后，目前的要求是通过一条红线管控重要生态空间。可以预见，在立法和管理体制未能及时调整的情况下，必然进一步加剧各类保护区域之间的重叠问题，甚至可能造成更大的混乱。在微观层次，国土资源部在土地利用总体规划中提出的“三线四区”、城市建设部门提出的“三区四线”，以及环境保护部门的环境质量功能区之间由于划分标准不同，也存在交叉重叠的问题。

在地方层面，规划空间交叉重叠的问题也同样突出。以重庆市为例，尽管国家一再强调主体功能区规划在空间规划体系中的基础性和指导性作用，并且要求各个省级行政区也要编制省域主体功能区规划。但重庆市在 2013 年颁布《重庆市主体功能区规划》后，市委、市政府又提出了五大功能区战略，将整个市域划分为都市功能核心区、都市功能拓展区、城市发展新区、渝东北生态涵养发展区和渝东南生态保护发展区。从目前来看，主体功能区和五大区域在空间上存在明显的交叉重叠现象。

（五）保护地管理体制不顺

我国专门的环境保护管理机构成立时间较晚，直到1982年才组建了城乡建设环境保护部，内设环境保护局。直到1988年政府机构改革，环境保护局才从建设部中分离出来，成为国务院的一个直属机构。在这之前，环境保护职能分散在发改、国土、水利、林业、海洋等多个部门。2008年环境保护部成立后，虽然名义上是全国的环境保护综合管理机构，但由于历史原因，很多具体管理权限仍然掌握在其他部委手中，因此，直到现在也难以改变环境保护工作多头共管的局面。在对主要保护地的管理方面，这一问题尤为突出。

在中观尺度的环境管制区域中，自然保护区是唯一以生态保护为主要职能的区域，也是我国空间环境管制的重点区域。《全国主体功能区规划》确定了五类国家级禁止开发区域，其中自然保护区的面积就占到了75%以上，是名副其实的空间环境管制主体。然而，从目前来看，我国自然保护区的管理体制最不顺畅。根据《中华人民共和国自然保护区条例》，环境保护部负责全国自然保护区的综合管理。林业、农业、地质矿产、水利、海洋等部门在各自的职责范围内，主管有关的自然保护区。然而，环境保护部的权限仅仅是对地方级自然保护区管理办法备案、对国家级自然保护区的建立提出审批建议、拟定国家自然保护区发展规划、制定全国自然保护区管理的技术规范和标准等。涉及自然保护区的具体事项，如保护区范围调整、产业准入和具体的保护工作，都是由自然保护区的具体管理部门来审批决定。环境保护部虽然名义上是综合管理部门，但由于没有具体的管理权限，事实上在实际工作中很难发挥管理作用。并且，由于自然保护区的上级管理部门与环境保护部是平级关系，环境保护部协调起来难度也很大。根据林业系统的资料，2010年全国林业系统建设和管理的自然保护区有2 035处，占全国各种类型自然保护区数量的80.09%、面积的83.73%，因此，林业部门才是我国自然保护区实际上的管理主体。在这种情况下，环境保护部门的综合协调职能更是难以发挥。事实上，在国家林业局发布的自然保护区管理文件中，也很少提到环保部，基本上是自成体系来进行管理。

对于自然保护区的具体管理，一般是保护区所在地人民政府的相关主管部门设立管理机构，开展管理工作。然而，由于自然保护区管理机构在人事、财务等方面均受制于地方政府，在过去以GDP为导向的政府绩效考核机制下，一些地区为了上项目，对自然保护区的范围进行频繁调整，有的甚至直接非法侵占或者开展有损于保护对象的生产活动。例如，锡林郭勒盟草原国家级自然保护区的保护对象有草甸草原、典型草原、沙地疏林草原及河谷湿地等多种典型生态类型，但后来发现煤炭资源非常丰富。为了给资源开发让路，经过几轮调整后，锡林郭勒盟草原国家级自然保护区现在已经变得支离破碎，面积比最初划定时缩小了46.2%。其中，为胜利矿区煤炭外运服务的锡—桑—蓝铁路，更是由北向南纵穿保护区。目前，锡林郭勒盟正在建设国家级煤电基地，大规模的煤炭和电力开发，以及铁路和电网等线性工程的建设，不仅会使生态系统进一步破碎化，大量消耗水资源引发的生态风险更是不容忽视。就全国而言，很多自然保护区在建立之初，原以为国家会给予大量财政拨款，因而片面追求面积和规模，存在科学论证不足、规划不合理等问题。后来，由于我国对自然保护区的补偿机制不完善，资金规模小，自然保护区普遍陷入了经费和人才不足的窘境，对保护工作极为不利。

我国的风景名胜区、森林公园和地质公园具有经营和保护双重任务，分别由建设、林业和地矿等部门主管，环保部门只有协管和监管职能。由于环保部门对其没有直接管理权限，因而大多以追求经济效益为第一目标，旅游开发远重于自然保护，生态系统和生物多样性保护方面的功能并没有很好地发挥出来。对于世界文化和自然遗产，多头管理的问题更为突出，并且至今还没有一部专门法律对其提出管理要求。目前正在开展的生态红线划定工作，其初衷是为了解决各类保护区域空间交叉重叠的问题，但从目前来看，由于缺乏顶层设计，已经出现了各地区自行其是的问题。例如，国家提出的要求是在重要生态功能区、陆地和海洋生态环境敏感区、脆弱区等区域划定生态红线，但很多地区生态红线的划定范围早已超出了以上三类区域，江苏省更是提出了15种生态红线区域类型，并且将生态红线区划分为一级管控区和二级管控区。这种操作方式，事实上已经触碰到了林业、水利、国土等诸多部门的管理权限。直到2017年2月，中共中央办公厅和国务院办公厅才联合印发了《关于划定并严守生态保护红线的若干意见》，正式提出由环境保护部和国家发展改革委会同有关部门来划定生态保护红线，并且在2017年6月底前制定并发布生态保护红线划定技术规范。这一文件发布后，环保部原先单方面制定的生态红线划定技术规范恐怕要进行修订，一些部门和地方已经划定的生态红线也需要做出重大修改。由于保护地管理体制不顺，再加上顶层设计滞后，生态保护红线的划定和管理已经出现了混乱。

（六）管制空间缺乏配套政策

要建立规范的空间开发秩序，除了进行科学、系统的区域划分外，必须要有与之对应的配套政策，否则空间管制要求很难落地。近年来，我国虽然开展了很多区划工作，但配套政策不完善一直是个突出问题。究其原因，主要有以下两个方面：一是不管哪个尺度的空间管制，都存在多头管理，政出多门的现象。由于各部门的权责、观点和利益诉求不一致，因而政策制定时机、政策目标、政策措施等很难统一，有时甚至相互冲突。一般而言，主导区划工作的部门在配套政策制定方面往往比较积极，而其他部门的积极性普遍不高，特别是存在利益冲突的时候就更是如此；二是近年来我国的空间管制体制变化较大，如主体功能区、生态功能区、环境功能区、国家公园、生态红线等概念都是2000年之后才提出来的，基本上是每两三年就会提出一个新概念和新区划。空间管制区划的变动如此频繁，政策就很难及时跟进。特别是财政、产业、土地等政策具有很大的刚性和惯性，短期内更是难以做出重大调整。因此，在我国建立完善的空间环境管制政策体系还需要较长时间。

在宏观尺度，《全国主体功能区规划》在2010年印发时就提出了“9+1”的政策体系框架，其中“9”是财政、投资、产业、土地、农业、人口、民族、环境、应对气候变化政策，“1”是绩效评价考核。然而，除了2015年环境保护部和国家发展改革委联合发布的《关于贯彻实施国家主体功能区环境政策的若干意见》（环发〔2015〕92号）外，其他围绕主体功能区的政策均未出台。即使是省级层面的主体功能区规划，提出的配套政策也大多是方向性要求，鲜有具体的管理措施。对于直接负责落实主体功能区规划的各级发展与改革委员会，近年来虽然出台了大量产业政策，但其出发点主要是促进产业升级和淘汰落后产能，在政策制定时也没有与主体功能区有机结合起来。又如，生态功能区划虽然是由环保系统主导，但环保部门本身也没有提出多少专门针对生态功能区的配套环境政策和环境标准。《全国生态脆弱区保护规划纲要》提出到2020年要在生态脆弱区建立起比较完善的生态保护与建设的政策保障体系、生态监测预警体系和资源开发监管执法体系。事实上，生态脆弱区的概念提出后，并没有得到其他部委的响应，甚至连环保部门也没有实质性的配套政策。

在中观尺度，1999年国家环保总局制定的《全国环保系统国家级自然保护区发展规划（1999—2030年）》提出要建立自然保护区发展的扶持政策、科技人员待遇的优惠政策、科学研究的重点扶持政策以及自然保护区生态效益的补偿政策等。从目前来看，很多政策仍然停留在口号阶段，尚未形成具体措施。风景名胜区、森林公园、地质公园等也不同程度地存在这类问题。如果没有相应的配套政策，空间政策单元就只能停留在概念阶段，难以真正起到规范国土开发秩序的作用。

第二节　行业环境管制

自1996年《中华人民共和国国民经济和社会发展“九五”计划和2010年远景目标纲要》首次提出推进经济增长方式的转变，将经济增长方式从粗放型向集约型转变以来，产业转型升级就成为我国的一项长期战略任务。其中，不断提高“两高一资”行业的环境准入要求则是一个非常重要的管制手段。进入21世纪以来，我国的区域性环境问题日益引起人们的重视，一些重化工业的产能过剩问题更加突出，同时我国的经济发展也进入了增速换挡期。在此背景下，通过针对不同行业的差别化环境管制“倒逼”产业转型升级，就成为一个可以同时实现多重目标的宏观调控手段。从目前的环境管理实践来看，加强对重点行业的控制已经成为改善环境质量的重要抓手。

一、我国的行业管制历史

改革开放之前，我国长期效法苏联，实行高度集中的计划经济体制，因此对行业的管制也是全方位的，不仅管制具体行业和企业的布局、规模，甚至规定具体产品的产量。例如，在国民经济和社会发展第七个五年计划中，就对粮食、棉花、肉类等农副产品，煤炭、钢铁等能源原材料，以及服装、电视、冰箱等消费品提出了明确的产量指标。同时，在计划经济时期，我国经济领域的主要矛盾是人民群众日益提高的物质文化需求同相对落后的社会生产力之间的矛盾，因而行业管制的主要目标是如何提高生产能力。为此，“一五”期间，在苏联的帮助下，我国建设了以156项重点项目为核心的近千个工业项目，并确定了“以钢为纲、全面跃进”的基本政策（李晓华，2010）；1964—1980年，出于战备目的，我国在中西部地区进行了大规模的国防、科技、工业和交通基本设施建设，建起了上千个大中型工矿企业。在此期间，由于发展是主要任务，并且环境保护机构不健全，因而行业管制中的环境考量较少，很多地方甚至完全没有污染治理，围湖造地、毁林开荒等严重破坏生态环境的行为一度还得到政府的赞许。

从20世纪80年代初改革开放到90年代末期，随着计划经济体制向市场经济体制转变，政府对行业的管制有所放松。同时，由于过去积累的一些资源环境问题开始显现，我国环境保护机构和环境保护制度开始建立健全，行业管制中的环境考量有所增加。另外，这一阶段由于加工工业的市场化程度较高，发展速度较快，出现了能源、原材料等基础工业生产能力不足的问题，因而行业管制的重点依然是基础工业的生产能力。同时，由于能源、原材料等工业存在布局、结构不合理的问题，优化产业布局和调整产业结构开始成为政府行业管制的一项新任务。在这种情势下，尽管有关政策文件中也会提到环保事宜，但并不是政策的重点。例如，1989年3月国务院颁布了《国务院关于当前产业政策要点的决定》（国发〔1989〕29号），提出今后一个时期制定产业政策的基本方向和任务是："集中力量发展农业、能源、交通和原材料等基础产业，加强能够增加有效供给的产业，增强经济发展的后劲；同时控制一般加工工业的发展，使它们同基础产业的发展相协调。"该文件虽然也提出要限制生产方式落后、严重浪费资源和污染环境的产业，但这些并不是政策的重点。之后，1994年4月国务院颁布的《90年代国家产业政策纲要》提出了四条国家产业政策必须遵循的原则，分别是符合工业化和现代化进程的客观规律、符合建立社会主义市场经济体制的要求、突出重点和具有要可操作性，也并未提到资源环境保护问题。此外，该文件还明确提出了产业政策制定和实施过程中涉及的部门及其任务，但并未包含国家环境保护局，尽管彼时国家环境保护局已经从城乡建设环境保护部中独立出来，成为国务院的直属机构。由此可见，直至20世纪90年代，我国产业政策的重点仍然是如何发展经济，环境保护并不是决策中的重要考虑因素。

进入21世纪以来，随着市场化改革向纵深发展，民营经济不断壮大，我国对具体行业的干预也随之减少。但是，由于环境问题不断恶化，人民的环保意识显著提高，因而行业管制中的资源环境考量明显增强。同时，由于一些"两高一资"行业如钢铁、水泥、电解铝等出现了严重的产能过剩，因而环境管制甚至已经成为产业政策的重要内容。同时，随着我国国土开发指导思想由非均衡发展到区域协调发展的转变，行业管制中的空间指向开始增强。特别是2010年《全国主体功能区规划》实施以来，这种倾向更加明显。例如，2015年颁布的《中共中央　国务院关于加快推进生态文明建设的意见》提出:“对不同主体功能区的产业项目实行差别化市场准入政策，明确禁止开发区域、限制开发区域准入事项，明确优化开发区域、重点开发区域禁止和限制发展的产业。”总体来看，随着资源环境问题的凸显和经济发展水平的提高，经济发展和保护环境二者之间的关系正在发生深刻变化。在一些发达地区，环境优先的理念已经基本确立。在这一背景下，行业管制中的资源环境考量正在不断增强。

二、我国的行业环境管制方式

作为一个具有管制传统的国家，我国针对行业的环境管制也具有强烈的政府主导色彩。从目前来看，我国的行业环境管制手段主要有 “产业政策”“准入条件”“产业名录”“行业标准” 等。通过这些管制措施，新建企业的布局、规模、工艺、污染控制等均会受到严格限定，从而起到从决策源头减轻环境污染的作用。近年来，随着市场经济体制改革的深入和对外交流的深化，一些西方国家广泛使用的经济技术手段也开始引入我国，并呈现蓬勃发展的势头。

(一) 产业政策

所谓产业政策，是指政府为了实现一定的经济、社会、环境等目标而对产业的形成和发展采取的干预措施，具体包括法律、行政、经济等手段。产业政策可以对具体产业的布局、结构、规模、技术水平等产生影响，引导其向政府期望的方向发展。从经济学的角度来看，产业政策的作用主要体现在弥补市场缺陷、优化配置资源、培育比较优势、保护幼稚产业等方面。一般来说，西方市场经济国家对产业的直接干预较少，多以法律和经济手段为主。与西方国家明显不同，我国对经济活动的干预则大量使用行政手段。在具体形式上，主要表现为从国务院到地方各级政府颁布的行政法规、规章、规划、规范性文件等所谓的“红头文件”。这些“红头文件”从广义上来讲，均可归入“政策”的范畴。在这里，为了避免歧义和造成混淆，产业政策特指我国各级政府和部门颁布的，用于干预产业经济活动的规范性文件，并不包含法规和规划。这类政策文件由于直接涉及行业管制，能够影响资源在不同行业之间的配置，因而对资源环境的影响也非常突出。

这些产业政策以“指导意见”“规范条件”“准入条件”“产业政策”等多种形式出现，如《国务院关于化解产能严重过剩矛盾的指导意见》(国发〔2013〕41

号)、《铅锌行业规范条件》(2015)、《焦化行业准入条件》(2014 年修订)、《煤炭产业政策》等。这些文件的管制内容涉及企业选址、生产规模、工艺设备、资源消耗、环境保护等多个方面，对于指导行业发展、加强准入控制具有重要作用。其中，《国务院关于化解产能严重过剩矛盾的指导意见》(国发〔2013〕41 号)针对钢铁、水泥、电解铝、平板玻璃、船舶等产能过剩行业，要求:“各地方、各部门不得以任何名义、任何方式核准、备案产能严重过剩行业新增产能项目，各相关部门和机构不得办理土地(海域)供应、能评、环评审批和新增授信支持等相关业务。”该文件直接从准入角度对“两高一资”行业进行严厉管制，能够有效控制产能过剩行业的规模，对于保护资源环境具有直接作用。在“规范条件”“准入条件”等政策性文件中，则一般直接把资源利用和环境保护要求作为行业准入的前置条件。例如，《铅锌行业规范条件》(2015)就明确提出:“现有选矿企业废水循环利用率应达到 80%及以上，新建及改造选矿企业废水循环利用率应达到 85%及以上。”除此之外，该文件提出的资源综合利用和环境保护方面的指标和要求还有很多，对于促进行业可持续发展具有明显的源头控制作用。

(二)产业和产品名录

所谓产业和产品名录，就是政府在综合考虑不同行业和产品的经济、社会、环境等影响的基础上，根据一定时期的战略目标，通过制定名录的方式对行业和产品提出的管制性要求。从广义上来讲，制定产业和产品名录的做法在我国仍然属于产业政策的范畴。由于这一做法具有强烈的中国特色，并且与前文所述的产业政策文件相比更加严厉和具体，因此这里把它单独列出来作为一类行业管制行为。制定产业和产品名录的目的，主要是为了促进经济结构调整，加快产业升级。由于产业结构调整一般会伴随资源利用效率的提高和污染物排放强度的降低，因此产业和产品名录也能够起到从决策源头防治环境问题，促进可持续发展的作用。当然，在实践中，是否符合可持续发展战略，一般也是产业和产品名录制定的重要依据。名录一旦制定，就会成为各地政府招商引资和项目审批、核准的直接依据，也是办理环评、土地征用等手续的重要依据。

对于产业和产品名录的由来，一般认为可以追溯到 1989 年 3 月国务院颁布的《国务院关于当前产业政策要点的决定》。文件提出:“明确国民经济各个领域中支持和限制的重点，是调整产业结构、进行宏观调控的重要依据”，并以附件的形式颁布了《当前的产业发展序列目录》。该文件和目录分生产领域、基本建设领域和技术改造领域，分别提出了重点支持生产的产业和产品，严格限制生产的产业和产品，以及停止生产的产业和产品。尽管该文件的主要目的是调整产业结构，但也对一些资源环境影响突出的产业和产品提出了限制或停止生产的要求。例如，在严格限制生产的产品中，就包含："生产方式落后、严重浪费资源和污染环境的产品，主要是土法炼焦、汽油和柴油发电、土法炼有色金属、土法硫磺。"从后来制定的各类名录来看，大多将管制的行业和产品分为鼓励类、限制类和禁止类三类。

1997 年 12 月，经国务院批准，国家计划委员会发布了《当前国家重点鼓励发展的产业、产品和技术目录》，从 1998 年 1 月 1 日起开始实行。该目录包含了当时国家重点鼓励的 29 个领域，共 440 种产品、技术及部分基础设施和服务。其中，符合可持续发展战略，有利于节约资源和改善生态环境，是确定目录的重要原则之一。随后，1999 年 1 月、12 月，以及 2002 年 6 月，经国务院批准，国家经贸委先后颁布了三批《淘汰落后生产能力、工艺和产品的目录》。该目录制定的目的是制止低水平重复建设，加快结构调整步伐，促进生产工艺、装备和产品的升级换代。淘汰对象是违反国家法律法规、生产方式落后、产品质量低劣、环境污染严重、原材料和能源消耗高的落后生产能力、工艺和产品。从中可以看出，节约资源和保护环境是本目录制定的重要依据。该目录第一批涉及 10 个行业，共 114 项内容；第二批涉及 8 个行业，共 119 项内容；第三批涉及 15 个行业，共 120 项内容。目录除了列明需要淘汰的具体项目外，还列出了明确的淘汰时限，可以说是最为严厉的行业管制手段。1999 年 8 月，经国务院批准，国家经贸委还颁布了《工商投资领域制止重复建设目录（第一批）》。目的仍是制止重复建设，加快行业调整，引导工商企业、金融机构及社会的投资方向。名录中禁止投资的项目分为四类：一是根据国家有关法律法规明令禁止的项目；二是低水平重复建设严重，造成当前生产能力过剩，需要总量控制的项目；三是工艺技术落后，已有先进、成熟工艺和技术替代的项目；四是污染环境、浪费资源严重的项目。该目录共涉及 17 个行业，201 项内容。

2005 年 12 月，国务院发布了《促进产业结构调整暂行规定》，提出由国家发展改革委牵头制定《产业结构调整指导目录》，并适时修订。同时提出：原国家计委、国家经贸委发布的《当前国家重点鼓励发展的产业、产品和技术目录（2000 年修订）》、原国家经贸委发布的《淘汰落后生产能力、工艺和产品的目录（第一批、第二批、第三批）》和《工商投资领域制止重复建设目录（第一批）》废止。

随后，《产业结构调整指导目录》成为我国对行业、产品、工艺等实施准入管制的统一依据。《产业结构调整指导目录》由鼓励类、限制类和淘汰类三类目录组成，原则上适用于我国境内的各类企业。其中，鼓励类主要是对经济社会发展有重要促进作用，有利于节约资源、保护环境、产业结构优化升级，需要采取政策措施予以鼓励和支持的关键技术、装备及产品。限制类主要是工艺技术落后，不符合行业准入条件和有关规定，不利于产业结构优化升级，需要督促改造和禁止新建的生产能力、工艺技术、装备及产品。淘汰类主要是不符合有关法律法规规定，严重浪费资源、污染环境、不具备安全生产条件，需要淘汰的落后工艺技术、装备及产品。不属于鼓励类、限制类和淘汰类且符合国家有关法律、法规和政策规定的，为允许类。允许类不列入《产业结构调整指导目录》。根据《促进产业结构调整暂行规定》，对于限制类的新建项目，要禁止投资；投资管理部门不予审批、核准或备案，各金融机构不得发放贷款，土地管理、城市规划和建设、环境保护、质检、消防、海关、工商等部门不得办理有关手续。对于淘汰类项目，要禁止投资。各金融机构应停止各种形式的授信支持，并采取措施收回已发放的贷款；各地区、各部门和有关企业要采取有力措施，按规定限期淘汰。

自2005年《产业结构调整指导目录》颁布以来，国家发展和改革委员会分别于2007年、2011年进行了修订。该目录一直是全国各地审批和核准项目，以及实施财税、信贷、土地、进出口等政策的重要依据，也是环境影响评价的重要依据。一些省、自治区、直辖市在国家发展改革委颁布的《产业结构调整指导目录》的基础上，根据本地区的产业特点和转型升级要求，制定了更加具体明确的目录，如《江苏省工业和信息产业结构调整指导目录》《北京市产业结构调整指导目录》等。对于产业结构调整指导目录中的限制类和淘汰类，政府部门一般都会提出非常严格的准入限制。

随着国家对环境保护工作重视程度的提高，近年来还出现了由环保部门主导制定的产品名录。2011年《国务院关于加强环境保护重点工作的意见》(国发〔2011〕35号）和《国家环境保护“十二五”规划》提出了制定和完善环境保护综合名录的要求。随后，从2012年开始，环境保护部每年发布一次《环境保护综合名录》。该名录制定的目的主要有两个：一是遏止“高污染、高风险”产品（以下简称“双高”产品）的生产、使用和出口；二是为企业“绿色转型”提供市场导向。2011年颁布的名录共包含“双高”产品596项，重污染工艺68项，环境友好工艺64项，环境保护专用设备28项，涉及化工、染料、涂料、农药、无机盐、制药、有色、焦化、炼焦、纺织、冶金、矿业、轻工、建材等多个行业。最新的《环境保护综合名录》(2015 年版)由“双高”产品名录和环境保护重点设备名录两部分组成，共包括 837 项产品、69 项设备。其中，“双高”产品包含了 50 余种生产过程中大量产生二氧化硫、氮氧化物、化学需氧量、氨氮的产品，30 多种产生大量挥发性有机污染物(VOCs)的产品，200 余种涉重金属污染的产品，以及 500 多种高环境风险产品。《环境保护综合名录》可为国家有关部门采取差别化的经济政策和市场监管政策，从源头上遏制“两高”产品的生产提供依据。

(三)环境技术政策

我国的环境技术政策一般是针对某一行业存在的突出环境问题，从防治环境污染、保护生态系统、保障人体健康等角度出发制定的管理规定。行业环境技术政策大多以规范性文件的形式出现，内容涉及企业选址、风险防范、污染控制、生态保护、资源利用、技术进步等多个方面，总体上以技术指导为主，但部分规定对企业具有约束力。这些环境技术政策或者对具体行业提出目标和指标要求，或者为其设置准入门槛，都会不同程度地影响企业的成本和收益。

我国的资源环境管理权限分散在发改、环保、国土、水利、城建、林业、农业等多个部门，因而上述部门都会发布涉及资源环境保护的技术政策，只是侧重点有所不同。其中，发改委系统发布的政策文件一般综合性较强，环保系统的文件偏重于污染防治，国土、林业等部门则偏重于生态保护。例如，国家环保总局、国家经贸委和科技部为了控制燃煤造成的二氧化硫污染，于 2002 年发布了《燃煤二氧化硫排放污染防治技术政策》，对煤炭的开采和加工利用提出了多方面的限制性要求。其中明确规定：“各地不得新建煤层含硫分大于 3%的矿井，新建硫分大于 1.5%的煤矿应配套建设煤炭洗选设施”，该条规定就对新建煤矿构成了硬性约束，成为煤矿项目环境准入的基本条件。2005 年国家环保总局、国土资源部、卫生部联合发布的《矿山生态环境保护与污染防治技术政策》，对矿产资源开发规划与设计、矿山基建、采矿、选矿和废弃地复垦等各个阶段都提出了相应的生态环境保护与污染防治要求，不仅涉及生产工艺、开发布局，而且提出了具体的目标和指标要求。此外，环境保护部还发布了大量针对具体行业的污染防治技术政策。如《制革、毛皮工业污染防治技术政策》《铅锌冶炼工业污染防治技术政策》《钢铁工业污染防治技术政策》等。这些技术政策一般从清洁生产、污染防治、生态保护、废物处置和综合利用等多个方面对行业环保工作提出鼓励、限制和禁止性要求，已经成为相关部门的管理依据，对于规范行业发展，提高行业技术水平，从源头防治行业环境污染和生态破坏发挥了重要作用。

（四）环境经济政策

随着市场经济体制改革的深入，我国环境管理领域的经济手段日趋增多，并且从目前来看仍有较大的发展空间。与此相对应，国家出台的环境经济政策也在不断增加，排污收费、绿色财政、绿色金融等国际上惯用的环境经济手段正呈现良好的发展势头。

排污收费和排污权交易是我国最早实施的环境经济政策之一。早在 20 世纪 70 年代末期，我国就确立了“谁污染，谁治理”的原则，要求一切向环境排放污染物的单位和个体经营者依照政府规定的标准缴纳一定的费用，以促使污染企业采取控制措施，减少污染排放。根据 2003 年 7 月 1 日开始实施的《排污费征收使用管理条例》，直接向环境排放污染物的排污者均须缴纳排污费，收费标准由国务院价格主管部门、财政部门和环保部门共同制定。排污费的征收、使用实行收支两条线，最终全部用于环境污染防治。我国最早的排污权交易实践是 1987 年上海市闵行区开展的企业间水污染物排放指标有偿转让。1994 年，我国正式在包头、开远、柳州、太原、平顶山、贵阳等 6 个城市开展了大气排污权交易试点；从 2002 年开始进一步在河南、江苏、山西、山东和柳州、天津、上海等地开展了二氧化硫排放总量控制及排污交易试点工作（王群，2015）。2007 年 11 月，我国第一个排污权交易中心在浙江嘉兴挂牌成立，标志着排污权交易开始走向制度化和规范化。随后，排污权交易试点范围不断扩大，国家出台了多个有关排污权交易的政策文件，如《国务院办公厅关于进一步推进排污权有偿使用和交易试点工作的指导意见》（国办发〔2014〕38 号）、《排污权出让收入管理暂行办法》等，排污权交易的制度化水平得以显著提高。

除排污收费和排污权交易外，我国的其他环境经济政策主要集中在绿色财政、绿色信贷、绿色税收、绿色债券等几个领域，并从 2007 年起进入了环境经济政策的密集发布期。对于绿色财政，2007 年财政部首次在政府收支分类科目中将“环境保护”设立为一项独立的支出类别，并建立了“类、款、项”三级科目结构。2011 年，“环境保护”类更名为“节能环保”类，科目结构也进行了调整。从目前来看，款级支出中不仅有“自然生态保护”“污染防治”等一般意义上的环境保护科目，还有“可再生能源”“资源综合利用”等直接涉及具体行业的支出科目。

此外，通过价格补贴鼓励产业绿色发展也是我国一项重要的绿色财政政策。例如，从2007年7月1日开始，我国对安装了烟气脱硫设备的燃煤电厂实行价格补贴政策，每度电补贴0.015元，用来补偿安装烟气脱硫设施所增加的额外成本。对于脱硫设施投运率低于80%的燃煤机组，则扣减停运时间所发电量的脱硫电价款并处5倍罚款。通过这一奖惩措施，我国“十一五”期间火电机组脱硫设施安装率由12%迅速上升到了82.6%（李晓亮，2014）。自2006年起，我国开始对太阳能、风能、生物质能等新能源企业实行上网电价补贴。其中，对生物质发电项目每度电补贴0.25元。通过对具体行业和技术给予财政支持，可以发挥一定的行业环境管制和引导作用。在政府采购方面，《中华人民共和国政府采购法》和《中华人民共和国政府采购法实施条例》都把节约资源和保护环境作为实施政府采购的重要依据。

对于信贷政策，2007年，国家环境保护总局、中国人民银行和中国银行业监督管理委员会联合发布了《关于落实环保政策法规防范信贷风险的意见》，提出了一系列银行业实施绿色信贷的具体管理规定。2010年，中国人民银行和中国银行业监督管理委员会联合发布了《关于进一步做好支持节能减排和淘汰落后产能金融服务工作的意见》（银发〔2010〕170号），提出要把支持节能减排和淘汰落后产能作为银行审贷管理的重要参照依据，对符合国家节能减排政策的项目给予信贷支持。2012年，中国银监会发布了《绿色信贷指引》，其中提出：“银行业金融机构应当从战略高度推进绿色信贷，加大对绿色经济、低碳经济、循环经济的支持，防范环境和社会风险，提升自身的环境和社会表现，并以此优化信贷结构，提高服务水平，促进发展方式转变”。响应政府号召，我国银行业相继推出了一系列绿色信贷产品，如能效贷款、排污权抵押贷款、碳交易预付账款融资等。截至2014年年末，银行业金融机构绿色信贷余额达到了7.59万亿元，其中21家主要银行业金融机构绿色信贷余额6.01万亿元，占其各项贷款总额的9.33%（李若愚，2016）。

在绿色税收方面，我国已经对一些“三废”回收利用企业实施了税收减免，对节能、治污等环保技术和环保投资给予税收优惠，把汽油、柴油等不可再生资源和一些高污染产品如电池、涂料等列入了消费税征收范围，对含铅汽油和不含铅汽油实行了差别化税率。2015年6月，国务院法制办开始就《环境保护税法（征求意见稿）》向社会各界公开征求意见，标志着我国的环境税费改革已经取得突破性进展。绿色债券虽然起步较晚，但发展势头非常迅猛。自2014年5月中广核风电有限公司发行国内第一单“碳债券”以来，我国发行的绿色债券不断增加。2016年7月，中国银行卢森堡分行与纽约分行同步发行了中国银行的首只绿色债券，发行规模等值30亿美元，是迄今为止国际市场上发行单笔金额最大、品种最多的绿色债券。由于我国的绿色金融仍处于起步阶段，未来发展空间非常巨大。

虽然环境经济政策的作用对象是企业，但政府的制度设计功能至关重要。只有建立起规范的环境经济制度，并形成公平、开放的市场环境，才能促进行业、企业自觉加快绿色产业发展步伐，从源头上减轻环境污染和生态破坏。随着我国市场化改革的进一步推进，环境经济政策的实施范围必将进一步扩大。政府和企业可以形成更大合力，从而引导行业更好、更快地走上绿色发展道路。

（五）污染物排放标准

我国的环境标准体系由环境质量标准、污染物排放标准、监测方法标准、标准样品标准、环境基础标准等构成。其中，环境质量标准和污染物排放标准是环境标准体系的主体和核心。污染物排放标准是对污染源排入环境的污染物的数量、浓度、时间和速率以及监测方法等做出的规定。我国的污染物排放标准可进一步分为跨行业的综合性排放标准和行业排放标准两类，涉及大气污染物、水污染物、噪声、固体废物、化学品、核辐射、电磁辐射等的管理和控制，是环境管理部门判断污染源排放行为是否合法的基本依据。在有行业排放标准的情况下，一定要执行行业排放标准；如果没有行业排放标准，则执行综合排放标准。在层级上，污染物排放标准分为国家级和地方级两级，其中地方标准要严于国家标准。在执行上，地方标准也优先于国家标准。同时，我国的污染物排放标准具有强制性，任何企业都必须强制执行。无论是综合排放标准还是行业排放标准，最终的作用对象都是具体的行业和企业，因而对行业和企业的排污行为具有直接管制作用，是我国防治污染和改善环境质量的基本手段。

自1974年1月1日我国第一个环境保护标准《工业“三废”排放试行标准》（GB J4—73）实施以来，截至目前，我国的主要产污行业基本上都制定了污染物排放标准，如《煤炭工业污染物排放标准》（GB 20426—2006）、《钢铁工业水污染物排放标准》（GB 13456—2012）、《石油化学工业污染物排放标准》（GB 31571—2015）等。在国家标准的基础上，一些地方政府还制定了更加严格的地方标准，如北京市的《水污染物综合排放标准》（DB 11/307—2013）、河北省的《钢铁工业大气污染物排放标准》（DB 13/2169—2015）等。污染物排放标准根据环境质量状况、经济技术发展水平等因素适时修订并不断趋紧，对于控制污染物排放、提高行业技术水平、改善环境质量发挥了巨大作用。除了污染物排放标准外，我国还对一些重点产污行业制定了清洁生产标准、污染治理工程技术规范、环境影响评价导则、环保验收技术规范等。这些行业标准基本上覆盖了行业的整个生命周期，不仅是环保部门的管理依据，更是企业投资决策的重要考虑因素，对企业的选址、工艺、环保设施等具有直接影响。

（六）污染物总量控制

根据污染物总量控制目标的确定方式，可将其分为目标总量控制和容量总量控制。前者的控制目标根据管理需要主观确定，后者的控制目标则根据实际环境容量确定。迄今为止，我国的污染物总量控制目标一直是根据区域环境质量要求和经济技术水平等因素综合确定的，属于目标总量的范畴。我国最早从“九五”开始实施污染物总量控制，空间上以县、时间上以年为基本管理单位。根据国家环境保护局制定的《“九五”期间全国主要污染物排放总量控制实施方案（试行）》（环控〔1997〕383 号），一开始我国的污染物总量控制共包含烟尘、工业粉尘、二氧化硫、化学需氧量、石油类、氰化物、砷、汞、铅、镉、六价铬、工业固体废物等 12 项污染物，重点是前 4 种；“十五”期间将实施总量控制的污染物缩减为 5 种，分别是二氧化硫、尘（烟尘和工业粉尘）、化学需氧量、氨氮和工业固体废物；“十一五”进一步缩减为 2 种，即二氧化硫和化学需氧量；“十二五”又增加为 4 种，分别是二氧化硫、氮氧化物、化学需氧量和氨氮。除了国家层面无地域差别的污染物总量控制外，一些地区还实施了专门针对特征污染物的总量控制。例如，《重点流域水污染防治规划（2011—2015）》中对巢湖和滇池提出了总磷和总氮控制目标；《重金属污染综合防治“十二五”规划》将铅、汞、镉、铬和类金属砷 5 种重金属污染物作为总量控制对象；《“十三五”生态环境保护规划》还将重点地区重点行业挥发性有机物纳入了总量控制范围。

我国的污染物总量控制程序大体如下：①国家环境保护主管部门在各省、自治区、直辖市申报的基础上，经全国综合平衡，编制全国主要污染物排放总量控制计划，并把主要污染物排放量指标分解到各省、自治区、直辖市；②各省、自治区、直辖市把省级控制计划指标分解下达到地级市或地区，各地、市再进一步将总量指标分解下达到县一级行政单元，县级行政单元最后将总量控制指标分配给具体企业；③各地区制订总量控制实施方案，编制年度污染物削减计划，确保完成辖区内的总量控制任务；④环境保护主管部门对污染物总量控制指标完成情况进行检查和考核。2014 年新修订的《环境保护法》第四十四条规定：“国家实行重点污染物排放总量控制制度。重点污染物排放总量控制指标由国务院下达，省、自治区、直辖市人民政府分解落实。企业事业单位在执行国家和地方污染物排放标准的同时，应当遵守分解落实到本单位的重点污染物排放总量控制指标。对超过国家重点污染物排放总量控制指标或者未完成国家确定的环境质量目标的地区，省级以上人民政府环境保护主管部门应当暂停审批其新增重点污染物排放总量的建设项目环境影响评价文件。”这一规定使得总量控制制度的法律地位得以显著提升。

从“十五”开始，我国把 5 种主要污染物总量减排正式纳入各级政府的国民经济和社会发展规划，提出 2005 年主要污染物排放总量要比 2000 年减少 10%。然而，由于“十五”期间重化工业发展迅猛，这一目标并没有完成。从“十一五”开始，我国将二氧化硫和化学需氧量总量控制作为约束性指标，提出了“十一五”期间要减少 10%的目标。为了确保二氧化硫减排目标如期实现，原国家环保总局与各省级政府和六大电力公司签署了具有法律效力的减排责任书。国务院加大了对各地总量控制目标完成情况的考核，提出推进钢铁、有色、化工、建材等行业二氧化硫综合治理，在大中城市及其近郊严格控制新（扩）建燃煤电厂，禁止新（扩）建钢铁、冶炼等高耗能企业等要求。最终，二氧化硫减排任务提前一年完成。2010 年，全国化学需氧量和二氧化硫排放总量比 2005 年分别下降了 12.45%和 14.29%。“十二五”提出化学需氧量、二氧化硫排放量分别减少 8%，氨氮、氮氧化物排放分别减少 10%的目标，最终均超额完成任务。

通过污染物总量控制，起到了抑制“两高一资”产业，鼓励高新技术产业发展，促进产业结构优化调整的作用。特别是对于火电行业，通过严格加强二氧化硫排放总量控制，使整个行业的面貌发生了质的变化。迄今，我国火电行业无论是生产工艺、能源效率还是污染物排放标准均已走在世界前列。一些地区的新建火电项目甚至达到了“超低排放”水平，二氧化硫、烟尘和氮氧化物排放浓度已经与燃气电厂处于同一水平。同时，我国的污染物总量控制往往与淘汰落后产能相结合，对于促进产业结构升级发挥了重要作用。其中，“九五”期间重点关停了生产规模小和生产工艺落后的小造纸、小染料、小制革等“十五小”企业，“十一五”以来重点加强了对钢铁、水泥等产能过剩行业的控制。总体而言，通过污染物总量控制，极大地提升了重点产污行业的技术水平、减少了污染物排放，对于改善区域环境质量发挥了重要作用。

三、我国行业环境管制存在的问题

（一）过度依赖行政手段

当今世界，市场经济体制俨然已经成为主流，法律手段和市场手段则是行业环境管制的主要工具。在实践中，西方市场经济国家广泛使用法律和标准进行行业环境准入控制，同时通过经济手段来引导企业向绿色化方向发展，很少使用行政命令来干预行业和企业的具体微观行为。如果企业认为达不到国家的法律和标准要求，或者认为遵守法律和标准会大幅增加成本，变得无利可图，就会主动退出生产。同时，对于符合国家战略要求的环境友好型产业和环境友好型技术，政府则会通过财政补贴、贴息等方式进行大力支持。与西方市场经济国家相比，我国虽然近年来环境保护的法制化水平有所提高，也开始引入了一些国际上惯用的环境经济技术政策，但行政手段仍然处于主导地位，在形式上主要表现为各级政府部门颁布的产业政策、产业指导目录、环境技术政策等“红头文件”。

在行业环境管制中大量使用行政手段，至少存在以下三个方面的弊端：一是容易滋生腐败。其中，很多产业政策只提出了目标和方向性要求，具体如何操作需要执行部门来规定，如此则给权力寻租带来很大空间。例如，在准入管理方面，很多部门都把发改委系统制定的产业政策和《产业结构调整指导目录》作为基本依据。但在实践中，由于一些行业的工艺和产品十分复杂，产业政策和产业目录很难规定得非常具体和明确。在管理工作中，对于某项具体的产品，特别是新产品是否符合产业政策，不只是环保部门，即使是产业政策的制定部门，有时也很难判断。特别是对于《产业结构调整指导目录》中的限制类产业，事实上属于准入控制的模糊地带，管理部门具有很大的自由裁量权，这些都给权力寻租带来了便利。近年来各级环境管理部门发生的腐败案件，很多都与环境准入审批有关。二是行政手段具有滞后性。现在科技进步日新月异，新产品、新工艺层出不穷。产业政策、产业名录更新速度再快也难以跟上科技发展的速度，很多要求在出台之日就已滞后，难以作为产业结构调整和环境保护的依据。三是行政管制不符合法制要求。例如，根据国务院2005年颁布的《促进产业结构调整暂行规定》，对于《产业结构调整指导目录》中的限制类和淘汰类项目，各金融机构应停止各种形式的授信支持，并采取措施收回已发放的贷款；在淘汰期限内国家价格主管部门可提高供电价格。对不按期淘汰生产工艺技术、装备和产品的企业，其产品属实行生产许可证管理的，有关部门要依法吊销生产许可证；工商行政管理部门要督促其依法办理变更登记或注销登记；环境保护管理部门要吊销其排污许可证；电力供应企业要依法停止供电。这些做法均与依法治国的理念严重相悖，会严重打击企业家的信心。从历史经验来看，我国过去重点管控的钢铁、煤炭、多晶硅、房地产等，很多都出现了产能过剩、布局混乱、资源浪费和环境污染突出等问题，也从一个侧面说明行政管制并不能从根本上解决问题。

（二）经济手段发展滞后

尽管近年来我国积极学习国际经验，在行业环境管制中开始使用绿色财政、绿色信贷、绿色税收、绿色债券等经济调节手段，但与西方国家相比仍然严重不足。具体而言，主要体现在以下三个方面：一是政府仍然是经济手段的实施主体，市场微观主体的作用尚未充分发挥。例如，我国的绿色财政由财政部门主导，绿色信贷的主体是国有银行，其他无论是绿色税收还是绿色债券，政府部门或国有企业主导的色彩也都非常明显，市场微观主体仍然处于从属地位，其积极性还没有充分发挥出来。二是法制建设比较滞后，相关规则体系不完善。我国近年来虽然进入了环境经济政策发布的高峰期，但制度建设仍然任重道远，亟须进一步加强。西方国家的环境经济政策一般都有坚实的法律依据和具体的实施细则，可操作性很强，但我国迄今还没有一部专门针对环境经济政策的立法。同时，对于那些有法律依据的环境经济政策，则大多存在缺乏实施细则和配套政策的问题。《中华人民共和国政府采购法》和《中华人民共和国政府采购法实施条例》虽然把节约资源和保护环境作为实施政府采购的重要依据，但由于监督机制不完善、透明化程度低等原因，一直没有得到很好地落实。三是环境经济政策的作用有限，对企业的支持力度有待提高。排污收费是我国较早实施的环境经济政策，但各地普遍存在收费标准偏低，企业宁愿缴纳排污费也不愿从源头减排的情况。对于排污权交易，则存在排污权分配的制度化程度不高，与环境影响评价、排污收费等制度的衔接性不强等问题。对于 2007 年以来国家大力推进的绿色信贷、绿色证券、绿色保险等绿色金融政策，虽然初步建立起了制度框架，但市场规模非常有限。就从目前来看，绿色金融仍是以信贷为主，绿色保险与绿色证券尚处于探索和起步阶段，直接融资比重小，对企业的支持力度还需要大幅提高。

（三）多头管制问题突出

我国的行业环境管制大量使用行政手段，并且不同部门之间存在严重的职能交叉重叠现象，这种体制导致在实际工作中，很多部门都会从自身利益和认识出发制定针对同一行业、同类问题的政策文件。例如，针对钢铁、水泥和铅锌行业的管理，工业和信息化部有《钢铁行业规范条件》《水泥行业规范条件》和《铅锌行业规范条件》，国家发展改革委有《钢铁产业发展政策》《水泥工业产业发展政策》《铅锌行业准入条件》，环保部则制定了《钢铁工业污染防治技术政策》《水泥工业污染防治技术政策》和《铅锌冶炼工业污染防治技术政策》等。尽管这几个部门的职能不同，但其出台的政策都涉及了产业布局、生产工艺、污染防治、资源利用等方面的问题。多个部门针对同一问题制定多个政策文件，不仅浪费行政资源，而且容易造成混乱，降低执行效率。又如，在煤炭开发领域，原国家环境保护总局、国土资源部、卫生部于 2005 年联合发布了《矿山生态环境保护与污染防治技术政策》，其中提出，2010 年煤矸石的利用率应达到 55%以上，2015 年达到 60%以上。然而，时隔一年，在 2006 年国家发展改革委发布的《关于印发加快煤炭行业结构调整、应对产能过剩的指导意见的通知》（发改运行〔2006〕593 号）中则提出："十一五"期间，煤矸石和煤泥利用率达到 75%以上。2007 年，国家发展改革委又在其他政策文件中将这一指标定为 70%。在污染防治和生态保护方面，也同样存在这类政出多门、管理要求不统一的现象。以上问题在其他行业也广泛存在，对于加强行业环境管制非常不利。

（四）对区域差别考虑不足

我国过去颁布的产业政策、产业名录、环境经济政策等，对区域发展阶段、发展诉求、资源环境禀赋等因素往往考虑不足，导致行业管理要求在实际工作中很难落实。例如，新疆、内蒙古等西北地区生态脆弱，国家颁布的产业政策一直强调要加强生态保护，防止过剩产能向西部转移。然而，由于西部煤炭资源丰富，煤层地质条件简单，因而煤炭开发成本极低，火电成本也显著低于中部和东部。这一资源条件决定了"两高一资"和产能过剩行业在西部地区仍有一定的利润空间。再加上西部地区经济发展水平相对较低，发展的愿望非常强烈，因此尽管国家对高耗能产业的管制比较严格，却并没有从根本上改变其向西部地区转移的态势。此外，过去不管是哪个部门颁布的行业环境管制文件，都普遍存在全国"一刀切”的现象。例如，我国针对煤炭行业的环境管制一般都把矿井水和煤矸石的综合利用率作为重要的项目环境准入考核指标，但并没有充分考虑不同区域的自然条件和资源禀赋差异。实际上，对于煤矸石来说，在平原地区和丘陵地区应该有不同的利用率要求。平原地区由于景观和污染影响突出，毫无疑问应该大力提高利用率，尽量不要堆存。但在丘陵地区，由于人口密度小，并且煤矸石可以用来填沟造地，因而综合利用率可以降低一些。对于矿井水，在干旱缺水地区和水资源丰富地区的综合利用要求也应有所不同。过去由于对矿井水利用率指标全国“一刀切”，导致一些云贵山区的煤矿环评报告不顾自然条件制约，竟然提出将矿井水通过几公里长的管道输送到异地进行利用的对策措施，显然是不具有可行性的。除煤炭行业外，其他行业也普遍存在行业环境管制要求全国“一刀切”的现象，不仅难以达到预期效果，反而容易招致质疑，降低其严肃性。

（五）环境管制标准偏低

我国的环境标准偏低，也是造成环境质量难以改善的重要原因。例如，以COD（化学需氧量）为例，《石油炼制工业污染物排放标准》（GB 31570—2015）规定的直接排放限值是60 mg/L，《炼焦化学工业污染物排放标准》（GB 16171—2012）规定的直接排放限值是100 mg/L，均明显高于《地表水环境质量标准》（GB 3838—2002）中Ⅴ类水体的 COD 浓度，并且这类现象普遍存在。也就是说，即使所有的企业都能做到废水达标排放，仍然会对受纳水体造成严重污染，导致环境质量等级下降。除污染物排放标准偏低外，我国的环境质量标准也比较宽松。以$PM_{2.5}$为例，我国的年均浓度和日均浓度限值分别是 35 μg/m^3 和 75 μg/m^3，美国则是15 μg/m^3 和 35 μg/m^3，比我国严格得多，并且仍在研究进一步收紧。我国的环境标准之所以比较宽松，与我国所处的工业化和城镇化发展阶段有直接关系。从西方国家治理灰霾污染的实践来看，最后都毫无例外地转向了汽车尾气排放控制，其中最重要的一项措施就是提升汽油的质量。目前欧盟的欧Ⅴ标准要求汽油中的硫含量低于10 μg/g，烯烃含量低于18%。反观我国，现行的国家Ⅳ号汽油标准要求硫含量低于50 μg/g，烯烃低于28%，与欧盟汽油标准的差距仍然非常显著。再如水泥行业，2013年修订的《水泥工业大气污染物排放标准》（GB 4915—2013）规定水泥窑及窑尾余热利用系统的颗粒物排放浓度是30 mg/m^3，而国际先进水平是10 mg/m^3，差距非常明显。此外，尽管我国土壤污染严重、食品安全堪忧，但尚未建立类似于欧盟 REACH 法规的有毒有害物质监管体系。如果行业环境管制标准偏低，就难以从源头上控制进入环境的污染物数量，对于改善环境质量和保障人体健康极为不利。

第三节　政策评估

第二次世界大战之后，政策科学在西方国家得到了迅猛发展，出现了很多具有影响力的决策理论。政策评估作为政策科学的一个有机组成部分，也在理论和实践方面有了长足进展。然而，由于当时社会主义和资本主义两大阵营处于敌对状态，并且我国的政治体制完全不同于西方国家，因而西方国家的决策科学并没有对我国产生什么实质性的影响。直到改革开放后，我国才开始从国外引进政策科学，公共政策评估也才开始逐渐进入人们的视野。尽管政府部门和学术界对政策评估的重视程度不断加强，我国也开展了一些政策评估方面的探索，但与西方国家程序化和规范化的政策评估相比，我国迄今为止仍然没有建立起正式的政策评估制度，目前学术界提到的政策评估其实只相当于西方政策评估中的一部分工作。在这里，为了论述方便，姑且也称其为“政策评估”。具体而言，我国目前开展的一些所谓政策评估，主要是指政策执行一段时间之后的事中和事后评估，很少有政策制定阶段的评估。即使是事中和事后评估，也没有建立起规范的评估模式。

一、我国政策评估的现状

由于长期受计划经济体制影响，我国各级政府部门迄今仍习惯于通过“红头文件”来部署工作、解决问题。因而可以称之为“政策”的文件种类繁多、涉及的领域非常广泛，对社会经济的影响不容小觑。然而，政府部门往往将制定政策当作一项必须要完成的工作，至于政策的合法性、合理性、可行性，有效性如何，则往往很少有人研究，也没有建立起一套科学的评估机制，尤其缺乏事前评估。从目前来看，我国以政策为对象的非正式评估主要有政策制定部门自上而下的评估、政策执行部门自下而上的评估，以及相对独立的媒体评估和专家学者的研究性评估四种，均以事后评估为主。

（一）政策制定部门自上而下的评估

政策制定部门自上而下督查政策的落实情况，是我国政策评估的主要方式。国务院及其组成部门的办公厅、各级地方政府办公厅一般都具有这一职能。例如，国务院办公厅的职责就包括:“督促检查国务院各部门和地方人民政府对国务院决定事项及国务院领导同志指示的贯彻落实情况，及时向国务院领导同志报告。”督察方式主要有听取汇报、核查档案资料、随机抽查、暗访和回访等。从2014年开始，国务院进一步加大了对政策落实情况的督察力度，并首次引入了第三方评估，2014年分别委托全国工商联、国务院发展研究中心、国家行政学院和中国科学院四家机构对相关政策的落实情况进行评估。其中，全国工商联负责评估“落实企业投资自主权，向非国有资本推出一批投资项目的政策措施”落实情况，国务院发展研究中心负责评估“加快棚户区改造，加大安居工程建设力度”和“实行精准扶贫”两项政策落实情况，国家行政学院负责评估“取消和下放行政审批事项、激发企业和市场活力”政策落实情况，中国科学院负责评估“国务院重大水利工程及农村饮水安全政策措施”落实情况。以上四家机构在政策评估中采用了走访企业、实地考察、召开座谈会、问卷调查等多种形式，并于同年8月向国务院提交了正式评估报告，得到了国务院领导的高度评价。随后，从2015年开始，国务院进一步加大了第三方评估的力度。受国务院影响，地方各级政府部门也开始引入了第三方评估，政策评估的实效有所提高。

近年来，一些国务院组成部门和地方政府也开展了一些政策后评估工作。例如，2010年，国土资源部颁布了《国土资源部规章和规范性文件后评估办法》（中华人民共和国国土资源部令第47号），明确提出：国土资源部制定的规章和规范性文件实施后，要按照规定的程序、标准和方法，对其政策措施、执行情况、实施效果、存在问题及其影响因素进行客观调查和综合评价，提出完善制度、改进管理的意见，并明确提出由国土资源部政策法规司负责组织实施后评估工作。在地方政府层面，广东省政府在2008年颁布了《广东省政府规章立法后评估规定》（广东省人民政府令第127号），提出在政府规章实施后，要按照一定的标准和程序，对政府规章的质量、绩效、问题及影响因素等进行跟踪调查和分析评价，并提出评估意见。对于评估主体，文件规定应当是政府法制机构和政府行政主管部门，但具体工作可以委托第三方开展。以上实践均属于自上而下的事后评估，并且在制度化建设方面已经走在了全国前列。

（二）政策执行部门自下而上的评估

政策执行部门对政策的落实情况进行评估，往往是应上级部门的要求而开展。一般会采取调查分析、数据统计等手段，形成关于某项政策落实情况的自查报告、落实情况报告、执行情况报告等，并向政策制定部门汇报。2014 年国务院加大了对稳增长、促改革、调结构、惠民生等各项政策落实情况的督察力度，旨在促进政策落地，消除体制机制障碍。地方各级政府部门响应国务院的号召，也不同程度地开展了政策执行情况自查，并向上级部门提交了自查报告。例如，阳泉市人民政府在《关于稳增长促改革调结构惠民生政策措施落实情况的自查报告》中，从简政放权、加快棚户区改造、发展环保产业等 11 个方面对政策的落实情况进行了自查。针对每个政策领域，分别从采取的主要举措、资金筹措情况、政策的实施进展、存在的主要困难、下一阶段工作打算等几个方面作了总结。一些部门和领域甚至建立了常态化的政策执行评估机制。例如，为了掌握税收政策执行情况，提高税收政策的合法性、合理性、针对性及可操作性，2006 年国家税务总局印发了《税收政策执行情况反馈报告制度实施办法（试行）》（国税发〔2006〕178 号），后于 2014 年将其修订为《国家税务总局税收政策执行情况反馈报告制度实施办法》（税总发〔2014〕159 号），要求各级税务机关要密切关注税收政策实施情况，及时形成对税收政策的意见和建议，向上级税务机关反映。省级税务机关要以《税收政策执行情况反馈意见》或《税收政策执行情况专题报告》两种形式向国家税务总局报告政策的执行情况。

（三）媒体评估

前两种评估方式属于事中和事后开展的内部评估，媒体评估则可面向政策过程的各个环节，并且属于相对独立的外部评估。在当今互联网时代，人们获取信息的方式空前便捷，信息传播的速度也更快，媒体已经成为促进决策科学化和民主化的重要力量。在政策过程的不同阶段，媒体所起的作用也各不相同。在政策问题尚未纳入政府议程之前，媒体往往就会对政策问题的性质、程度、影响，以及社会公众的利益诉求等进行报道。在互联网时代，媒体报道对于政策问题进入政府政策议程具有很大影响力，并且能够影响最终政策方案的选择。例如，2016 年全国多地出现小学生因塑胶跑道污染而致病的事件，各大媒体都进行了报道。迫于舆论压力，相关政府部门给予了高度重视并已开始制定标准。在政策的制定阶段，一些部门往往会通过媒体，如报纸、网络等向社会公众征求对政策草案的意见，社会公众也可通过媒体对政策草案发表意见，促进政策优化。目前国务院各部门在制定重大政策和标准时，一般都会通过互联网向社会各界征求意见。在政策执行过程中，媒体通常会报道政策的效果、存在的问题等，促进政府部门改进管理，提高政策效能。在上一轮政策结束后，一些媒体也会对政策过程进行回顾，对政策的成败得失进行总结，这些都能为政府部门采取进一步行动提供参考。

从国外来看，媒体在政策过程中的作用更多地体现在批评和监督政府行为，防止政府不作为和乱作为等方面。通过媒体监督，政府部门和政府官员会及时检讨自身行为，从而合法地使用权力，科学地制定决策，高效地采取行动，更好地回应社会诉求。随着舆论开放程度的提高，媒体在我国政策过程中的作用必将进一步提升。

（四）专家学者的研究性评估

在科研领域，一些专家学者依托研究课题，事实上也在开展针对特定政策的评估工作。例如，温军（2012）曾对1949—2001年我国的少数民族经济政策进行过系统的评估。在评估工作中，将少数民族地区的经济政策分为特殊照顾政策、产业发展政策、扶贫开发政策、开放联合政策等四大类，每大类又进一步细分为若干小类。针对每类政策，分别从政策措施、发展演变、实施效果、存在的问题等方面进行了详细分析，并指出了今后政策的改进方向。包蕾萍（2009）将我国的计划生育政策分为1968—1980年的广义计划生育政策阶段和1980年之后的独生子女政策阶段，采用总和生育率、出生率、自然增长率、生育意愿等指标进行了政策实施效果评估。此外，其他学者还对教育政策、农村人口养老保险政策、农业政策等进行了评估（张茂聪等，2013；马瑜，2016；黄季焜等，2009）。从以上专家学者开展的评估工作来看，绝大部分是总结性评估，重点主要是政策实施的社会和经济效应，基本上不涉及环境议题。由于科研工作者不受政策制定部门和政策执行部门的影响，因此评估结论往往更加客观和真实。然而，由于最终的成果表达方式只是书籍或学术论文，因而对政策过程的影响力十分有限。

二、我国政策评估存在的问题

由于政策的政治色彩较浓，影响政策过程的因素很多，因而政策评估是一项相当复杂的工作。要对政策有一个客观、全面的评价，必须建立一套完善的评估体系，包括评估标准、评估程序、评估方法等。借鉴西方国家的政策评估经验，结合我国的政策评估现状，发现我国的政策评估主要存在以下几个方面的问题。

（一）法律基础薄弱

从世界上正式建立政策评估制度的国家来看，普遍具有坚实的法律基础。例如，日本的政策评估法规有《政府政策评估法案》《政策评估标准指针》等，韩国有《政府业务评价基本法》。美国虽然未就政策评估事宜专门立法，但克林顿和奥巴马在任期内颁布的总统令同样具有法律效力。与以上国家相比，我国并没有专门针对政策评估的法律法规，政策评估还处于无法可依的状态。迄今为止，与政策评估事项关系比较密切的主要有2000年颁布实施的《中华人民共和国立法法》和2002年国务院发布的《规章制定程序条例》，但这两项法规的主要内容都是如何规范决策的制定过程。《中华人民共和国立法法》虽然对行政法规和规章的制定提出了一些规范性要求，但主要是关于制定主体、制定程序和审查程序等方面的规定，并未提出政策评估要求。《规章制定程序条例》的内容相对具体，对部门规章和地方政府规章的制定提出了更加详细和明确的规定，如第十四条规定："起草规章，应当深入调查研究，总结实践经验，广泛听取有关机关、组织和公民的意见。听取意见可以采取书面征求意见、座谈会、论证会、听证会等多种形式"。并在第四章专门提出了由法制部门对规章进行审查的具体程序和要点。然而，尽管该条例的一些规定也可纳入政策评估的范畴，但仅是政策评估的有机组成部分，距离全面、规范的政策评估仍有相当长一段距离。从远期来看，为了从制度上保障决策的科学化、民主化，必须通过立法来提升政策评估的法律地位，对政策评估的对象、主体、程序、方法、经费等关键事项做出明确规定。

（二）评估事项单一

国外将政策评估当作一项促进决策科学化和民主化的工具，因而无论是事前评估还是事后评估，均把政策影响作为评估重点，并且涵盖社会、经济、环境等多个方面。反观我国，除公众和媒体评估把政策影响作为重点事项外，政策制定部门和政策执行部门开展的评估往往只关心政策的落实情况。至于政策本身是否科学合理、到底产生了哪些具体影响，特别是非预期影响，未必会成为政策评估的重点。当然，这在根本上是由我国的官僚层级制所决定的，即上级部门首先关心的是自己的权威是否得到尊重，而不是政策是否科学，是否契合社会公众的利益诉求。例如，从《2015 年国务院大督查情况通报》（国务院办公厅，2016）来看，主要目的是检查政策的落实情况，发挥的作用主要是推动简政放权、推动大众创业、推动产业结构升级等，并未把政策影响作为评估重点，特别是很少涉及资源环境问题。由政策执行部门开展的评估，首先考虑的是如何给政策制定部门一个交代，因而重点同样是政策的落实情况，很少从社会、经济、环境等多个维度对政策的效果、效力、效能等进行评估。2014 年国务院在政策督察中虽然引入了第三方评估，在形式上有所创新，在力度上有所加大，但评估的目的是消除影响政策落地的体制机制障碍，并未把政策的成本和收益、正面和负面影响等作为评估重点。在国务院的推动下，近年来四川、海南、贵州、广西、黑龙江、天津等地开始探索在重大项目上马前和重大决策出台前进行社会稳定与经济效益“双评估”，这类评估虽然属于事前评估，但并未把资源环境效益纳入其中。公众和媒体评估虽然会涉及政策影响，但往往局限在特定方面，并且受专业所限，也很难对资源环境影响做出准确评价。对于专家学者开展的研究性评估，虽然独立性较强，但受评估者自身视角和偏好的影响较大，并且往往只关注与研究课题有关的几个方面。总体而言，我国无论是在决策过程哪个阶段开展的评估，其局限性都很明显，评估事项也没有同时覆盖社会、经济和环境三个维度，评估事项总体上比较单一。

（三）公众参与不足

政策的成败，与政策客体——社会公众或者利益相关者的态度密切相关。只有社会公众认为政策具有合法性、合理性和可行性，对政策比较认可并且愿意配合，政策的贯彻落实才有保障。从另一方面来讲，制定公共政策的目的是要解决公共问题，增进公众福祉，因此必须给社会公众以充分的知情权和参与权，并且通过发挥社会公众的聪明才智来共同提高政策方案的设计水平，满足社会公众的诉求。为此，西方国家的政策评估程序中均有公众参与或利益相关者参与环节，并对参与方式、时限要求有严格规定。反观我国，迄今各级政府仍习惯于把社会公众当作管理的对象而不是服务的对象，社会公众表达意愿和反应诉求的渠道并不十分通畅，对政策制定的影响力十分有限。在实践中，虽然各级政府部门在政策评估工作中也会采取实地考察、召开座谈会、问卷调查，甚至暗访等方式了解社会公众的态度，但往往流于形式。同时，历史上的长期集权统治，再加上新中国成立后的计划经济体制，也使社会公众习惯于自上而下命令—执行式的社会治理模式，对公共事务的参与热情普遍不高，并且往往对政府的意图持怀疑态度。当然，这也是社会转型时期必然会出现的问题。如果政策过程的透明度不高，公众参与不足，由政策制定部门主导政策过程，一旦出现沟通不畅、利益冲突等问题，就容易演化为群体性事件。随着人民群众民主观念的增强，获取信息渠道的增加，已经越来越难以满足过去那种被动充当政策受体的状态，在政策制定和评估过程中加强公众参与已是势所必然。

（四）缺乏定量评估

西方国家无论是政策出台之前的预断性评估还是政策执行完结之后的总结性评估，都非常重视定量评价。凡是能够量化的成本和收益，都要力求量化，便于对比分析。只有对于那些难以量化的成本和收益，才会考虑定性评价。反观我国，目前开展的一些所谓政策评估，主要偏重于定性评价和价值判断，在内容上也比较简单，系统开展量化评价的寥寥无几。究其原因，主要有以下几个方面：一是由政策本身的特点决定的。西方国家政府部门出台的政策往往比较具体，政策目标比较清楚，因此便于量化评价。反观我国，各级政府部门发布的规章和规范性文件更多的是指导性要求，能够量化的政策目标很少甚至没有，政策内容也比较简单，其实施成效在很大程度上取决于具体执行部门的态度，因此很难量化评价。同时，我国政府部门之间职能交叉重叠的问题比较突出，同一领域往往有多个部门的政策在同时发挥作用，因此很难识别某一政策与具体效应之间的关系。二是缺乏充足的数据资料。对政策的成本和收益进行定量评价，需要大量的数据和资料。然而，这些数据和资料往往分散在不同的部门和机构。对于拥有数据的部门和机构而言，往往将其视为一种重要资源，很少对外公布。当政策评估结论可能影响某些部门的利益时，数据资料就更加难以获取。三是基础研究不足。要将政策的某些影响定量化或者货币化，就必须先期开展基础研究，而我国对此类问题的研究往往非常薄弱。例如，由于剂量—反应研究不足，某些政策对人体健康的影响就很难量化，这也是我国环境影响评价领域健康影响评价发展滞后的重要原因。四是技术力量薄弱。我国政策科学的从业人员大多是社会科学专业出身，知识结构比较单一，缺乏必要的自然科学知识和量化分析能力，因而政策评估一般偏重于定性判断。特别是现有的政策评估以政策制定或执行机构的内部评估为主，评估人员主要是公务员，更是缺乏研究精神和定量评价能力。

（五）制约因素较多

不管是政策制定部门自上而下的评估、政策执行部门自下而上的评估、媒体评估还是专家学者的研究性评估，都会受到多方面主客观因素的制约，从而影响评估的独立性和客观性。对于政策制定部门自上而下的评估，受自身立场和利益的束缚，一般不会质疑政策的科学性、合理性和可行性，往往只关注政策的落实情况和执行中存在的具体困难。如果政策本身存在重大缺陷，政策制定部门也很难公开承认，而是尽力为政策的失败寻找借口。对于自下而上的评估，政策执行部门由于忌惮上级部门的权力，往往不敢正面指出政策的不当之处，而是尽力夸大政策效果，甚至为上级部门歌功颂德。如果的确是政策执行环节出现了问题，执行部门出于自身利益考虑，也往往避重就轻或转移视线。此外，政策执行部门开展的评估通常还会强调自身人员、资金和外部环境等方面的不足，力求通过评估为自己争取更多的资源。对于媒体评估，由于大多数媒体具有官方背景，因而一般只进行正面报道，很少揭发尖锐问题。即使媒体报道具有独立性，由于对政策过程和政策运作机制了解不足，评估的科学性和实用性也难以保障。此外，媒体评估还普遍存在信息不完整、专业性不足等问题，这些都会对评估质量构成制约。对于专家学者开展的研究性评估，虽然专业性和独立性都比较强，但容易受个人学术观点的左右，同时也存在数据资料难以获取，对政策过程缺乏深入了解等问题。总之，由于我国没有建立起规范的政策评估制度，现有的几种评估方式均难以做到客观、公正和全面。

第四节　规划环境影响评价

战略环境评价制度是目前国际上公认的从决策源头防范重大资源环境问题的制度安排。除规划、计划等层次相对较低的决策外，一些国家已经开始把政策、法规等高层次决策纳入法定评价范围。与西方发达国家相比，我国战略环境评价的层次相对较低，目前的法定评价对象仅限于规划层次，政策层面的战略环评还处于研究和探索阶段。因此，现阶段我国的战略环境评价事实上主要是指规划环境影响评价。

一、我国环境影响评价制度的立法进程

1949年新中国成立后，首先进行了三年的国民经济恢复，之后随即进行了农业、手工业和工商业社会主义改造、农业合作化运动、工业大跃进等。由于工业目标不切实际，发展计划严重受挫，在短暂调整后，很快又进入了长达十年的“文化大革命”。该时期资本主义和社会主义两大阵营严重对立，我国对西方国家的政治、经济制度也持敌视态度。从西方资本主义国家来看，这一时期正是其环境公害事件不断爆发、环境保护运动风起云涌、环境保护制度集中创立的活跃期。然而，由于意识形态原因，西方国家的环境保护制度并未对我国产生明显影响。另外，从国内来看，多年工业大跃进造成的资源环境问题则开始凸显，迫使政府不得不关注环境问题。在此背景下，1971年国家计委成立了环境保护办公室，中国政府机构的名称中第一次出现了“环境保护”字样。

1972年，在周恩来总理的指示下，我国组团出席了联合国在瑞典斯德哥尔摩召开的第一次人类环境会议。受其影响，随后我国决定召开一次全国性的环境保护会议。1973年8月5—20日，国务院委托国家计划委员会召开了第一次全国环境保护会议，通过了新中国成立后的第一个环境保护文件——《关于保护和改善环境的若干规定（试行草案）》，提出了“全面规划、合理布局，综合利用、化害为利，依靠群众、大家动手，保护环境、造福人民”的32字环保工作方针。文件第一部分“全面做好规划”提出：“各地区、各部门制定发展国民经济计划，既要从发展生产出发，又要充分注意到环境的保护和改善，把两方面的要求统一起来，统筹兼顾，全面安排。对自然资源的开发，包括采伐森林，开发矿山，兴建大型水利工程等，都要考虑到对气象、水生资源、水土保持等自然环境的影响，不能只看局部，不顾全局，只看眼前，不顾长远。各省、市、自治区要制定本地区保护和改善环境的规划，作为长期计划和年度计划的组成部分，认真组织实施”。在当时的计划体制下，这段要求全面体现了从决策源头防治环境污染的战略思想和政治决心，可以看作是官方在决策中纳入环境考量的最早意思表达。文件还要求：“一切新建、扩建和改建的企业，防治污染项目，必须和主体工程同时设计，同时施工，同时投产”，这就是后来的环境保护“三同时”制度。总体来看，这次会议对我国今后的环境保护工作做出了全面安排，并对环境监测体系和环境保护机构建设、环境保护科学研究、污染治理等工作进行了部署。尽管会议并没有提出环

境影响评价的概念，却为建立环境影响评价制度提供了必要的政治和舆论环境。

1978 年，在中共中央批转国务院关于《环境保护工作汇报要点》的报告中，首次提出了开展环境影响评价工作的思路（全国人大环境与资源保护委员会法案室，2003）。1979 年 9 月，五届全国人大第十一次会议原则通过了《中华人民共和国环境保护法（试行）》，正式确立了环境影响评价制度，其中第六条明确规定："一切企业、事业单位的选址、设计、建设和生产，都必须充分注意防止对环境的污染和破坏。在进行新建、改建和扩建工程时，必须提出对环境影响的报告书，经环境保护部门和其他有关部门审查批准后才能进行设计。"1981 年 5 月，国家计划委员会、国家基本建设委员会、国家经济委员会和国务院环境保护领导小组联合发布的《基本建设项目环境保护管理办法》，不仅提出了建设项目环境影响评价的介入时机和审批程序，而且明确了必须编制环境影响报告书的基本建设项目范围，以及建设项目环境影响报告书的主要内容。1986 年 3 月，由国务院环境保护委员会、国家计委、国家经委联合发布的《建设项目环境保护管理办法》对与环境影响评价制度有关的部门之间的职责分工、审批程序、环境影响评价资格审查等事宜做出了具体规定。1989 年全国人民代表大会通过的《中华人民共和国环境保护法》再次对建设项目环境影响评价制度进行了确认。1998 年国务院通过的《建设项目环境保护管理条例》对环境影响评价制度进行了集中和系统化规定，其中第二章是专门针对环境影响评价制度的，包括环境影响评价文件的类别、内容要求、管理程序、环评机构资质要求等。这一行政法规的一个重要突破就是第三十一条提出了流域开发、开发区建设、城市新区建设和旧区改建等区域性开发活动在编制建设规划时，应当进行环境影响评价。2003 年 9 月 1 日起正式施行的《中华人民共和国环境影响评价法》，通过专门立法的形式进一步确认和完善了环境影响评价制度，其中第八条规定："国务院有关部门、设区的市级以上地方人民政府及其有关部门，对其组织编制的工业、农业、畜牧业、林业、能源、水利、交通、城市建设、旅游、自然资源开发的有关专项规划（以下简称专项规划），应当在该专项规划草案上报审批前，组织进行环境影响评价，并向审批该专项规划的机关提出环境影响报告书。"该规定首次通过法律形式扩展了我国环境影响评价的范围，将评价对象延伸到了"一地三域"和"十个专项"类规划中，可以说是我国环境影响评价制度发展历史上的一个新的里程碑，是我国环境影响评价制度走向完善的标志。2009 年国务院通过的《规划环境影响评价条例》对《中华人民共和国环境影响评价法》中关于规划环评的未尽事宜做了进一步明确。2014 年最新修订的《中华人民共和国环境保护法》除纳入关于规划环境影响评价的要求外，对环境影响评价的范围再次做出了拓展。其中第十四条规定："国务院有关部门和省、自治区、直辖市人民政府组织制定经济、技术政策，应当充分考虑对环境的影响，听取有关方面和专家的意见。"社会各界普遍认为该条规定为政策环境评价的开展打开了缺口，提供了一定的法律依据。至此，我国的环境影响评价体系中除建设项目环境影响评价和规划环境影响评价外，政策环境评价也开始了相关探索。我国涉及环境影响评价制度的法规及其相关内容见表 5-8。

表 5-8　我国环境保护法规中对环境影响评价制度的规定

法规名称	制定机关	生效年份	条目	具体规定
《中华人民共和国环境保护法（试行）》	全国人民代表大会	1979	第六条	在进行新建、改建和扩建工程时，必须提出对环境影响的报告书，经环境保护部门和其他有关部门审查批准后才能进行设计
			第七条	在老城市改造和新城市建设中，应当根据气象、地理、水文、生态等条件，对工业区、居民区、公用设施、绿化地带等做出环境影响评价
《基本建设项目环境保护管理办法》	国家计划委员会等	1981	第四条	建设单位及其主管部门，必须在基本建设项目可行性研究的基础上，编制基本建设项目环境影响报告书，经环境保护部门审查同意后，再编制建设项目的计划任务书
《建设项目环境保护管理办法》	国务院环境保护委员会等	1986	第四条	凡从事对环境有影响的建设项目都必须执行环境影响报告书的审批制度
《中华人民共和国环境保护法》	全国人民代表大会	1989	第十三条	建设项目的环境影响报告书，必须对建设项目产生的污染和对环境的影响做出评价，规定防治措施，经项目主管部门预审并依照规定的程序报环境保护行政主管部门批准
《建设项目环境保护管理条例》	国务院	1998	第二章共 10 条	第二章专门提出了环境影响评价制度要求，包括环境影响评价文件的类别、内容要求、管理程序、环评机构资质要求等。其中第三十一条提出了开展区域战略环评的要求
《中华人民共和国环境影响评价法》	全国人民代表大会	2003	全篇 38 条	分别对规划环境影响评价和建设项目环境影响评价的文件形式、对象范围、重点内容、主要程序、评价机构资质要求等做出了规定
《规划环境影响评价条例》	国务院	2009	全篇 36 条	分别从评价内容、评价文件的形式、公众参与、审查机制、质量控制、跟踪评价、追责机制等方面对环境影响评价的有关要求进行了细化

法规名称	制定机关	生效年份	条目	具体规定
《中华人民共和国环境保护法》	全国人民代表大会	2015	第十四条	国务院有关部门和省、自治区、直辖市人民政府组织制定经济、技术政策，应当充分考虑对环境的影响，听取有关方面和专家的意见
			第十九条	编制有关开发利用规划，建设对环境有影响的项目，应当依法进行环境影响评价

二、我国的规划环评制度概述

1998年国务院颁布的《建设项目环境保护管理条例》首次以法规的形式提出了开展规划环评的要求，其中第三十一条规定：“流域开发、开发区建设、城市新区建设和旧区改建等区域性开发，编制建设规划时，应当进行环境影响评价。”随后，2003年9月1日起正式施行的《中华人民共和国环境影响评价法》直接将规划环评纳入了法律要求，从而确立了我国的规划环境影响评价制度。根据《中华人民共和国环境影响评价法》，规划环评是指对规划实施后可能造成的环境影响进行分析、预测和评估，提出预防或者减轻不良环境影响的对策和措施，进行跟踪监测的方法与制度。我国的规划环评在形式上分为“规划环境影响报告书”和“规划有关环境影响的篇章或者说明”两种形式。其中，国务院有关部门、设区的市级以上地方人民政府及其有关部门组织编制的工业、农业、畜牧业、林业、能源、水利、交通、城市建设、旅游、自然资源开发的有关专项规划，俗称“十个专项”规划，需要编制规划环境影响报告书。上述部门和地方人民政府组织编制的土地利用的有关规划，区域、流域、海域的建设、开发利用规划，俗称“一地三域”规划，以及前述“十个专项”规划中的指导性规划，需要编制规划有关环境影响的篇章或者说明。2009年国务院通过的《规划环境影响评价条例》进一步从评价、审查、跟踪评价、法律责任等几个方面对规划环境影响评价制度进行了规定。以上法规构成了我国规划环境影响评价的法律基础，俗称“一法两条例”。配合《中华人民共和国环境影响评价法》的实施，国家环境保护总局于2003年颁布了《规划环境影响评价技术导则（试行）》（HJ/T 130—2003）和《开发区区域环境影响评价技术导则》（HJ/T 131—2003），2004年颁布了《编制环境影响报告书的规划的具体范围（试行）》和《编制环境影响篇章或说明的规划的具体范围（试行）》，2009年颁布了《规划环境影响评价技术导则　煤炭工业矿区总体规划》

（HJ 463—2009），2014 年颁布了《规划环境影响评价技术导则　总纲》（HJ 130—2014），取代了之前的《规划环境影响评价技术导则（试行）》（HJ/T 130—2003）。以上三个导则和一个编制范围，再加上生态、大气、地表水、地下水、声环境等要素导则，构成我国规划环评的技术规范体系。

2014 年颁布的《规划环境影响评价技术导则　总纲》（HJ 130—2014）强调了规划环评和规划编制过程的互动，要求评价应在规划纲要编制阶段（或规划启动阶段）介入，并与规划方案的研究和规划的编制、修改、完善全过程互动。具体而言，在规划纲要编制阶段，规划编制部门就应委托开展规划环评工作，对规划纲要进行初步分析，收集相关法律法规、环境政策及规划背景等资料，同时初步调查规划区域的资源环境状况。在以上工作的基础上，识别规划可能导致的主要环境影响和制约因素，并将其反馈给规划编制部门。同时，该阶段应确定规划环境影响评价工作方案。在规划研究阶段，则要针对规划内容，开展深入细致的环境影响评价工作，包括对水、气、声、生态等环境要素的影响预测和评价，资源环境承载力评价，清洁生产和循环经济分析，以及人群健康和环境风险分析。根据以上评价和预测结果，对规划方案进行综合论证。通过论证，大概可能出现三种结果：一是认为规划方案应该进行调整或修改。如果规划编制部门接受，则再从头对调整后的规划方案进行新一轮评价。二是提出环境可行的推荐方案。如果规划编制部门接受，则进一步对此方案提出减缓不良环境影响的对策措施，并编制跟踪评价方案，提出环境管理要求。如果规划编制部门不采纳，则针对原规划提出优化调整建议，进而提出不良环境影响减缓措施，编制跟踪评价方案，提出环境管理要求。三是提出放弃规划方案的建议。如果规划方案实施可能导致区域资源环境难以承载，可能造成重大不良环境影响且无法提出切实可行的预防或减轻对策和措施，或者对可能产生的不良环境影响的程度或范围尚无法做出科学判断时，应提出放弃规划方案的建议，并反馈给规划编制机关。

以上是我国规划环评的理想程序或期望程序，具体如图 5-1 所示。然而，在具体实践中，受配套法律法规不健全、规划决策过程不规范、规划管理部门抵制等因素影响，规划环评的介入时机普遍滞后，规划环评结论对规划方案的影响也具有很大的不确定性。同时，受数据资料不充分、技术方法不成熟、评价人员能力有限等因素制约，评价结果的科学性也常常会受到质疑。总体而言，我国规划环评的有效性尚需进一步提升。

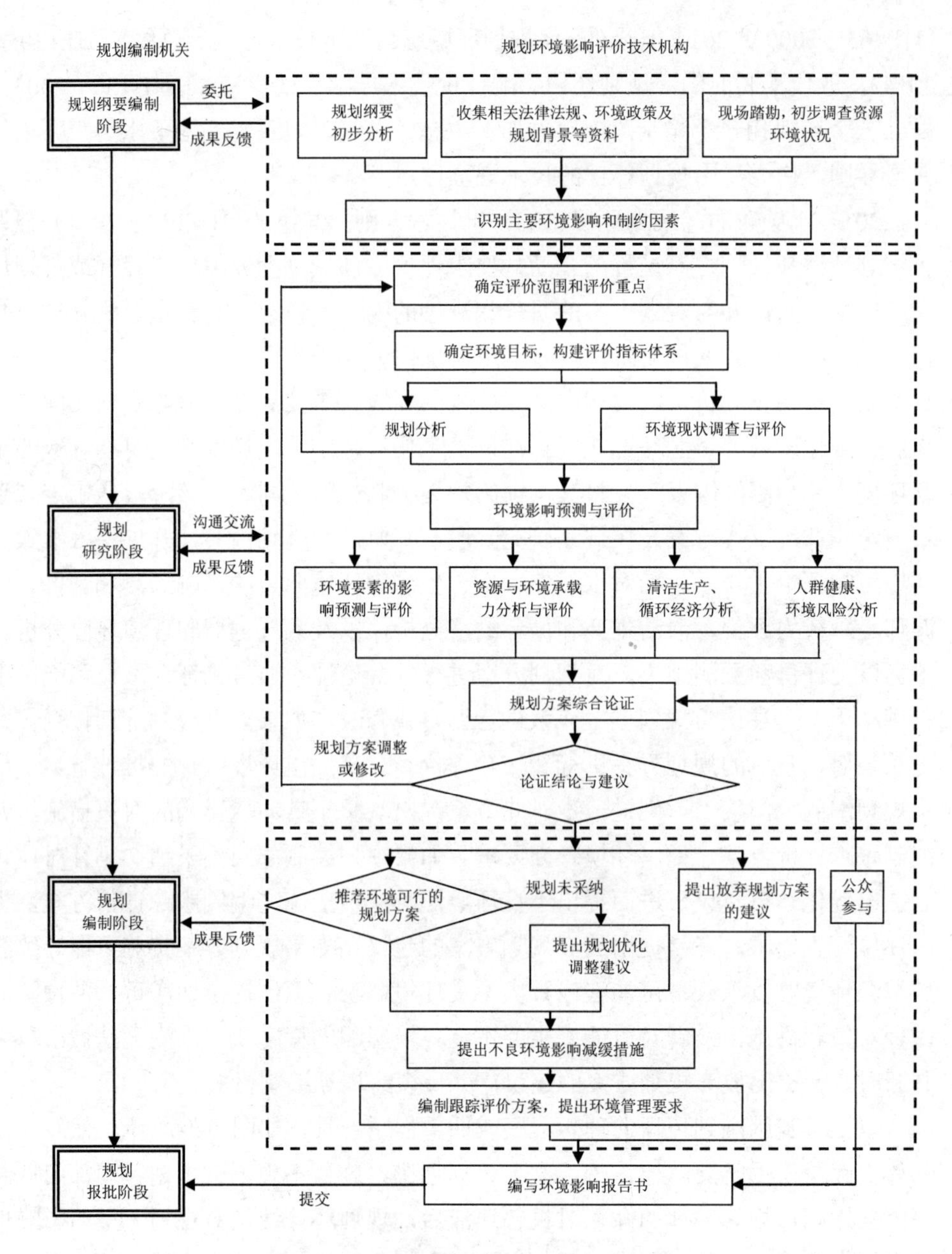

图 5-1 我国规划环境影响评价工作流程

注：引自《规划环境影响评价技术导则 总纲》（HJ 130—2014）。

在管理程序上，一般是规划编制部门组织编制形成规划环评报告初稿后，向环境保护主管部门提出审查申请。环保部门受理后，随即召集有关部门代表和专家组成审查小组，采取会议审查的方式对环境影响报告书进行审查，并形成书面审查意见。在形式上，根据《中华人民共和国环境影响评价法》和《规划环境影响评价条例》，规划审批机关在审批专项规划草案时，应当将环境影响报告书结论以及审查意见作为决策的重要依据。如果不予采纳，应当逐项就不予采纳的理由做出书面说明，并存档备查。

公众参与也是规划环评工作的一项重要内容。《中华人民共和国环境影响评价法》第十一条规定："专项规划的编制机关对可能造成不良环境影响并直接涉及公众环境权益的规划，应当在该规划草案报送审批前，举行论证会、听证会，或者采取其他形式，征求有关单位、专家和公众对环境影响报告书草案的意见。但是，国家规定需要保密的情形除外。编制机关应当认真考虑有关单位、专家和公众对环境影响报告书草案的意见，并应当在报送审查的环境影响报告书中附具对意见采纳或者不采纳的说明。"随着我国决策科学化进程的推进和民众维权意识的提高，规划环评中公众参与的重要性不断增强。特别是在城市地区，公众参与已经成为规划环评中的非常重要的一项内容，并直接关系到社会稳定。

三、我国规划环评的开展情况

自 2003 年 9 月 1 日起开始实施的《中华人民共和国环境影响评价法》将规划环评提升为法规要求后，环保部随即制定了一系列配套的规范性文件，用以指导规划环评工作的开展。同时，环保部还在全国组织开展了一些规划环评试点项目，通过示范效应来引导更多地区和部门主动开展规划环评。在此项工作的推进过程中，我国的规划部门普遍从最初的抵制、观望，最后转变为配合和接受，乃至主动推进。为了提高规划环评的执行率，从 2006 年开始，环境保护部开始将一些重点领域的规划环评开展情况作为受理建设项目环评文件的前置条件，即未作规划环评的不予受理项目环评。随后，从 2007 年开始，规划环评的执行率有所提高，目前总体上处于一个比较平稳的状态。从 2006—2015 年 10 年间环境保护部受理和审查的规划环评报告来看（表 5-9），主要集中在煤炭矿区、开发区、轨道交通、港口、航道和流域开发等有限几个领域，占全部规划环评报告书数量的比例分别为 30.0%、16.7%、20.1%、11.9%、3.7%和 2.6%。其他领域的规划环评报告书数量较少，仅占 15.0%，分布的行业和领域也没有规律性，主要有城市规划、土地规划、粮食战略工程规划、电力规划等。在地方层面，到目前为止几乎每个省（自治区、直辖市）都制定了推进规划环评的地方性法规、政府规章等文件。与国务院各部委相比，地方政府部门之间协调起来相对容易，因此一些地方在规划环评的开展力度和广度上甚至超过了国家层面。

表 5-9　2006—2015 年环保部审核的规划环评报告书行业分布情况

领域＼年份	2006	2007	2008	2009	2010	2011	2012	2013	2014	2015	合计
煤炭矿区	3	13	27	25	11	15	13	13	4	4	128
开发区	3	9	13	8	1	5	2	9	9	12	71
轨道交通	2	8	8	8	6	11	14	6	12	11	86
港口	5	3	4	4	7	14	2	4	4	4	51
航道	0	0	0	0	0	3	6	7	0	0	16
流域开发	0	0	3	3	4	0	1	0	0	0	11
其他	10	1	10	4	9	5	1	8	7	9	64
合计	23	34	65	52	38	53	39	47	36	40	427

四、我国规划环评的主要作用

（一）促进规划布局优化调整

环评界有一种观点认为，政策环评应重点评价“干什么”，即解决发展方向是否正确的问题；规划环评应重点评价“在哪干”，即区域或行业的发展布局问题；到了项目环评，由于发展方向和总体布局已经确定，主要解决“怎么干”的问题，重点是清洁生产、末端治理等具体操作事项。尽管以上观点存在争议，但无论在国内还是国外，规划环评都把规划布局作为评价重点却是事实。在实际工作中，国内的评价单位一般是通过规划布局与自然保护区、风景名胜区、森林公园、地质公园、文物古迹、人口集中居住区等环境敏感区域的空间协调性分析来判断规划布局的合理性。通过规划协调性分析，可以及时发现规划布局的不合理之处，促进规划布局优化调整，减轻对自然生态系统和敏感保护目标的影响。经粗略统计，“十一五”期间由环境保护部组织审查的煤炭矿区、开发区、轨道交通、港口四个领域的规划环评报告书中，通过规划协调性分析，共规避各类自然保护区 96 个、风景名胜区 131 个、文物古迹 360 个、森林公园 75 个、地质公园 11 个、饮用水水源地 253 个。此外，港口规划环评还避让海洋特别保护区 10 个，水产种质资源保护区 5 个，渔业资源保护区 37 个，优化缩减岸线 19.9 km，优化或取消港区 19 个；通过七大流域规划环评，取消了涉及自然保护区或敏感生境的 30 余个梯级电站和 7 个水库建设。除规划协调性分析外，环境影响预测和利益相关方协调也是促进规划布局优化调整的重要手段。例如，在北京市城市轨道建设规划环境影响评价中，经环境保护部反复协调相关方面，最终取消了环境影响较大的 L1 线，将 L2 线由跨座式单轨优化为地铁制式，并全线调整为地下敷设；将声环境影响较大的 M17 线，全线调整为地下敷设方式。

（二）优化产业结构和规模

促进规划产业的结构和规模与资源环境承载能力相匹配，也是规划环评的一项重点工作。从实践来看，实现这一目标的主要抓手是产业政策的符合性分析和资源环境承载力分析。前者主要是通过分析拟建产业与国家和地方产业政策的相符性来进行判断，其中国家发展和改革委员会不断更新的产业结构调整指导目录是主要参考依据。例如，《产业结构调整指导目录（2005 年本）》将单机容量 5 万 kW 及以下的常规小火电机组列为淘汰类，但 2006 年鄂尔多斯市发展改革委组织编制的《内蒙古自治区鄂尔多斯塔然高勒矿区总体规划》包含了 2×50 MW 的燃煤电厂。后来在环境评价工作中，评价机构发现该电厂的规模与国家产业政策不相符，于是提出了禁止建设的要求。此外，资源环境承载能力分析，包括水资源承载力、生态承载力、土地承载力和大气、水环境容量分析，也是论证规划定位、产业规模以及产业结构环境合理性的重要依据。例如，在内蒙古锡林郭勒盟白音乌拉矿区总体规划环境影响评价中发现，矿区西南部是区域第三系地下水含水层的露头区，也是地下水的富水段核心区，矿区开发大量用水有可能导致苏尼特左旗古河道的地下潜水含水层干枯，减少对下游水资源的补给，对区域生态环境造成严重影响。据此，规划环评提出将苏尼特左旗古河道列为重点环境保护目标，并进行了水资源承载力论证。经论证发现，区域水资源难以承载煤、电、煤化工一体化开发。根据这一结论，规划环评报告书提出应取消拟建设的火电和煤化工项目，对规划的产业结构进行重大调整。

（三）提高清洁生产和循环经济水平

开展清洁生产和循环经济分析，是《规划环境影响评价技术导则　总纲》（HJ 130—2014）提出的要求。从实际工作来看，以自然资源开发和工业生产为主要内容的规划，一般都会专门开展清洁生产和循环经济评价，对照清洁生产标准和同行业的清洁生产水平评价拟建项目的清洁生产水平，指出需要提高的方面，供规划部门和下一阶段项目设计时参考。同时，清洁生产和循环经济评价也会基于产业关联度分析，提出构建或优化循环经济产业链的建议。此外，规划环评中通过严格执行国家的环保政策，也能促进清洁生产水平的提高。例如，煤炭行业现有环境准入政策禁止新建煤层含硫量大于3%的煤矿，旨在减轻后续燃烧环节的二氧化硫污染。煤炭矿区规划环评编制单位一般都会严格执行该项政策，识别含硫量超过3%的煤层及其范围，并提出禁止开采的建议。例如，贵州黑塘矿区规划环评对矿区内含硫量超过3%的煤炭资源进行了核算，剔除了4.1亿t高硫煤。除含硫量外，煤炭行业现有环境政策对矿井水、煤矸石、瓦斯等伴生资源也有明确的综合利用要求。因此，通过规划环境影响评价，可以促进规划编制部门严格执行国家相关政策，提高清洁生产和循环经济水平。

（四）防范布局性环境问题

单个项目的环境风险容易识别和控制，但因布局不合理而隐藏的环境风险，则难以通过单个项目的环境影响评价来识别和预防。因此，从区域社会、经济、环境角度统筹分析规划布局是否存在重大环境风险，也是我国规划环评的重点内容。特别是在2005年松花江水污染事件发生后，环境保护部在全国范围内开展了环境风险排查工作，并将环境风险评价作为环境影响评价的重点内容。对于规划环评而言，目前一般都会列专章来评价环境风险问题，并提出布局性防控建议。例如，在宁波化工园区规划环评中，评价单位通过空间分析发现，宁波化工区总体上处于周边村庄、镇区海陆风的上风向，沿化工区边界垂直外延1 500 m，涉及的村庄和社区共有21个，人口7.1万人。与化工区边界相距800 m以内的村庄和社区共有13个，人口5.2万人。部分村庄距离化工区的边界甚至不能满足卫生防护距离的要求。园区发展对村、镇的环境影响日益突出，二者的矛盾难以解决。对此，《宁波化工区总体规划修编环境影响报告书》中详细分析了各种典型事故情景下的环境风险影响范围，从园区内部生产设施布局调整和园区外居民点搬迁两个方面提出了布局性环境风险的防控建议。根据实践经验，很多环境风险问题事实上都是因为项目布局不合理造成的，如果在规划环评阶段予以充分重视，往往能取得事半功倍的效果。

五、我国规划环评存在的主要问题

1998 年，我国的环境影响评价法在起草之初，很多国际上行之有效的做法也曾被写入法律草案。然而，在征求意见环节，一些规定因遭到相关部门和地方政府的抵制而未能最终入法。现在来看，很多国际上公认的战略环评的精髓并没有纳入我国的法律体系。究其原因，主要是由我国的政治文化和决策体制都与西方国家相距甚远所致。因此，我国的规划环评与国际上的通行做法并不完全一致。再加上实施过程中存在配套规则不完善的问题，导致我国的规划环评体系还存在很多问题。具体而言，主要体现在以下几个方面。

（一）规划筛选机制不完善

对于一项规划是否应该开展规划环境影响评价，以及应该采取何种方式进行评价，国外一般是通过两种方式来判别。一种是核查表法（checklist），即查看拟议规划是否包含在相关名录中，丹麦、荷兰、南非等国均采取这种方式；二是逐案判断（case by case），即通过一个规范的程序来判别拟议规划是否需要开展环境评价，以及环境评价应该采取哪种形式，美国和加拿大是这种类型的代表。我国国家环境保护总局于 2004 年发布的《编制环境影响报告书的规划的具体范围（试行）》和《编制环境影响篇章或说明的规划的具体范围（试行）》，在形式上虽然具有核查表的特点，但提出的规划类别非常宽泛，与现行规划体系和规划名称难以对应，导致一些规划很难通过该“范围”来确定是编制环境影响报告书还是编制有关环境影响的篇章或者说明，这在客观上为个别部门规避规划环评责任提供了空间。如全国“十二五”大型水库规划，本已依法编制了环境影响报告书，环境保护部及时组织了 9 个相关部门和权威专家开展了审查，形成了应进一步修改后重新报送审查的意见，并提出了报告修改完善的主要内容和对规划项目按环境影响分类采取优化措施的建议。然而，后来规划编制部门担心评价结论可能影响部分“重要”项目上马，于是将规划名称变更为“全国大型水库建设总体安排意见”。之后，规划编制部门声称根据“范围”要求，重新编写了有关环境影响的篇章，对环境影响只做笼统描述。同时，取消了所有较为具体的优化调整建议，抹杀了原有规划环评的作用。这种通过变通的方式逃避规划环评的做法，无疑为规划实施埋下了环境隐患。由于规划筛选机制不完善，导致很多本应开展规划环评（甚至应该编制规划环境影响报告书）的规划成为“漏网之鱼”，为环境保护工作埋下了隐患。

（二）介入时机普遍滞后

早期介入，全程互动，是国际上战略环评的基本准则。例如，欧盟的战略环评是在政策建议开始形成时介入；美国是在拟议建议提出之后，替代方案形成的过程中介入；加拿大则主张在规划概念形成之时就介入。我国无论是管理部门还是专家学者，也普遍认可早期介入的理念和做法。然而，在实践中真正能够实现早期介入的规划环评并不多，一般都是在规划草案形成后才开始委托开展规划环评。究其原因，主要有以下几个方面：一是规划编制部门对规划环评的认识不足。其中，一些规划编制部门认为在规划的编制过程中已经考虑了环境问题，开展规划环评没有必要；一些规划编制部门认为规划环评是环保部门对其施加的外部约束，对开展规划环评存在抵触心理。二是规划环评早期介入的法律强制性不足。我国《环境影响评价法》和《规划环境影响评价条例》只要求规划编制部门在规划编制过程中组织进行环境影响评价，并未对早期介入的方式做出任何规定。仅有《规划环境影响评价技术导则　总纲》（HJ 130—2014）对早期介入提出了一些原则性的要求。反观西方国家，大多在法律文件中就直接规定了规划环评早期介入的时机和方式。三是我国的规划和规划环评一般是由不同的单位编制，二者在信息共享、沟通等方面难以及时，这也不利于规划环评的早期介入。四是对于规划环评严重滞后于规划过程的行为缺乏具有可操作性的追责机制。以上原因导致实际工作中规划环评滞后于规划过程成为普遍现象，很多规划环评甚至是在规划审批之后才补做的，基本上失去了源头控制作用，沦为末端补救工具。例如，2003年9月到2015年9月，通过审批的国家煤炭矿区总体规划共有113个，其中52个是在规划环评尚未完成的情况下审批的，占比高达46%。《曹妃甸港区和循环经济示范区产业发展总体规划》在批准后一年半才补充完成了规划环评，基本上失去了从决策源头防范环境风险的作用。

（三）缺乏多方案比选

由于决策的核心要义是多方案比选，因此多方案比选理应成为规划环评的精髓，这已成为国内外学者的共识。美国等西方国家之所以把多方案比选作为规划环评的主线和主体，根本原因就是多方案比选已经纳入法规要求，成为决策过程的必需环节。反观我国，《环境影响评价法》和《规划环境影响评价条例》没有任何关于多方案比选的规定。只有《规划环境影响评价技术导则　总纲》（HJ 130—2014）在关于评价工作流程的文字表述中提出："在规划的研究阶段，评价可随着规划的不断深入，及时对不同规划方案实施的资源、环境、生态影响进行分析、预测和评估，综合论证不同规划方案的合理性，提出优化调整建议，反馈给规划编制机关，供其在不同规划方案的比选中参考与利用。"该规定虽然提出了规划环评参与多方案比选的要求，但并没有在工作流程和后续的内容要求中进一步展开。由于导则的法律效力不高，且缺乏具体要求，该条规定事实上很难对规划过程产生实质性影响，规划环评当然也很难开展多方案比选。从另一方面来讲，我国的规划编制过程也普遍缺少多方案论证环节，如土地利用规划、城市总体规划等均没有开展多方案比选的法律和技术要求，因而规划环评参与多方案比选缺少依托。上述原因决定了我国绝大多数规划环评都不开展多方案比选，只对规划编制部门的建议方案进行评价，提出规划调整建议。总体而言，西方国家广泛开展的多方案比选在我国规划环评中没有得到应有的重视是一件非常遗憾的事情。如果要有所改变，还得首先从改变决策方式入手来推动，目前来看这还是一个长期的过程。为了弥补缺乏多方案比选的缺憾，《规划环境影响评价技术导则　总纲》（HJ 130—2014）针对我国规划不确定性较大的特点，重点强调了情景分析的重要性，但与多方案比选显然不能相提并论。

（四）评价的宏观性不足

2003 年 9 月 1 日正式实施的《中华人民共和国环境影响评价法》主要是对规划环评的形式、范围和程序进行了规定，并没有提出具体的内容要求。2009 年实施的《规划环境影响评价条例》对此进行了明确，其中第八条规定："要评价规划实施可能对相关区域、流域、海域生态系统产生的整体影响，对环境和人群健康产生的长远影响，以及规划实施的经济效益、社会效益与环境效益之间以及当前利益与长远利益之间的关系。"以上被普遍认为是规划环评应该重点评价的内容，也是规划环评有别于项目环评的根本所在。然而，从后续出台的几个规划环评导则来看，都没有对上述要求做出恰当的延伸，而是使用了建设项目环境影响评价的模式，重点强调了规划实施对大气、水、土壤、动植物等环境要素的影响。从实践来看，偏重于环境要素评价的特点更为明显，如工业园区、流域开发、煤炭矿区等规划环评报告书，无论是章节安排、评价方法还是指标设置，均与建设项目环境影响评价雷同，在内容上也与下阶段开展的建设项目环境影响评价有明显重叠，可以说国家在法规层面提出的规划环评重点内容并没有在实践中得到很好的落实。从另一方面来讲，如果说《规划环境影响评价条例》对规划环评的内容要求比较抽象，在操作上有难度的话，那么在实践中业内普遍提倡的“规模”“结构”“布局”“时序”四个方面的要求非常清楚，然而能够完全做到的也寥寥无几。总体而言，我国的规划环评在内容上表现出了法律要求及业界期望的宏观性与实际操作的微观性之间非常尖锐的矛盾。

（五）信息公开和公众参与不足

在西方国家，公众参与一般是贯穿整个评价过程的主线，发挥着形成备选方案、确定评价重点、优化规划方案、完善环保措施、监测规划实施的作用。近年来，随着我国社会公众环保意识的增强和决策科学化、民主化进程的推进，环境影响评价工作中的信息公开和公众参与也得到了空前加强。然而，我国还尚未在法规层面提出规划环评公众参与的具体要求，环保部的《环境影响评价公众参与暂行办法》也主要是针对建设项目环境影响评价，规划环评只是参照执行。在实践中，还存在以下几个方面的不足：一是缺乏固定的信息公开平台。例如，美国的公众参与通知都要在《联邦公报》及其网站上公布，而我国并没有固定的信息发布平台，很多媒体和网站知名度较小，很难引起公众关注。二是信息公开不充分。很多国家的规划环评报告书都要求全文公开，而我国目前只是公开简本。三是公众参与的形式较单一。例如，美国主要是通过会议和书面材料的形式征集公众意见，而我国主要是通过公众参与调查表征求意见，不仅形式简单，而且容易误导公众。四是对公众意见的重视不足。西方国家的规划环评报告一般都会用很大篇幅来回应公众意见，有的篇幅能达到几百页，而我国则基本上是轻描淡写，篇幅往往只有寥寥几页。五是公众意见能否被规划采纳缺乏保障。尽管《环评法》规定编制机关应当认真考虑有关单位、专家和公众对环境影响报告书草案的意见，但由于规划决策过程透明度不高，公众意见能否纳入规划具有较大的不确定性。

对于我国规划环评公众参与不足的原因，主要有以下两个方面：一是受传统集权思想影响，一些规划编制部门不希望社会公众对其规划方案提出调整或否定意见，公众参与工作形式大于内容；二是社会公众对规划编制部门的信任度不高，不太相信自己的意见能够影响决策，因此公众参与的热情也不高。

（六）评价结论的约束力不强

规划环评结论只有真正对建设项目环评起到指导和约束作用，并在具体开发行为中得到贯彻实施，才能发挥源头预防作用。但从目前来看，我国规划环评所能发挥的作用还非常有限，规划环评结论还难以真正约束后续开发行为。究其原因，主要有以下几个方面：一是我国很多规划的严肃性不强，往往是换一届领导就修编一次规划。即使规划不变，规划内容也很难完全实施。在这种情况下，即使依法开展了规划环评，评价结论也很难起到约束作用。二是规划环评和项目环评之间没有建立起有效的联动机制。过去曾为了推动规划环评工作，采取了项目环评“倒逼”规划环评的做法，即如果没有开展规划环评，则不受理规划所包含的建设项目环评文件。这一举措虽然提高了规划环评的执行率，却没有真正建立起规划环评对项目环评的约束机制。三是规划部门对规划环评的重视不够。尽管《中华人民共和国环境影响评价法》提出十类专项规划要编制环境影响报告书，但很多部门还存在对规划环评的作用认识不足，甚至抵制规划环评的情况。一些部门虽然依法开展了规划环评，但只是将规划环评视为一道程序，并不关注其提出的优化调整建议。例如，洋浦经济开发区总体规划环评，2009 年环境保护部已通过审查意见等文件明确要求“抓紧落实干冲区居民转移安置”“尽快完成海南炼化 600～1 300 m 卫生防护距离内居民的搬迁安置工作”，但截至 2012 年仍未落实。此外，开发区林浆纸产业近期规划制浆产能 125 万 t，突破了原有规划环评 100 万 t 的限制性要求；乙烯产业规划产能至 2015 年达到 300 万 t，大大突破了相关战略和规划环评提出的在 2020 年前控制在 100 万 t 的建议。四是规划环评本身难以提出有约束力的结论。由于理论方法不成熟、数据资料不完整、规划环评文件质量不高等原因，规划环评在一些方面还难以提出有约束力的对策措施，如资源环境承载力评价、累积影响评价、人体健康影响评价等。

第六章

增强我国决策环境考量的模式探索

由于影响决策的因素非常复杂，做出科学决策殊为不易。因此，即使是决策过程非常透明、决策程序非常规范的西方国家，也需要建立进一步保障决策科学化和民主化的专门制度。我国作为一个精英决策色彩非常鲜明的国家，无论是决策过程的透明度还是决策程序的规范性均与西方发达国家存在较大差距，因此决策的科学性更加缺乏制度保障。为了防治决策失误造成重大资源环境风险，我国应该借鉴国际经验，进一步从空间环境管制、行业环境管制、政策评估、战略环境评价等方面建立健全相关制度。

第一节　优化空间环境管制体系

2010 年《全国主体功能区规划》的颁布，标志着以“分区管理、分类管理”为原则的空间管制，已经成为我国从决策源头规范空间开发秩序、维护生态安全、改善环境质量、防范环境风险的重要举措。随后，我国空间管制领域的新理念、新概念、新规划层出不穷，进入了一个空间管制探索和实践的活跃期。由于我国空间环境管制中的多头管理、条块分割等问题比较突出，亟须对各类概念和区划进行整合，并理顺相关部门的职能，建立起一套适合我国国情的空间环境管制体系。

一、夯实空间环境管制的法律基础

从西方国家的空间环境管制实践来看，首先通过立法明确区划或规划的性质、地位、内容、实施、监测、评价等主要事项，然后再由具体部门根据法律要求编制和实施空间环境管制规划（区划），并定期进行评估和修编，这是一个基本的程序，也符合法治精神。与西方国家相比，我国空间环境管制的法律基础非常薄弱，对于确立相关规划和区划的权威性、严肃性非常不利，必须逐步转移到法治的轨道上来。首先，既然中央在宏观层面上把主体功能区规划作为我国空间开发的战略性、基础性和约束性规划，那么就应该通过立法来夯实其法律地位，增强其权威性。当然，如果将主体功能区规划作为空间管制的统领性规划，就应该同时淡化宏观尺度的其他规划。例如，在空间环境管制领域，就应该淡化生态功能区划、水土保持规划、环境功能区划等，否则容易引起混乱。其次，应该提升禁止开发类区域的法律地位。自然保护区、风景名胜区、森林公园、地质公园等具有较高生态和景观价值的区域，在其他国家也是需要重点保护的区域，往往有坚实的法律基础。然而，这类区域在我国的法律地位普遍不高，应该尽快通过立法明确相关管理事项，建立规范的管理体制，改变其不断为开发活动让路的被动局面。最后，应尽快修编相关专项规划，纳入空间环境管制要求。我国的城乡总体规划、土地利用总体规划、矿产资源开发规划、交通规划等专项规划都直接涉及空间的开发利用，但“规划打架”的问题比较突出，应该通过对相关法律的修订，在各个专项规划之间建立良好的衔接关系，使其成为贯彻国家空间环境管制要求的重要载体。

二、建立健全空间环境管制体系

我国与日本、韩国同属东亚文化圈，中央对社会、经济事务有悠久的管制传统。日本和韩国虽然已经效法西方建立了“三权分立”的政治制度和以私有制为基础的市场经济体制，但迄今为止政府在社会事务中仍然具有重要影响力。在空间管制领域，这两个国家都已建立起了较为完善的空间管制体系。我国虽然是东亚文化的发源地，并且在1949年后实行了长达30年高度集中的计划经济体制，拥有更加悠久的管制传统。然而，与日本和韩国相比，我国很多领域的管制都缺乏顶层设计，目前仍然停留在“头痛医头，脚痛医脚”的阶段。由于没有一张统一的蓝图作为指导和约束，产业布局、资源开发、城镇化建设长期处于无序状态。2010年国务院颁布《全国主体功能区规划》之后，这一状况有所好转。从目前来看，国家和省级层面的主体功能区规划虽然还不是严格意义上的国土规划，但是对于控制重大生产力布局和指导环境保护工作已经具有较强的指导意义。特别是城市化战略格局、农业战略格局和生态安全战略格局的提出，基本上确立了我国国土开发的总体框架。从中央层面来看，迄今为止一直在坚定不移地推动实施主体功能区战略。2013年中共十八届三中全会更是提出要“坚定不移实施主体功能区制度”。2015年“十三五”规划建议也指出：“以主体功能区规划为基础统筹各类空间性规划，推进‘多规合一’”。从以上表述来看，围绕主体功能区规划来完善我国的空间规划体系，促进各类部门规划的协调和融合，是今后一个时期我国空间规划体系建设的基本方向。

既然中央有意将主体功能区规划作为空间管制领域的统领性规划，那么今后在建立统一、规范的空间环境管制体系的过程中，也应将全国和省级主体功能区规划作为其他空间环境管制规划的统领。对于生态功能区划、环境功能区划、水土保持区划等规划中与主体功能区规划不一致的地方，在下一阶段修编时，应尽量统一到主体功能区规划的口径上来。具体而言，《全国生态功能区划》中重要生态功能区的范围应该与《全国主体功能区规划》中的重点生态功能区范围保持一致。其他大尺度的空间规划也是一样，应该尽量在类别和边界上与主体功能区规划保持一致。对于目前正在推进的生态保护红线划定和环境功能区划，切忌另搞一套体系，必须围绕主体功能区规划建立起的概念和框架来推进。否则，只能造成认识和管理上的混乱，不利于统一的国土开发格局的形成。

中观尺度的保护区域，是在主体功能区框架下保障区域生态安全的重要依托，要在全国和省级主体功能区规划确定的国土开发框架下，进一步梳理和勘定自然保护区、风景名胜区、森林公园、生态红线区等环境管控区域，使其符合主体功能区规划确定的区域空间管制格局。同时，要明确各类保护区域之间的空间位置关系，尽力消除交叉、重叠问题，并明确各自内部的功能分区和保护要求。通过此项工作，基本上能够把具有重要生态服务功能的区域保护起来，确保区域生态安全底线不被突破。

微观尺度的城市地域空间，是落实空间管制要求的最终载体，也是各国进行土地用途管制的主要对象。对于我国而言，城市地域也是空间管制“政出多门”、管制标准不统一、资源环境问题最突出的地方。自2014年以来，为了解决规划空间重叠、规划内容不协调等问题，中央提出了“多规合一”的理念和要求，即推动国民经济和社会发展规划、城市规划、土地利用规划、环境保护规划等相互融合，甚至最终合并成一个规划，该项工作目前正在市县层面开展试点。对此，首先需要建立一套城乡建设部门和国土资源部门通用的土地利用控制标准，使城乡总体规划和土地利用总体规划充分融合，并与生态环境保护规划、交通规划等专项规划相协调，最终实现在一张蓝图上划定生产、生活、生态空间开发管制界限，落实土地用途管制；其次，从城市空间管制的角度来讲，应尽快制定城市开发边界划定管理办法，特别是要优先划定城市刚性边界，推动我国城镇建设真正由规模扩张向质量提升转变；再次，从环境保护的角度来讲，最重要的是在城市规划范围内和城市外围划定生态保护红线、永久基本农田红线等，确保重要的生态空间不受损害。其中，城市边缘及外围的生态保护红线和基本农田红线，要与城市开发边界保持一致。最后，城市地域范围内的空间环境管治，都应纳入“多规合一”的管理范畴，在统一空间的资源环境数据平台上来开展工作。只有这样，才能形成部门合力，提高空间管制的质量和效率。

只有建立从宏观到微观无缝衔接的国土空间管制体系，并且把环境保护工作纳入其中，才能真正整合不同部门的行政力量，通过齐抓共管来促进国土开发秩序的有序化，使具有重要生态价值的区域得到切实保护。

三、统一空间管制信息平台

我国一方面存在多个部门共同管理资源环境要素的突出问题，另一方面各部门之间又缺乏统一的空间管制信息平台，甚至连标准都不统一，这是造成不同类型管制区域相互重叠的重要原因。为了提高空间管制效率，各部门之间亟须建立统一的空间管制信息平台，在统一的资源环境信息平台上制定空间管制规划，促进土地利用规划、城市规划、环境保护规划、矿产资源开发规划等具有空间管制职能的规划相互协调、相互融合，最终在一张蓝图上对空间和资源环境要素进行管理。从加强资源环境保护的角度出发，在统一的空间信息平台建设中应做好以下工作：一是要做好顶层设计。既然中央已经明确将主体功能区规划作为空间开发利用和保护的统领性规划，那么就应该基于主体功能区框架建立统一的空间管制信息平台。在此基础上，科学设计空间数据的存储、分析、检索等功能。二是要明确各类禁止开发区域的地理坐标，将其纳入空间信息系统，作为产业布局不得触碰的红线，从而使具有重要生态价值的区域切实得到保护。三是要建立重点针对禁止和限制开发区域的生态监测体系，并将该监测体系纳入空间信息系统，使相关管理部门能够随时了解上述区域的生态环境状况，及时采取管控措施。四是要接入主要污染源在线监控数据和区域环境质量信息，使管理部门及时掌握优化开发区域、重点开发区域等各类区域的环境质量状况。五是要有水流、森林、山岭、草原、荒地、滩涂等自然生态空间的权属信息，作为建立和维护自然资源产权制度和用途管制制度的重要支撑，并在发生问题时能够及时追责。六是空间信息平台应该具有不同管理部门之间进行行政会商的功能，以便在部门之间形成合力，减少管制冲突，提高管理效率。

四、探索编制国土综合开发规划

国土综合开发规划是对国土资源开发、利用、整治和保护做出的综合性战略部署，是层级最高、最具前瞻性和指导性的空间规划，对于统筹经济、社会、环境协调发展具有重要作用。从日本、荷兰等国的实践来看，国土综合开发规划的重点主要有以下几个方面：一是确定工业化和城镇化重点区域，促进全国均衡发展，缩小区域差距；二是明确综合交通运输网络的建设要求，包括铁路、公路、航运等，这是国土开发的基本框架；三是识别国家层面的重要生态功能保护区域，保护国家生态安全；四是适应时代要求提出新的开发理念，指导地方政府进行规划建设。编制国土综合开发规划，通过国家意志来建立和规范空间开发秩序，不仅能够从最高层面提高国土开发效率，贯彻可持续发展理念，而且能够增强整个国家的凝聚力。我国的国土综合开发规划长期缺位，相应职能被分散在不同的部门规划中，如全国的城镇布局问题是通过建设部门编制的全国城镇体系规划来落实，土地利用是通过国土资源部门编制的土地利用规划来安排，水资源的利用和配置是由水利部门来安排，交通体系建设是由交通主管部门通过编制全国铁路网和公路网规划来安排，生态保护工作则由环境保护部门、发展改革部门、国土资源部门、林业部门、海洋管理部门等多头管理。由于不同部门的利益诉求和规划理念差异较大，导致“规划打架”的现象时有发生，很难形成“全国一盘棋”。对于国土开发理念，由于新概念层出不穷，导致持久性严重不足，反而加剧了微观层次的混乱。以上是造成我国空间开发秩序混乱和管理效率低下的重要原因，亟须做出系统性改革。

2010 年国务院印发的《全国主体功能区规划》虽然明确了城镇化战略格局、农业战略格局和生态安全战略格局，但并未提出整个国家的交通网络格局，也没有提出能够指导地方进行区域开发的具体行动和理念，因此还不能称之为真正意义上的国土综合开发规划。近年来，中央层面提出了“多规合一”的理念，但目前的试点主要是在市、县一级，还停留在微观层面。从建立统一的国土开发框架的角度出发，我国应尽快在国家层面编制国土综合开发规划，对空间要素和资源开发做出统筹安排。从目前来看，我国实施综合性国土规划的最大障碍是缺乏一个能够统筹主要空间要素的部门。对此，可考虑从以下几个方面入手来逐步解决。首先，可以通过国务院机构调整来整合空间管制权限。例如，可把发改、国土、城建等具有空间管制职能的部门合并，进而把主体功能区规划、土地利用总体规划和城镇体系规划整合为一个规划，对空间资源做出更为全面和系统的安排。在国土综合开发规划的指导下，环保、水利、林业、交通等部门可进一步编制更为具体的专项规划。其次，如果合并部门存在困难，可以退而求其次，考虑对有关部门的规划职能进行整合。例如，可通过立法明确把国土综合开发规划的职能赋予某一部门，其他部门不再开展与国土规划内容交叉的工作，而是把工作重点放在执行层面。即国土部门可围绕国土规划推进土地分区和利用的具体事宜，城建部门可围绕国土规划编制城市总体规划，环保部门可围绕国土规划制定区域环境保护政策等；最后，如果相关部门与国土规划有关的职能也难以整合，那就只能进一步退而求其次，以发展改革委系统主导的主体功能区规划为基础，加强相关部门之间规划协调机制的建设。通过强有力的部际协调，实现空间资源环境要素的统一规划和使用。

五、探索建立国家公园管理体制

从国际上来看，通过设立国家公园，对具有特殊景观和生态价值的区域进行保护，是一个比较通用的保护地管理模式。国家公园具有两个显著特征：一是自然环境具有天然性和原始性，尚未受到人类活动的明显干扰；二是景观资源和动植物资源具有珍稀性和独特性，往往为一国所罕见，甚至在世界上都独一无二。对于国家公园的管理，首要目标是保护生态系统的完整性。在做好保护工作的前提下，可以尽量为公众提供体验、研究和学习的机会。一般而言，对于具有重大保护价值的核心区域要严格保护，对于外围地区则可以适当进行旅游开发，采取特许经营的方式开展自驾游、野营、徒步、采集甚至打猎等活动。

与西方的国家公园相比，我国风景名胜区、森林公园、世界文化自然遗产和地质公园均过分强调旅游开发功能，保护功能略显不足，而自然保护区又过分强调保护功能，为社会公众提供服务的功能没有完全发挥出来。同时，考虑到上述几类保护地普遍存在多头管理、空间交叉重叠等诸多问题，我国可通过建立国家公园体制对现有的保护地进行一次系统梳理和整合，建立更加科学完善的保护地管理体系。第一，通过建立国家公园体制，应该把各类保护地中最具保护价值的区域识别出来，解决现有保护地规划不科学的问题；第二，通过建立国家公园管理体制，应该实现对最具保护价值区域的归口管理，从而改变目前保护地多头管理的现状，提高管理效率。也就是说，对于保护价值极高的区域，可统一变更为国家公园，设立专门的管理机构进行归口管理；第三，对于纳入统一管理的国家公园，国家应提供专项资金进行保护，切实解决很多保护地资金短缺的问题，提高生态保护工作的质量；第四，与自然保护区单纯强调保护功能不同，国家公园要在保护生态系统完整性的同时，在外围地带适度发展旅游业，为全国人民提供高质量的公益服务。

2008 年 10 月，环境保护部和国家旅游局批准建设了我国第一个国家公园试点单位——黑龙江汤旺河国家公园；同年，国家林业局也在云南省启动了国家公园试点建设。2013 年 11 月 12 日，中国共产党第十八届中央委员会第三次全体会议通过的《中共中央关于全面深化改革若干重大问题的决定》首次正式提出要建立国家公园体制，并将其作为生态文明制度建设的重要内容。从目前来看，在国家公园的建设过程中，出现了概念先行、缺乏顶层设计的问题，如果任由这种状况发展下去，很可能又会出现国家公园多头管理的局面。对此，国家亟须在试点的基础上，制定一部专门针对国家公园的法律法规，规范国家公园的建立和管理。

在国家公园体制的建设过程中，要正确处理与生态红线之间的关系。划定生态红线的目的是识别最具生态保护价值的区域，采取最严格的保护措施。因此，国家公园的核心区域应纳入生态红线范围之内，其外围地区则可适当进行旅游开发。由于国家公园本身就有分区管制的要求，因此从远期来看生态红线管制可纳入国家公园管理体制，通过国家公园建设来整合大部分中观尺度的保护地，特别是自然保护区，从而简化我国的保护地管理体制。

六、完善管制空间的配套政策

由于我国空间管制缺乏顶层设计、多头管理问题突出，因而迄今为止无论是哪个尺度的管制空间，均存在配套政策不完善的问题。由于中观尺度的管控体系目前正处于整合阶段，微观层次的管制空间责权相对明确，因而当前应重点加强宏观尺度管控空间的配套政策建设，发挥空间引领作用。在宏观尺度，中央已经把《全国主体功能区规划》作为今后一个时期的战略性、基础性和约束性规划，因而理所当然应该首先围绕四类主体功能区域来完善配套政策。具体而言，应重点加强以下几个方面的政策建设：一是产业政策，包括产业准入和产业退出两个方面。就产业准入而言，根据市场经济体制改革的要求，应把重点放在各类主体功能区域的产业准入负面清单的制定上来，特别是对于限制开发区域，一定要根据区域资源环境承载能力和环境保护目标，明确不得建设的行业和产品名录。就产业退出而言，主要是针对优化开发区域和限制开发区域。对于优化开发区域，要通过政策引导那些资源消耗和污染排放强度大、土地利用效率低的产业有序退出，加快区域产业升级和环境质量改善。对于限制开发区域，要引导那些不符合限制开发区域主体功能定位的产业逐渐退出。二是环境保护政策。环境保护部和国家发展改革委联合发布的《关于贯彻实施国家主体功能区环境政策的若干意见》（环发〔2015〕92 号）对四类主体功能区域的生态建设和应采用的环境质量标准等提出了明确要求，是迄今为止正式发布的为数不多的主体功能区配套政策之一，但很多要求还缺乏具体举措，应予逐步完善。特别是对于重点生态功能区和禁止开发区域的生态补偿政策、环境绩效考核政策、环境监测政策等，应作为下一阶段政策建设的重点。三是人口转移政策。由于历史原因，我国的重点生态功能区和一些禁止开发区域内还分布有不少人口。这些地区由于地理位置偏远，经济发展水平低，公共服务供给严重不足，导致贫困问题和生态破坏问题并存，甚至形成恶性循环。将这部分人口有序转移到重点开发区域，不仅能够提高其生活水平，同时能够改善迁出地的生态质量。因此，应将扶贫政策和生态保护政策有机结合，有序引导重点生态功能区和禁止开发区域内的人口转移出来。

综上所述，我国的空间环境管制体系建设可按图 6-1 所示推进。现有的生态功能区划、水土保持区（规）划以及正在开展的环境功能区划等宏观尺度的空间环境管制规划，应进一步通过修编与主体功能区规划保持一致，或者干脆融入主体功能区规划，使主体功能区规划真正成为空间管制领域的唯一统领性规划，以节省行政成本并减少管理上的混乱。根据主体功能区规划确定的宏观开发格局，促进国民经济和社会发展规划，以及土地利用总体规划、城乡总体规划、生态环境保护规划等专项规划之间的协调、衔接，在市县尺度上实现空间环境管制要求落地。通过建立国家公园体制和划定生态保护红线，进一步加强对生态环境敏感区域的保护。从远期来看，应在主体功能区规划的基础上，进一步编制内容更为全面的国土开发规划，作为空间管制领域的唯一统领性规划。大力推进市县尺度的“多规合一”，在市县层面上通过一个规划、一张蓝图来实现空间管制，包括环境管制。对于保护地，可通过加大国家公园建设力度，整合自然保护区、风景名胜区、森林公园、生态红线等保护地和保护要求，使国家公园成为保护生态敏感区域的主要载体。通过以上改革，可大大简化我国的空间管制体系，使管理工作更加顺畅。当然，一个简单明了的空间管制体系，也能更好地发挥对各类决策的指导和约束作用，提高环境管理的质量和效率。

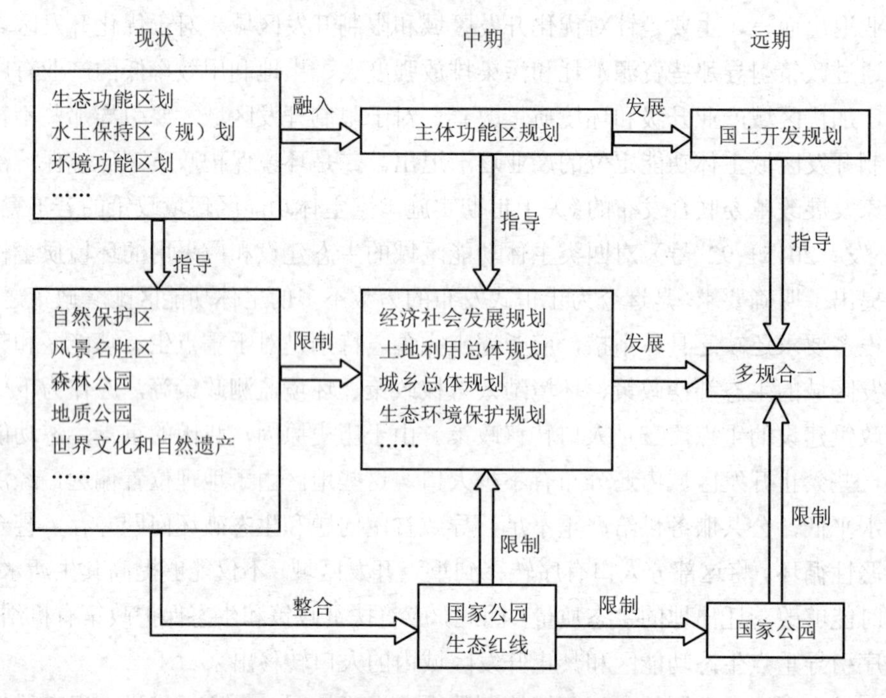

图 6-1 我国的空间环境管制体系建设路径

第二节 健全行业环境管制体系

当前，我国一方面在大力推进产业结构升级和经济发展转型，另一方面把改善环境质量作为环保工作的中心任务。在此背景下，应该进一步健全行业环境管制体系，以适应新时期的改革和发展要求。特别是随着市场化改革的不断深入，政府审批权限日益减少，市场配置资源的能力不断增强，过去那种行业环境管制主要采取行政手段，管制措施主要依靠政府部门和国有经济落实的管理模式已经不能适应时代要求，亟须根据社会经济发展需要及时调整。借鉴国际经验，结合我国的现实国情和改革目标，行业环境管制体系应该重点从以下几个方面予以改进。

一、加强法律和标准建设

综观西方发达国家的污染治理历史，立法和标准是最核心的源头控制工具，很少有针对某一行业的“一刀切”的限制和禁止性管理规定。在实践中，每当出现重大污染事件时，一般首先会通过研究来寻找根源，以便“对症下药”。一旦找到污染源，弄清楚污染的发生机制，就会制定有针对性的法律和标准，通过法律和标准来约束企业和公众行为，从而发挥源头控制作用。在这一过程中，尽管也会对一些污染贡献较大的行业给予特殊关照，但一般不会对整个行业进行限制或禁止。例如，1943 年洛杉矶光化学烟雾事件爆发后，美国于 1955 年颁布了《空气污染控制法》，并于 1963 年制定了《清洁空气法》，成为大气污染防治的主要法律依据；洛杉矶在 1966 年还进一步制定了汽车尾气排放标准。1952 年伦敦烟雾事件后，英国于 1956 年颁布了专门针对大气污染的《清洁空气法》，对烟囱高度、黑烟浓度、煤尘密度等指标做出了明确规定。这些要求并不针对具体行业，而是面向所有同类污染源。对于汽车尾气污染，英国 1981 年出台了《汽车燃料法》，1991 年出台了《道路车辆监管法》，其重点仍然是标准和监管，而不是对具体行业进行限制。

借鉴西方国家的经验，今后我国的行业环境管制也应主要通过立法和标准来实现。具体而言，可重点从以下几个方面改进：一是要通过制定实施细则来增强法律的可操作性。我国尽管也建立了相对完善的环境保护法律体系，但与西方国家相比原则性太强，可操作性较差，因而尽管体系完备，对于具体行业的限制和引导作用却较弱。对此，可通过细化法律实施细则来增强其约束力。同时，在制定和修编涉及具体行业的法规时，应提出更为具体明确的环境保护要求，包括空间布局、生产工艺、污染防治等。二是要加强标准建设。除根据经济技术发展水平和环境保护形势变化及时制定新的标准，并对原有标准进行修订外，还应进一步提高环境标准的法律地位，增强其严肃性，维护其权威性。同时，应通过不断严格污染行业的排放标准，来促进产业升级和技术进步。当前，我国很多“两高一资”行业都存在严重的产能过剩问题，同时改善环境质量已经成为环保工作的中心任务。在此背景下，通过提高一些重点行业的污染物排放标准，不啻为一个一举多得的调控手段。三是要淡化行业控制，加强污染源管理。由于行业分类非常复杂，科技进步日新月异，新工艺、新产品层出不穷，因而过去针对具体行业“一刀切”式的环境管理模式已经不能适应社会经济发展的要求，今后应重点加强污染源排放标准建设，将环境管制的重点由行业和产品向污染源转移。

二、明确管制的空间指向

我国地域辽阔，不同区域之间不仅经济发展水平不平衡，资源环境条件更是千差万别，因而行业环境管制应该改变过去那种全国“一刀切”的做法，尽量做到“分区管理”“分类管理”。同时，随着空间管制的加强，行业环境管制应该与空间规划相协调，克服过去条块分割的弊端。为此，我国今后的行业环境管制应该加强空间指向。对此，可从以下几个方面入手：一是行业环境管制要以主体功能区规划为基础。《全国主体功能区规划》于 2010 年由国务院颁布后，已经成为我国的基础性、约束性空间规划，在空间规划体系中居于统领地位，国务院也多次要求各部门制定与主体功能区相配套的专项政策。因此，今后无论是产业政策、产业和产品名录还是涉及行业环境管制的经济技术政策，都应当将四类主体功能区域作为基本的政策单元，分别针对优化开发区域、重点开发区域、限制开发区域和禁止开发区域提出有差别的环境管制要求。二是行业环境管制要与区域资源环境承载能力相匹配。由于不同行业在土地占用、生态影响、污染排放、资源消耗等方面具有显著差别，同时不同区域对于该行业的承载能力也各不相同。因此对于特定区域来说，是否适合发展某一行业，如何设定环境准入标准，以及如何进行日常环境管理等均须根据区域和行业特点来确定。对于行业管理部门，为了使行业管制要求尽量与区域资源环境承载能力相匹配，可以在深入分析某行业的资源环境影响特点的基础上，根据不同区域对该种资源环境影响的承载能力，划分相应的行业环境管理类型区（耿海清，2015），针对不同的类型区再制定有差别的行业环境管理政策。例如，在大气污染严重的区域，应该执行更加严格的大气污染物排放标准；在生态脆弱和敏感区，应提出更加严格的生态保护和建设要求。

三是行业环境管制要与“多规合一”相协调。市、县层级的行政单元是我国规划管控的重点区域，也是行业环境管制的重点对象。当前，国家正在市、县层级开展“多规合一”试点，以后有可能在全国推广。为了规范空间开发秩序，保护居民身体健康，行业环境管制应根据“多规合一”确定的土地用途，提出具有空间差别的环境准入和管理要求。

三、探索负面清单管理模式

迄今为止，国家发展改革委颁布的《产业结构调整指导目录》一直是指导我国各地招商引资和项目核准的重要依据，但从目前来看越来越不适应市场经济体制的要求。根据《促进产业结构调整暂行规定》，《产业结构调整指导目录》由鼓励类、限制类和淘汰类三类目录组成。不属于鼓励类、限制类和淘汰类，且符合国家有关法律、法规和政策规定的，为允许类。根据以上规定，我国所有的行业、工艺、装备和产品均可归入以上四类，即鼓励类、允许类、限制类和淘汰类。也就是说，我国所有的生产行为均被纳入了政府管制体系，这显然与“法无禁止即可为”的市场准则相悖。2015 年，国务院发布了《国务院关于实行市场准入负面清单制度的意见》（国发〔2015〕55 号），其中指出：市场准入负面清单制度是国务院以清单方式明确列出在中华人民共和国境内禁止和限制投资经营的行业、领域、业务等，各级政府依法采取相应管理措施的一系列制度安排。市场准入负面清单以外的行业、领域、业务等，各类市场主体皆可依法平等进入，并提出从 2018 年起正式实行全国统一的市场准入负面清单制度。根据以上精神，今后《产业结构调整指导目录》等产业目录应适时调整为产业负面清单，取消鼓励类和限制类，只需列出“淘汰类”或“禁止类”即可，对于“淘汰类”或“禁止类”之外的其他行业、工艺和产品，均应交由市场去选择。在实际工作中，至于哪些行业、产品和工艺应该列入市场准入负面清单，应该把资源消耗、生态破坏和环境污染作为重要的依据。从这个意义上来讲，这类清单也应该具有环境准入负面清单的作用。同时，为了推动我国产业布局与区域资源环境承载能力相匹配，推动实施主体功能区战略，应该进一步将负面清单与具体的主体功能区域结合起来，对不同的功能区域设置差别化的行业、生产工艺和产品准入要求。特别是对于重点生态功能区，可直接制定环境准入负面清单。除建立行业、工艺和产品层面的负面清单外，我国还应加强对有毒有害物质的管理，建立类似于“加州 65 号提案”和欧盟 REACH 体系的有毒有害物质清单。通过适时更新并向全社会公布的方式，“倒逼”相关企业及时改进生产工艺，从源头减少有毒有害物质的使用。

四、促进行政手段的协调和整合

中国共产党十八届三中全会提出，经济体制改革的核心问题是处理好政府和市场的关系，使市场在资源配置中起决定性作用和更好发挥政府作用。为了推进市场经济体制改革，以及更好地适应市场经济体制对政府职能的要求，“简政放权、放管结合”已经成为今后一个时期行政体制改革的重点。适应行政管理体制改革的要求，过去行业环境管制政出多门、前置事项太多的状况必须要有重大改变；必须理顺各类行政手段之间的关系，并进行必要的整合，以此提高行政管理效率。具体而言，应重点从以下几个方面入手：一是要发挥行业战略环境评价的引领作用。国外的实践经验证明，战略环境评价是从决策源头防治环境问题，协调经济发展和环境保护关系的重要手段。我国 2003 年实施的《中华人民共和国环境影响评价法》虽然也将行业规划纳入了评价范围，但从实施情况来看并不理想，很多行业发展规划都是在行业主管部门的主导下编制有关环境影响的篇章或说明，并未进行系统的环境影响分析和预测，对优化行业发展起不了实质性作用。今后，应该通过早期介入，对行业发展政策、行业发展规划等开展深入、系统的战略环境评价，对行业发展可能造成的环境风险及早防控，对行业发展可能造成的生态破坏和环境污染进行系统防治。二是增强不同部门环境管制手段之间的协调性。目前工业污染源防治是由环保部门负责，农业面源污染则由农业部门主管，生态保护的职能则分散在环保、林业、国土等部门手里。为了增强行业管制效能，应该基于行业战略环境评价结论，加强各有关部门之间的协调和配合。从远期来看，应尽可能将针对某一行业的生态保护和污染控制职能整合到一个部门，在此基础上进一步简化管理，在减轻企业负担的同时提高管理效率。三是应加强同一部门各种环境管制手段之间的整合。行业环境管制中不仅存在部门之间的职能交叉重叠问题，同一部门的环境管制手段之间的协调性也有待加强。例如，环保部门针对行业或企业的环境影响评价制度、总量控制制度、排污许可证制度就可以进一步进行整合。对于此类问题，有关管理部门应该尽快加强研究，并将其作为生态文明制度体系建设的重要内容。

五、加大经济手段的使用力度

长期以来，政府部门不仅是我国环境保护的责任主体，也是污染防治和生态保护的投资主体。随着环境保护力度的加大，环保资金需求逐年增加，过去那种主要依赖政府财政资金的模式已经不能满足环保工作的需要。中国共产党十八届三中全会提出要让市场在资源配置中发挥决定性作用，进一步发挥市场主体的能动性，为此行业环境管制中的行政手段应进一步收缩，市场手段须逐步加强。具体而言，应重点做好以下几个方面的工作：一是要为环境经济政策的实施提供法律保障。目前我国无论是绿色金融还是绿色财政，现有政策都以部门规章或规范性文件的形式存在，都存在法律基础薄弱的问题，不利于环境经济政策的实施，今后应加强立法，使这两种在国际上行之有效的环境经济调节手段在我国尽快实施和普及。二是要大力发展绿色金融。我国的绿色金融目前主要是绿色信贷，绿色债券和绿色保险尚处于起步阶段，今后应进一步建立健全体制机制，大力扩大其规模和实施范围。对于绿色信贷，虽然国家发展改革委颁布的《产业结构调整指导目录》等能够为金融企业的贷款业务提供一定参考，但该类指导目录并未考虑行业投资效益等指标，今后应专门编制一些能够对金融企业直接发挥指导作用的技术性支持文件。三是要尽快实施环境税。2016 年十二届全国人大常委会第二十五次会议表决通过了《环境保护税法》，酝酿近 10 年的环境税终于落地。环境税作为一种重要的经济技术手段，可使污染企业的外部成本内部化，对于从根本上遏制“两高一资”行业盲目发展，推动产业结构升级，鼓励企业使用先进技术具有重要作用。对此，我国应尽快制定实施细则，抓紧建立配套体制机制，以使环境税能够充分发挥作用。四是要加快资源税改革。通过提高资源的获取成本，并将外部成本内部化，对于抑制下游“两高一资”和产能过剩行业的盲目扩张，必将起到显著作用。根据财政部《关于全面推进资源税改革的通知》(财税〔2016〕53 号)，今后将积极创造条件，逐步对水、森林、草场、滩涂等自然资源开征资源税。如果将资源税与资源的利用率、废弃物的资源化利用、污染物排放量等因素挂钩，必将能够更好地发挥环境管制功能。五是要加强信息平台建设。虽然环境经济政策是由政府制定，但其实施主体是企业。为了便于企业做出正确决策，使环境经济政策更好地发挥作用，必须为企业提供及时、准确、系统的信息服务，这也属于公共产品和基础设施建设的范畴。对此，政府部门应尽快建立有利于环境经济政策实施的信息平台，及时发布政府部门最新的环保政策、环境质量信息、企业环境信息等，为企业科学决策做好信息支持。

六、加快配套体制机制建设

当前我国总体上处于工业化中后期阶段，产业转型升级的任务十分艰巨。其中，限制“两高一资”行业的盲目发展和淘汰落后产能是行业管制的重点，也是改善环境质量的主要着力点，对此国务院、各部委及地方政府均出台了大量政策。然而，由于配套体制机制不健全，政策在执行中阻力较大。具体而言，主要有以下几个方面：首先，水、电、气、油等资源性产品的价格机制改革滞后，导致市场机制难以充分发挥作用。例如，冶金、建材、化工等行业均属耗电大户，电力成本占其生产成本的比例较高，其中电解铝行业电力成本占生产成本的比例甚至高达 40%。由于这些行业对电价变化非常敏感，因而提高电价就是重要的行业管制手段。然而，政府部门虽然出台了大量红头文件，却始终没有改变电价偏低的状况。迄今为止，与发达国家相比，我国的电力价格仍然明显偏低，对于控制高耗能产业的发展非常不利。特别是西部地区电价明显低于东部地区，更是难以从根本上消除高耗能产业生存的土壤。2010 年后，西部地区钢铁、水泥、电解铝、煤化工、多晶硅等高耗能项目大量上马，与电价、煤价偏低有直接关系。其次，在现有的财税体制下，各级政府为了增加税源，都在竭力招商引资，甚至不惜降低环境准入标准，致使国家限制“两高一资”行业和淘汰落后产能的政策难以完全奏效。最后，自然资源的产权不明晰，也是导致资源型行业盲目发展的重要原因。《宪法》规定我国的矿藏、水流、森林、山岭、滩涂等自然资源和城市土地都归国家所有，农村和城市郊区的土地归集体所有。然而，上述自然资源产权在法律上并没有明确的主体代表，在操作层面也找不到真正的责任人，极易造成资源的粗放式开发利用，导致“公地悲剧”。此外，由于自然资源产权泛化，即使受到污染和损害，社会公众也往往漠不关心，难以起到监督作用。针对以上问题，可以重点加强以下几个方面的体制机制改革：一是改革资源价格机制，提高资源性产品的获取成本，特别是要把资源性产品的环境成本纳入价格形成机制，以此来“倒逼”资源型产业提高集约化利用水平，加强生态保护，减少污染排放。二是要合理划分中央与地方的事权，并在税收分配上向地方政府倾斜，减轻地方政府的财政压力；同时，要转变政府职能，通过简政放权减少政府对企业的干预，消除

“行政区经济”现象，为市场在资源配置中发挥决定性作用创造条件，也为环境经济政策的实施提供空间。三是要明确自然资源产权，建立责权利相统一的产权实现机制，从而起到有效保护自然资源，提高资源利用效率的作用。《中共中央关于全面深化改革若干重大问题的决定》已经提出要健全自然资源资产产权制度和用途管制制度，对水流、森林、山岭、草原、荒地、滩涂等自然生态空间进行统一确权登记，形成归属清晰、权责明确、监管有效的自然资源资产产权制度。相关部门应按照中央的要求加快改革步伐，通过自然资源产权制度设计从源头上消除“两高一资”和落后产能赖以生存的土壤。

第三节　完善规划环境影响评价制度

国际上将评价对象高于建设项目层次的环境影响评价统称为战略环境评价，是一项从决策源头防范重大资源环境问题的重要制度安排。对于我国而言，由于法定的战略环境评价对象仅停留在规划层次，因此我国的战略环评也称为规划环评。近年来，虽然我国规划环评的执行率不断提高，日益成为环境保护参与综合决策的重要手段，但在制度设计上仍然存在诸多不足，亟须进一步加强建设。具体而言，主要包括以下几个方面。

一、建立规范的规划筛选机制

对于规划是否需要开展环境影响评价及其评价形式，国际上一般是通过名录来核查或通过程序来判断。我国的规划在层级上分为国家级、省级、市级和县级，类别上分为总体规划、区域规划和专项规划，有些规划具有法律基础，有些规划则是临时制定。此外，不同层级、类别的规划无论是名称、内容还是编制深度都有很大差异，不可能通过简单标准来判断是否需要开展环境影响评价，以及应当编制环境影响报告书还是编制有关环境影响的篇章或者说明。国家环境保护总局2004 年发布的《编制环境影响报告书的规划的具体范围（试行）》和《编制环境影响篇章或说明的规划的具体范围（试行）》之所以被其他部门广为诟病，甚至成为很多部门抵制和逃避规划环评的借口，就是因为这一“范围”没有与具体规划建立起对应关系。基于此，根据我国规划体制的特点，可考虑采取“名录+程序”

的方式对拟议规划进行筛查。具体而言，对于法律、法规明确要求编制的规划，可根据其内容特点判断规划实施后的环境影响程度，确定是否需要开展环境影响评价。对于需要开展环境影响评价的规划，可进一步列出名录，说明是需要编制环境影响报告书还是编制有关环境影响的篇章或者说明。通过这一判别机制，可将所有法定规划都与规划环评及其形式建立对应关系，从而达到“对号入座”的效果。对于那些没有法律基础，且编制具有随意性的规划，由于名称和内容都不固定，因此无法通过“名录”判断。对此，应建立另外一套判别机制。具体而言，应建立一套规范的程序，通过咨询相关部门和利益相关者的意见，或者通过专家论证等方式来判断是否需要开展环境影响评价，以及是需要编制环境影响报告书还是编制有关环境影响的篇章或者说明。通过对法定规划采取名录核查，对非法定规划采取程序判别，则每一拟议规划都将面对规划环评筛选程序，可从根本上杜绝规划编制部门逃避规划环评的行为。

二、促进规划过程和评价过程融合

美国是世界上环境影响评价制度的创立者，也是将规划编制过程和规划环评过程融合得比较好的国家。究其原因，主要有以下几个方面：一是美国《国家环境政策法》的法律地位较高，不仅是环保领域的基本法，而且对其他行业和领域的法律具有强大约束力。二是配套的《国家环境政策法实施条例》对环境评价早期介入的方式和应该达到的效果做出了明确规定。三是美国的规划环评报告一般由规划部门亲自牵头编制，而不是委托其他单位开展，因此规划过程和环境评价过程容易融合。为此，我国要推动规划环评早期介入，应重点做好以下几个方面的工作：一是通过修订《环境影响评价法》和《规划环境影响评价条例》，提出具体的规划环评早期介入要求。例如，可明确要求规划环评应在规划草案的编制阶段介入，为规划方案的形成提供环境信息和环境基线，并参与规划方案的设计。二是应明确要求在规划草案的编制阶段就同步开展公众参与，使社会公众和相关利益群体成为规划方案设计的重要力量。同时，应要求规划编制部门在规划过程中充分征求环保部门、环保组织和环保专家的意见，主动在早期阶段纳入环保考量。三是在法律层面建立明确的、具有可操作性的责罚机制，防止规划环评严重滞后规划过程的情形出现，使规划环评真正成为环境保护参与综合决策的重要手段。四是应鼓励规划编制部门亲自牵头开展规划环评，便于规划环评早期介入，实现规划过程和评价过程相统一；五是在官员绩效考核体系中增加环保指标的数量和权重，“倒逼”规划编制部门和主管官员在决策之初就尽早考虑环保问题。六是应突出规划环评的过程属性，使规划编制和审批部门充分认识到规划环评不仅是一个程序和行为，更是贯穿整个规划生命周期的参与和监督机制。

三、为规划环评参与多方案比选创造条件

由于决策的本质是多方案比选，因而规划环评参与多方案比选无疑是这项制度的精髓所在。反之，如果规划环评只是评价规划编制部门已经认可的方案，则只能发挥末端优化作用。美国等西方国家之所以把多方案比选作为规划环评的主线和主体，根本原因就是多方案比选已经纳入法规要求，融入政治文化，成为决策过程的必需环节。反观我国，受历史上集权文化和新中国成立后计划经济体制的影响，“家长制”“一言堂”等不良习气仍然存在，很多决策仍然是由主要领导决定，没有开展多方案比选的要求。对于规划这一重要决策形式，很多法律规定和技术规范都没有做出多方案比选的规定。在此情形下，作为决策辅助工具的规划环评，参与多方案比选也就失去了依托。为此，要使我国的规划环评也具有参与多方案比选的功能，首先应通过规范规划程序来为规划环评参与多方案比选创造条件。具体而言，从远期来看，应在重点领域、重点行业的规划立法或规划编制规范中纳入多方案比选程序，使规划环评参与多方案比选成为决策过程的有机组成部分。换句话说，如果法律规定规划环节必须要开展多方案比选，并且要向社会公开比选过程，那么规划编制部门自然而然地就会把规划环评作为一个重要的多方案比选工具。从中期来看，可考虑通过《环境影响评价法》和《规划环境影响评价条例》的修订，赋予规划环评形成和发展备选方案的权力，并以此为突破口推动我国的决策科学化和民主化进程。从近期来看，规划环评起码应该对规划编制部门的推荐方案、通过环评提出的优化方案和无行动方案 3 类方案开展环境影响对比分析，此项工作并不需要专门的法律授权。如果规划环评能够主动把多方案比选作为一项重要工作，就会逐渐形成示范效应，甚至可能促使规划编制部门改变规划编制模式，使规划编制过程逐步走向开放和透明，而这又会为规划环评的深度参与创造条件。

四、实现评价内容与规划深度相匹配

美国的规划环评主要集中在土地利用、自然资源开发、生态环境保护等领域，由于空间指向明确、规划内容具体，因而全部采取了针对环境要素或敏感目标的评价模式。欧盟的规划环评主要针对那些对自然环境影响显著的重点领域，评价内容虽然更加广泛，但总体上也是参照了建设项目环境影响评价的模式。与美国和欧盟国家相比，我国的规划不仅层次多、体系复杂，而且编制深度也差异很大。无论是按照《规划环境影响评价条例》中提出的宏观性评价要求，还是按照美国和欧盟的要素评价模式，都不能完全适应每个规划的特点。对此，我国可学习大部分西方国家的做法，通过“Scoping”环节，即通过广泛征求有关部门、组织和利益相关者的意见来确定评价的重点内容和评价深度，并且使评价深度与规划深度相匹配。总体而言，对于综合性和宏观性规划，可重点突出宏观控制作用，将评价重点放在规模、布局、结构、时序等关键问题上，在项目阶段再深入评价对环境要素和敏感目标的影响；对于内容比较具体，类似于“打捆”项目的规划，如煤炭矿区规划、港口规划、交通规划等，可将重点放在对环境要素和敏感目标的影响评价上，下一阶段建设项目环境影响评价的形式和内容则可大大简化。使规划环评的内容、重点与规划的层次和深度挂钩，不仅能够提高工作效率，而且有利于进一步发挥规划环评的源头管控作用。

五、提高信息公开和公众参与质量

尽管公众参与在我国公共决策中的地位有所提升，但与美国和欧盟相比，我国规划环评中的公众参与仍然严重不足。今后应重点加强以下工作：一是要改进信息发布方式，提高信息发布的质量。具体而言，在提倡通过多种途径发布规划环评公众参与信息的同时，应至少有一种途径是固定且为公众所熟知的，以此提高信息公开的质量。例如，环保部审查的规划环评报告可在环保部网站发布公众参与公告，省级环保部门审查的规划环评报告可在省级环保厅（局）的网站上发布公众参与公告，其他依此类推，逐步形成固定的公众参与信息发布渠道。如此不仅可以提高信息发布的效率和质量，而且有利于社会公众形成明确预期，提高对公众参与信息的关注度。二是要加大信息公开的力度，使社会公众充分了解规划环评内容。具体而言，在规划环评第二阶段公众参与中，应公开报告书全文供社会公众参阅，并主动邀请感兴趣的部门和直接利益相关者参与咨询。三是改进公众参与方式，提高公众参与的质量。过去以调查表为主的公众参与方式质量不高，所能获取的信息非常有限，今后应重点通过听证会、论证会、研讨会、访谈等面对面的方式征求意见。四是要加大对公众意见的回应力度，提高公众参与的积极性。对此，可效仿美国的做法，将公众意见的采纳情况归类后以附件的形式附于报告书后，并与报告书一起向社会公开。只有敢于公开正面回应社会关切，才能提高社会公众对规划编制和审批部门的信任度，激发其参与热情，使规划的编制更加科学，规划的实施障碍进一步减少。五是在我国规划决策体制没有发生根本改变，规划编制部门主动强化公众参与工作意愿不强的情况下，国家应进一步加强公众参与法制建设，通过细化公众参与规定来提高公众参与工作的广度和深度。

六、建设规划环评成果落地机制

过去，由于规划环评成果的约束力不强，往往成为地方政府装点门面的“幌子”和加快项目审批的“敲门砖”。也就是说，一些规划环评反而为“两高一资”项目的上马提供了便利。为了提高规划环评的有效性，必须强化体制机制建设。具体而言，可重点从以下几个方面入手：一是要增强规划的稳定性和严肃性，特别是规划布局和产业定位，一旦确定就要严格执行，这样规划环评成果才能有所依托。过去很多规划都会因为主要领导更换而不断调整，无论是对于规划实施还是规划环评成果落实都非常不利。二是要建立规划环评和项目环评的联动机制。具体而言，要明确界定规划环评和项目环评的边界。规划环评要把重点放在布局、规模、结构、时序等宏观问题上，项目环评则应重点评价对环境要素和环境敏感目标的影响，提出具体的污染防治和生态保护措施。如此规划环评才能做到重点突出，减少和项目环评在内容上的重叠，并为项目环评减轻负担，二者之间也才能真正实现对接。三是要建立环保部门和规划部门之间的协调机制。法律规定我国的规划环评报告书需要由环保部门组织审查，建设项目环境影响评价文件需要环保部门批准，因而环保部门对于规划环评结论有较大影响力。然而，只有规划编制部门配合，评价成果才能最终落地。因此，必须在环保部门和规划部门之间建立通畅的沟通和协调机制。四是要开展规划环境影响跟踪评价。虽然《环境影响评价法》提出了开展规划环境影响跟踪评价的要求，但迄今为止并没有开展起来。为了监测规划成果的落实情况，应加快建立规划环境影响跟踪评价制度，尽快使此项工作常态化。

第四节　建立政策评估制度

从全球范围来看，政治民主化已经成为历史潮流，正在深刻地改变着世界各国的社会治理模式。同时，可持续发展理念也已深入人心，促使重大决策必须综合考虑社会、经济、环境等多个方面的影响。在此背景下，为了从体制机制上保障决策的科学化和民主化，很多国家纷纷建立起了规范的政策评估制度，对政策的影响、效率、效能等进行全面评估。从目前来看，政策制定程序和评估机制是否完善，已经逐渐成为衡量一个国家的治理体系是否满足现代社会要求的标尺。由于思想上受到集权文化束缚，体制上受到计划经济影响，政策评估在我国长期缺位，导致政策的科学性缺乏制度保障。当前，我国已经把社会治理体系和治理能力现代化建设作为全面深化改革的重要内容，理应顺应世界潮流，根据我国国情建立具有中国特色的政策评估制度。2015 年 1 月，中共中央办公厅和国务院办公厅联合印发了《关于加强中国特色新型智库建设的意见》，提出要建立健全政策评估制度，重大改革方案、重大政策措施、重大工程项目等决策事项出台前，要进行可行性论证和社会稳定、环境、经济等方面的风险评估。要加强对政策执行情况、实施效果和社会影响的评估。借鉴国际经验，我国的政策评估制度应重点加强以下几个方面的建设。

一、建立政策评估框架体系

从世界上已建立政策评估制度的国家来看，普遍具有较为完善的法规体系。例如，日本开展政策评估的法律依据有《政府政策评估法案》《执行政府政策评估法案的内阁命令》《政策评估标准指针》等；韩国政策评估的法律基础是《关于对政府工作的审查评价和调整的规定》和《关于政府业务等评价基本法》；美国开展政策评估的法律依据则是 12866 号和 13563 号总统令。借鉴国际经验，我国要建立规范的政策评估制度，也必须首先夯实法律基础。具体而言，应通过立法来明确政策评估的对象、主体、程序、标准、经费等关键事项，以使该项工作有法可依。从国外实践来看，评估对象主要是政府部门制定的管理规定和行动计划，评估工作一般由政策制定部门按照一定的程序来开展，评估程序要清晰和透明，评估标准须涵盖价值判断和事实分析两个层面，所需经费一般纳入政府预算。为了保障评估质量，评估工作完成后，还要有专门机构对评估结果进行审查。同时，由于制定政策需要考虑的因素很多，并且政策出台与否也不能单纯由技术问题决定，因而政策评估大多采取内部评估的方式。

借鉴国际经验，根据我国的决策体系和决策形式，在设计政策评估制度时可重点考虑以下几个方面：第一，对于评估对象，在形式上应该是那些层次相对较高的政府管理规定，具体包括行政法规、部门规章、地方政府规章、规范性文件以及一些以原则性规定为主的指导性规划。其中，政策目标明确、资金投入较大、政策效应直接、社会反响强烈的政策应作为评估的重点对象。对于此类政策，应该突出技术层面的评价，弱化价值层面的评价。同时，对于扶贫政策、社会保障政策等主要是从价值判断角度出发制定的政策，可不作为政策评估的主要对象。如果进行评价，则应把重点放在公平、正义、社会回应性等价值因素上。第二，对于评估主体，应按照国际上的通行做法，主要由政策制定部门来组织开展。例如，在国家层面，各部委均应考虑建立政策评估机构，对本部委提出的政策进行评估。为了保证评估质量，国务院办公厅还可组建专门审查机构，对各部委提交的政策评估报告进行质量审查，并确保不同部委之间的政策相互协调。为了提高评估工作的独立性和客观性，具体评估任务也可选择专业性较强的第三方评估机构来承担。在评估工作中，最好是在承担单位的主持下，通过政策制定部门、政策执行部门和政策目标群体三类利益相关者的共同参与来完成。第三，对于评估程序，应根据不同类型政策的特点，分别提出方案制定、标准选择、方法确定、资料搜集、分析研究、报告撰写等关键环节的具体流程，以指导评估工作的顺利开展。第四，对于评估标准，应坚持事实标准和价值标准的和谐统一。其中，事实标准应重点关注政策的效果、效率、效益和效能，并以成本—收益分析为核心；价值标准应包括政策的合法性、公平性、适当性、公众满意度等。第五，对于评估经费，应该作为政策制定项目预算的有机组成部分，提高资金的保障程度。

二、加强政策评估队伍建设

我国虽然尚未建立起正式的政策评估制度，但类似政策评估的工作一直在开展。今后，为了提高政策评估质量，增强决策支撑能力，必须加强政策评估机构和政策评估队伍建设。在政策评估机构建设方面，既要加强官方评估机构的建设，也要加强半官方和民间评估机构的建设。对于官方评估机构而言，目前各级政府部门的办公厅（室）、法规司（处）、研究室等均具有一定的政策制定和评估职能。从提高专业化和独立性的角度出发，将来应把政策制定和政策评估分开，分别由不同的机构承担。例如，可由办公厅（室）和法规司（处）承担政策制定职能，由研究室承担政策评估职能，当然也可另设专门的政策评估机构。对于半官方的政策评估机构，可以由我国大量存在的公益性事业单位来充当，这类机构一方面与政府机关关系密切，熟悉政策过程，另一方面又具有一定的独立性，在一定程度上可以弥补官方评估和民间评估的不足。除官方评估机构和半官方评估机构之外，我国更需要建设的是独立的民间评估机构。从国际上来看，西方国家普遍存在大量民间智库，每年都会接受政府委托开展政策研究和评估工作，如美国的布鲁金斯学会和兰德公司、日本的野村综合研究所等。与西方国家相比，我国独立的民间智库严重发育不足。2015 年中共中央办公厅和国务院办公厅联合印发的《关于加强中国特色新型智库建设的意见》提出："要探索政府内部评估与智库第三方评估相结合的政策评估模式，增强评估结果的客观性和科学性"。为此，今后应大力加强民间智库的培育力度，使其成为承担第三方政策评估的主体。通过建立开放、竞争的政策评估市场，充分发挥各类评估主体的优势，必将大大提高我国决策的科学化和民主化水平。事实上，这也是国家治理体系的重要组成部分。在评估队伍建设方面，一方面应加强现有从业人员的培训，提高其专业化水平；另一方面应在大专院校中加强政策评估专业建设，为社会培养更多的政策评估专门人才。在人才培养方面，尤其要认真学习西方国家广泛使用的定量分析方法，切实提高我国政策评估的质量。从西方国家的经验来看，今后政策评估在我国很有可能会成为一个新的行业，并具有广阔的发展前景，需要大量的专业机构和专门人才。

三、加强相关理论方法研究

尽管西方的政策评估理论传入我国已经有30多年的历史，但迄今为止我国在政策评估领域仍然处于借鉴国外经验的阶段，无论是理论方法研究还是实践探索都比较滞后，亟须在引进和吸收的基础上建立适合我国国情的政策评估体系（陈世香等，2009）。根据政策过程，政策评估可分为事前、事中和事后评估三种。对于事前评估，主要是对比各个备选方案的优劣，以便优中选优；对于政策执行过程中的评估，重点是监测政策的实施情况，提高执行效率；对于事后评估，重点则是对比政策目标和政策效果，以决定下一阶段的政策走向。由于事前、事中、事后评估的目的和重点不同，评估模式和技术方法也各不相同。根据我国政策评估制度的建设要求，应重点加强以下几个方面的研究：一是事前评估要研究建立评估对象的筛选机制。有的政策适合开展价值层面的评估，有的政策适合开展事实层面的评估，有的政策甚至没必要进行评估，对此应建立一套科学的筛选机制。二是应研究建立适合我国国情的政策评估模式，并形成技术规范。不仅要研究不同类型、性质政策的评估模式，更要研究针对政策过程不同阶段的评估模式。在我国政策制定程序普遍欠规范的情形下，应力求通过严格、规范的政策评估来提高政策的科学化和民主化水平。三是应针对不同层级、类别和性质的政策，建立相应的政策评估指标体系，用以指导具体的评估工作。在政策评估指标体系中，既要有事实层面的指标，也要有价值层面的指标；既要有定量指标，也要有定性指标。四是要加强政策评估方法研究。政策评估的方法至少有上百种，在类别上包括数理统计、模型分析、专家咨询、机理分析、制度分析等。如何在我国的政策评估实践中恰当地使用这些技术方法，并根据我国的政策评估特点提出新的技术方法，应作为政策科学的研究重点之一。五是要加强剂量—反应研究。从西方国家政策评估的发展趋势来看，成本—收益分析中的资源环境和人体健康考量不断增强，如果要将这些方面的成本和收益量化，必须要以先导性的剂量—反应研究为基础。六是应积极开展政策评估的示范案例研究。政策评估在我国仍处于起步阶段，事前评估甚至属于新生事物，并没有成熟的模式可资借鉴。因此，在政策评估制度的建设过程中，同步开展一些示范案例研究非常必要。对此，相关部门应结合自身的政策制定工作，积极开展政策评估案例研究，借此总结经验，形成具有普遍适用性的评估模式。

四、加强评估过程中的公众参与

从国外实践来看，建立政策评估制度的一个重要出发点就是为了更好地保障公共安全、维护公共利益、增进人民福祉。因此，公众政策的制定过程必须要接受公众的监督，倾听公众的心声，反映公众的诉求。同时，政策评估也承担着向社会公众解释政策的合法性、合理性、必要性和科学性的任务。也就是说，政策评估是一个政策制定部门和社会公众、利益集团、专家学者等利益相关者沟通交流的平台。为此，西方国家的政策评估均十分重视公众参与工作，并有一套严格的公众参与程序。我国《宪法》规定“中华人民共和国的一切权力属于人民”“人民依照法律规定，通过各种途径和形式，管理国家事务，管理经济和文化事业，管理社会事务”。然而，从目前来看，受传统政治文化和官僚层级制的影响，社会公众参与公共事务的制度化途径并不多，发挥的作用也非常有限。据此，可把政策评估作为公众参与决策制定的重要平台，无论是事前评估、事中评估还是事后评估，都应认真倾听社会公众的意见。具体而言，应重点做好以下工作：一是要通过立法明确社会公众在政策评估中的地位，使公众参与成为政策评估的必需环节；二是要明确公众参与方式。我国过去习惯于使用问卷调查、电话咨询等方式来了解公众意见，方式比较单一，信息交流很难充分，今后应重点通过访谈、论证会、咨询会、听证会等面对面的方式来征求公众意见，提高公众参与的质量；三是要建立规范的公众参与程序，不仅要把公众参与内化于政策评估程序之中，而且要严格规定各种公众参与方式的具体程序，提高公众参与的严肃性和有效性，充分保障社会公众的参与权；四是要及时回应公众诉求。对于政策评估过程中社会公众提出的意见，无论采纳与否，一定要及时给予回应，从而起到鼓励公众参与的作用；五是要畅通公众参与渠道。除传统的会议、访谈、问卷调查等形式外，更要积极使用互联网、微信、微博等现代传播手段；六是要特别关照弱势群体，要给弱势群体表达诉求的机会，这是世界各国的普遍做法；七是要加强政策制定和评估过程的信息公开，增强政策过程的透明度，保障社会公众的知情权。政策评估完成后，应及时把评估结果向全社会公开，接受监督和批评。

五、加强政策评估中的环境考量

如前文所述，美国、英国、法国等国家的政策评估往往同时涵盖社会、经济和环境三个方面的内容，是一种综合评估。对于资源环境影响比较突出的重大政策，一般还要开展专门的环境影响评价。因此，从整个政策过程来看，已经建立起了较为完善的决策环境风险预防体系。反观我国，由于长期以经济发展为中心，因而无论是政策制定还是绩效考核，都偏重于经济指标，重点是经济增长速度，对社会和环境影响重视不足。即使是事中、事后开展的非正式内部评估，评判标准也往往以经济指标为主。近年来，“以人为本”日益成为党中央和国务院的重要执政理念，因而政府政策对就业、社会保障、教育等社会影响的重视程度有所提高，但环境考量仍然不足。在环境保护形势极其严峻的今天，政策评估亟须纳入环境考量，将环境影响与经济影响和社会影响置于同等重要的地位。

我国的决策形式包括战略、法规、计划和规范性文件四种，从目前来看，除规划环境影响评价制度覆盖了一部分规划外，国务院制定的行政法规、国务院组成部门及省市级人民政府制定的规章，以及几乎所有政府部门都可以制定的规范性文件，均缺乏从决策源头防范重大资源环境问题的制度安排。为此，将来除对那些具有重大资源环境影响的政策专门开展政策环境影响评价外，还应进一步加强政策评估中的环境考量。具体而言，应重点做好以下工作：一是应建立一套筛选程序，确定哪些政策需要重点评估资源环境影响。对于那些与资源环境关系不密切的政策，政策评估可以不考虑资源环境影响，重点关注社会和经济影响；对于资源环境影响突出的政策，应开展专门的政策环境影响评价；对于资源环境影响介于以上二者之间的政策，应该在政策评估中着重加强资源环境考量，以此来预防或减缓其不良影响。二是要将资源环境影响纳入成本—收益分析，与社会影响和经济影响一道进行综合评估，通过综合评估来判断政策的优劣得失。三是要重视政策实施的资源环境风险评估。重大政策一旦出现失误，其资源环境后果往往是灾难性的。因此，在政策评估阶段，应重点评估政策隐藏的资源环境风险。

第五节　探索政策战略环境评价

由于我国普遍存在决策机制不完善、决策过程不透明、公众参与不广泛等问题，因此与西方发达国家相比，我国防范决策环境风险的内在机制明显不足。同时，政策评估作为一种评价和监测决策过程的有效手段，在我国也没有普遍建立起来，并且现有的所谓政策评估主要是事后评估，难以起到从决策源头防范环境风险的作用。针对这一现状，建立政策战略环境评价制度，从资源环境保护的角度对拟议政策开展系统评价，就不失为一个健全决策机制、促进可持续发展的有效手段。

一、我国政策战略环境评价现状

20 世纪 90 年代初，国外的战略环评实践日益引起我国官方和学界的重视，一些学者开始向国内介绍战略环评理论和方法。然而，当时中国首先需要考虑的是如何开展规划环评，因而层次较高的政策环评并未成为重点。迄今为止，我国对政策环评的研究仍然主要集中在理论和案例两个方面，并且主要以介绍国外经验为主。其中，李巍（1996）是较早将国外政策环评的概念、意义、特点等引入国内的学者，并开展了基于情景分析的汽车产业政策环境影响评价探索；徐鹤等（2003）通过天津市污水资源化政策战略环境评价案例研究，重点探讨了政策环评的程序问题；任景明等（2005，2009）分析了中国实施政策环评的可行性，并开展了中国农业政策环境评价研究。北京师范大学全球环境政策研究中心毛显强等（2005，2010）专注于贸易政策战略环境评价，先后开展了针对中国农业贸易政策、出口退税政策、中日韩自贸区协定等的环境影响评价研究。其他学者如鞠美庭等（2003）、马蔚纯（2000）、刘葭（2009）等也开展了一些涉及政策环评的工作，但并未将一般意义上的战略环评和政策环评进行明确区分。总体而言，上述学者的研究具有以下几个特点：一是侧重于理论研究，除介绍国外的战略环评理论外，也结合我国国情从总体上探讨了政策环评的对象、原则、程序等问题；二是侧重于机制研究，特别是案例研究偏重于探讨资源环境问题与政策之间的关系。不足之处在于：一是虽然名义上叫政策环评，但研究对象包含了战略、规划、规范性文件等决策形式，事实上仍属于广义的战略环评，还不能完全称之为“政策环评”；

二是偏重于介绍国外的政策环评理论，没有与我国的决策特点相结合，因而缺乏推进政策环评的可操作性建议；三是案例研究的系统性不强，还没有做到定性研究与定量研究有机结合。

自2013年以来，新一届政府加大了行政管理体制改革力度，对决策科学化的要求进一步提高。2014年《中华人民共和国环境保护法》修订后，环境保护部也开始把政策环评研究列入了议事日程，每年均设置相关课题进行探索性研究，2014年开展了新型城镇化政策和经济发展转型政策环境评价研究，2015年开展了发达城镇群协同发展政策和钢铁行业转型政策环境评价研究，2016年开展了中西部地区人口就近城镇化政策和重点能源转型政策环境评价研究，这可能是我国迄今为止首次对政策环评问题进行的专门研究。对于评价的重点，基本上是借鉴了传统的“以影响为核心”的战略环评模式和世界银行提出的“以制度为核心”的战略环评模式两方面的优点，即同时评价政策实施后可能产生的重大资源环境问题和政策实施面临的制度约束。

总体来看，我国虽然也陆续开展了一些政策环评案例研究，但一般都是针对某一领域的“政策集合”进行评价，并不是针对某一拟议政策进行评价，因而并不完全属于事前评价，更像是同时包含事前、事中、事后评价的综合性评价。此外，国外的政策环评已经成为决策过程的有机组成部分，而我国目前开展的案例研究则很少能够直接影响决策制定，仅属于学术研究的范畴。此外，国外一些国家的政策环评已经形成了某种模式，而我国仍处于探索阶段，案例研究使用的技术路线和技术方法也各不相同。

二、我国政策战略环境评价的开展依据

从20世纪90年代中期开始，我国的生态破坏和环境污染问题日益严重，同时社会公众的环保意识有所提高，可持续发展理念也逐步得到社会认同。在此背景下，党中央和国务院也更加重视从决策链前端来防治环境风险，多次提出了要在政策制定早期阶段开展环境影响评价的要求。例如，1996年8月国务院发布的《国务院关于环境保护若干问题的决定》（国发〔1996〕31号）就明确提出：“在制订区域和资源开发，城市发展和行业发展规划，调整产业结构和生产力布局等经济建设和社会发展重大决策时，必须综合考虑经济、社会和环境效益，进行环境影响论证。”2005年，国务院发布的《关于落实科学发展观加强环境保护的决

定》（国发〔2005〕39号）再次强调："对环境有重大影响的决策，应当进行环境影响论证。" 2010年10月，国务院发布了《国务院关于加强法治政府建设的意见》（国发〔2010〕33号），提出："完善行政决策风险评估机制。凡是有关经济社会发展和人民群众切身利益的重大政策、重大项目等决策事项，都要进行合法性、合理性、可行性和可控性评估，重点是进行社会稳定、环境、经济等方面的风险评估。建立完善部门论证、专家咨询、公众参与、专业机构测评相结合的风险评估工作机制，通过舆情跟踪、抽样调查、重点走访、会商分析等方式，对决策可能引发的各种风险进行科学预测、综合研判，确定风险等级并制定相应的化解处置预案。要把风险评估结果作为决策的重要依据，未经风险评估的，一律不得做出决策。"

在立法方面，1998年经中共中央批准，《环境影响评价法》列入了第九届全国人大常委会的立法规划，全国人大常委会将其列入了2000年提请审议的年度立法计划。该法在最初起草时，就包含了对部分政策开展环境影响评价的要求。2000年12月22日，全国人大环境与资源保护委员会副主任委员王涛向第九届全国人民代表大会常务委员会作法律起草说明，当时的《中华人民共和国环境影响评价法（草案）》第四条规定："制定对环境有显著影响的区域开发、产业发展、自然资源开发的政府规范性文件；编制国土规划、土地利用总体规划、城市规划、区域、流域和海域开发利用规划以及工业、农业、林业、能源、水利、交通、旅游、自然资源开发的专项规划，应当进行环境影响评价"。其中提到的规范性文件，就是我国数量最多的一类"政策"。然而，后来在征求意见阶段，国务院的一些部门和一些地方代表提出，草案关于对政策进行环境影响评价的规定过于原则，缺乏可操作性，我国缺乏对政策进行环境影响评价的实践经验，国外也没有成熟的经验可以借鉴，目前对政策进行环境影响评价的立法条件尚不成熟。因此，在最后全国人大审议的法律草案中，删去了关于开展政策环评的规定，只保留了对规划和建设项目开展环境影响评价的要求。时隔11年，2014年4月修订的《中华人民共和国环境保护法》第十四条规定："国务院有关部门和省、自治区、直辖市人民政府组织制定经济、技术政策，应当充分考虑对环境的影响，听取有关方面和专家的意见。"该条规定被当作新环保法的亮点之一，虽然没有出现"政策环评"字样，但社会各界普遍认为是为政策环评的开展打开了一个缺口，为下一步实施政策环评提供了一定的法律依据。尽管在政策制定过程中考虑环境问题的方式有多种，但政策环评无疑是最全面、最系统、最深入、最规范的一种。

关于开展政策环评的要求，还被写入了环境保护部的部门职责中。2008 年国家环境保护总局升格为环境保护部时，《国务院办公厅关于印发环境保护部主要职责内设机构和人员编制规定的通知》（国办发〔2008〕73 号）要求环境保护部：“承担从源头上预防、控制环境污染和环境破坏的责任。受国务院委托对重大经济和技术政策、发展规划以及重大经济开发计划进行环境影响评价，对涉及环境保护的法律法规草案提出有关环境影响方面的意见，按国家规定审批重大开发建设区域、项目环境影响评价文件。”即环境保护部可以受国务院委托开展重大经济和技术政策环境影响评价。

三、我国政策战略环境评价的目的

综合国际上的政策环评实践和专家学者的观点，政策环评应该与规划环评有所区别。同时，由于我国的决策体制与西方国家明显不同，我国的政策环评也不能照搬西方模式，必须立足中国国情，突出中国特色。然而，要系统地设计适合我国的政策环评模式，必须首先明确我国开展政策环评的目的，这对于确定政策环评的评价重点、评价方法、评价程序等具有重要指导意义。对此，不妨首先来看我国建设项目环评和规划环评的目的。根据《中华人民共和国环境影响评价法》第一条的规定，我国对建设项目和规划开展环境影响评价，是为了实施可持续发展战略，预防因规划和建设项目实施后对环境造成不良影响，促进经济、社会和环境的协调发展。因此，我国的规划和建设项目环境影响评价主要聚焦于技术和事实层面的问题，目的非常明确，也比较单一。对于政策环评，由于具有一定的政治色彩，影响范围更加广泛，实施过程中的不确定因素也更多，因此其目的也应有别于规划环评和项目环评。综合考虑我国的决策体制和环境管理现状，可将实施政策环评的目的归纳为以下几个方面：

一是健全决策机制。与西方发达国家相比，我国除法律外，其他决策普遍存在程序不清晰、过程不透明、公众参与度低等问题。再加上决策机制中的精英主义色彩浓厚，因此最终决策容易被少数人的利益和偏好左右。也就是说，我国的决策系统内部还缺乏防范环境风险的内在机制。从外部机制来看，目前除建设项目和一部分规划被纳入环境影响评价的范围外，对于其他类型的决策均没有专门的环境影响论证制度。近年来，一些地区和部门虽然也会开展一些所谓的政策评估，但并没有相应的立法，并且主要是事后评估，也不具备从决策源头防范环境风险的功能。针对这一现状，对政策开展环境影响评价，就不失为健全决策机制，从源头防范环境风险的重要手段。同时，作为一个发展中国家，我国同样存在制度不健全的问题。因此，应借鉴世界银行提出的“以制度为核心”的政策环评模式，在政策环评中把与拟议政策有关的制度作为分析重点，识别现有制度中不利于政策可持续实施的因素，为制度改进提供依据。

二是促进环境公平。从《环境影响评价法》的表述来看，我国无论是建设项目环评还是规划环评，都是基于技术层面的考虑，把建设项目和规划实施后对资源环境的影响作为判断其是否可行的依据。对于政策，由于层次较高，涉及的利益群体较多，影响更为广泛，实施过程中的不确定性更大，因此无论是政策的制定还是评价，都需要同时考虑价值和技术两个层面的问题。对于价值层面的问题，政策环评可重点评价拟议决策是否符合环境公平和环境正义原则，是否及时回应了社会公众的环境关切，是否考虑了社会弱势群体的环境利益和需求。此外，政策环评还需要考虑环境伦理问题，重点是恰当处理人与自然的关系，实现人与自然和谐共生。当前，我国正在大力推进生态文明建设，政策环评可把生态文明作为重要的价值观，并借此进一步将其发扬光大。

三是凝聚社会共识。从国外实践来看，无论是政策制定过程中的公众参与还是政策环评中的公众参与，其中一项重要职能就是向社会公众解释政策制定的合法性、合理性和主要考量因素。这既是政治民主化的题中之意，也是争取公众支持的重要手段。通过政策环评中广泛深入的公众参与，能够使主要利益相关方充分认识政策隐藏的资源环境风险，进一步提升环保意识。同时，通过公众参与，还可以有效缩小社会分歧，达成社会共识，形成有利于环保工作的统一战线和舆论力量，这比政策环评本身往往更有意义，也更有利于环保工作。从世界银行的实践来看，通过政策环评凝聚社会共识和增强利益相关方的责任感，甚至已经成为政策环评的核心工作。

四、我国政策战略环境评价的对象

如果要建立一套适合中国国情的政策环境评价体系，必须首先对“政策”的内涵和外延进行界定。然而，这却是一件非常困难和容易引起争议的事情。由于不同国家的政治文化和语言文字差异较大，因此无论在理论上还是在实践中，国际上都不可能对“政策”一词达成统一认识。例如，仅从学术角度来讲，不同学者对“政策”的定义就存在显著差异。现代行政学之父伍德罗·威尔逊认为：“政策是由政治家，即具有立法权者制定的而由行政人员执行的法律和法规”（伍启元，1989）。政策科学的创立者哈罗德·拉斯维尔和亚伯拉罕·卡普兰则认为：“政策是一种含有目标、价值与策略的大型计划”（林永波等，1982）。我国学者陈振明（2002）则认为：“政策是国家机关、政党及其他政治团体在特定时期为实现或服务于一定的社会政治、经济、文化目标所采取的政治行为或规定的行政准则，它是一系列法令、措施、办法、方法、条例等的总称”。根据以上几种定义，既可以把“政策”等同于“决策”，也可以把政策理解为某一类型的决策。因此，不同国家在确定政策环评对象时，必须基于自身的决策体制和决策形式具体对待。

既然很多学者认为所有由政府做出的决策都可以归入政策的范畴，那么从广义上来理解的话，我国的四种决策形式，即战略、法规、规划和规范性文件都可以当作政策战略环境评价的对象。然而，在实践中，考虑到我国的《环境影响评价法》已经覆盖了“一地三域”和“十个专项”类规划，本着与规划环评不重叠的原则，首先应把以上规划排除在政策环评的范畴之外。因此，如果从广义上认识政策的话，在规划领域应包括目前法规尚未覆盖，而又与我们通常认为的“政策”比较类似的国民经济和社会发展规划、区域规划以及重点行业规划。在法规领域，应包括普通法律、自治条例和单行条例、地方性法规、行政法规、规章和规范性文件。对于战略，一般都是方向性规定，类似于政策分类中的总政策，因此都可纳入广义政策环评的范畴。针对以上广义政策环评对象，应在推进路径上采取自下而上、先易后难的顺序。如图 6-2 所示，其路径可大致确定为：重点产业规划→区域规划→国民经济和社会发展规划→规范性文件→地方政府规章→部门规章→行政法规→地方性法规→自治条例和单行条例→普通法律→国家战略。

根据政策分类，狭义的政策仅指实质性政策，也可称为方面政策或部门政策，这类决策与我们惯常所理解的“政策”大体一致，一般是针对某一特定问题而制定的管理规定，在具体形式上表现为各类“红头文件”。这类决策具有涉及面广、形式多样、时效性强等特点，在短期内对作用对象的影响非常突出。从国际上来看，那些将战略环境评价对象扩展到更高层次决策的国家，其评价对象大多都聚焦于政府部门制订的决策，很少涉及立法和司法部门的决策。据此，我国在推进政策战略环境评价的过程中，也应首先从政府部门的决策入手，或者将政府部门的决策作为狭义的政策环评对象。根据我国的决策体系，这样的决策主要有行政法规、规章和规范性文件三类。

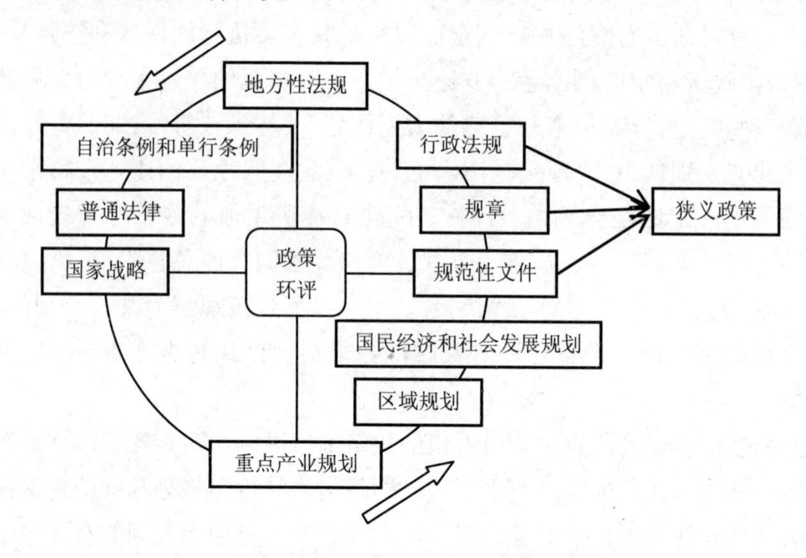

图 6-2　我国的广义政策范围与狭义政策对象

经梳理和分析不难发现，国务院制定的行政法规中仅有少部分会直接产生重大资源环境影响，从而有开展政策环评的必要，如《南水北调工程供用水管理条例》《畜禽规模养殖污染防治条例》等。除国务院的行政法规外，规章也是一类具有法律依据的行政决策，具体分为部门规章和地方政府规章。部门规章由国务院各部、委员会、中国人民银行、审计署和具有行政管理职能的直属机构制定，属于执行法律或者国务院的行政法规、决定、命令的事项。在部门规章中，有相当多一部分直接涉及生产活动，有的甚至明确冠以“政策”字样，如《铁路主要技术政策》（铁道部令第 34 号）、《生产煤矿回采率管理暂行规定》（发展改革委令第 17 号）、《天然气利用政策》（发展改革委令第 15 号）等。地方政府规章是省、自治区、直辖市和较大的市的人民政府制定的具体行政管理事项，其中一部分也与开发活动关系密切，需要开展政策环评，如《广东省小水电管理办法》（广东省人民政府令第 152 号）、《湖北省河道采砂管理办法》（湖北省人民政府令第 333 号）、《陕西省矿产资源补偿费征收管理实施办法》（陕西省人民政府令第 9 号）等。

规范性文件是指法律范畴以外的其他具有约束力的非立法性文件，制定主体包括各级人民政府及其所属部门、人民团体、社团组织、企事业单位等。国家对这类文件没有统一的规范要求，具体管理办法由各级政府和相关部门制定，因而不同地区、不同部门的规范性文件在形式上差别很大。国务院制定的规范性文件主要有“国令”“国发”“国办发”“国函”“国办函”“国办发明电”“国发明电”等几类，国务院网站上全部将其归入了政策类，这也从一个侧面说明将规范性文件作为政策是比较符合我们一般认知的。经分析，此类文件大部分是原则性、方向性要求，不需要开展政策环评，但也有一些与生产活动关系密切，需要认真审视其环境后果。

从类别上来看，规范性文件中除“国函”是对国务院所属机构和地方政府请示文件的批复，可不开展政策环评外，其余均应纳入政策环评的筛查范围。例如，“国发”类文件中的《国务院关于支持鲁甸地震灾后恢复重建政策措施的意见》（国发〔2014〕57 号）、《国务院关于促进光伏产业健康发展的若干意见》（国发〔2013〕24 号）等，“国办发”类文件中的《国务院办公厅关于加强进口的若干意见》（国办发〔2014〕49 号）、《国务院办公厅关于进一步加快煤层气（煤矿瓦斯）抽采利用的意见》（国办发〔2013〕93 号）、《国务院办公厅关于加快林下经济发展的意见》（国办发〔2012〕42 号）等，“国办函”类文件中有《国务院办公厅关于调整河北大海陀等 3 处国家级自然保护区的通知》（国办函〔2011〕156 号）、《国务院办公厅关于落实促进油料生产发展有关政策措施的通知》（国办函〔2007〕101 号）等，“国办发明电”类文件中有《国务院办公厅关于加强电力需求侧管理实施有序用电的紧急通知》（国办发明电〔2008〕13 号）、《国务院办公厅关于延长扶持家禽业发展政策实施期限的通知》（国办发明电〔2006〕26 号）等。以上规范性文件均直接涉及生产开发行为，会对资源环境产生显著影响，应该在决策源头系统地纳入环境考量。

地方政府制定的规范性文件种类比较繁杂，形式上也各不相同。例如：北京市政府仅有两种形式的规范性文件，即“京政发”和“京政办发”，陕西省政府则有十种规范性文件，分别是“陕政发”“陕政字”“陕政发明电”“陕政任字”“陕政通报”“陕政函”“陕政办发”“陕政办字”“陕政办发明电”“陕政办函”。这类文件直接涉及具体的社会经济活动，因而更具开展政策环评的必要。在国务院的组成部门中，如国家发展改革委颁布的《煤炭生产技术与装备政策导向》、国土资源部和农业部联合颁布的《国土资源部　农业部关于进一步支持设施农业健康发展的通知》（国土资发〔2014〕127 号）等均会造成一定环境影响。在地方政府颁布的规范性文件中，《内蒙古自治区人民政府印发关于促进全区煤炭经济持续健康发展有关措施的通知》（内政发〔2013〕95 号）、《河南省人民政府关于进一步促进全省产业集聚区持续健康发展财政扶持政策的通知》（豫政〔2014〕71 号）等也会造成比较显著的环境影响。

如前文所述，并非所有的政策都有开展政策环评的必要，因此筛选机制至关重要。从国际上看，与规划和计划环评的筛选机制类似，针对政策环评对象的筛选机制也主要有三种：一种是核查表法（checklist），就是把确定需要开展政策环评的决策一一识别出来，放在名录中。如果拟议决策包含在内，则需要开展政策战略环境评价；二是逐案判断（case by case），即根据决策内容判别是否需要开展政策环评。凡采用这种判断方式的国家，都需要建立一套规范、严格的筛选程序；三是设立某一简单标准，通常是通过“一刀切”的方式来判定，如中国香港规定所有提交行政会议的决策都需要开展环境评价，新西兰要求所有政策建议都要开展环境评价，英国则要求所有政策都要开展可持续性评估。

由于我国的决策层级、决策主体和决策形式较多，即使是同一类型的决策，在内容、深度等方面也并不统一。因此，无论是行政法规、规章还是规范性文件，都不可能采取制定名录的方式来判断是否需要开展政策环境评价。特别是规范性文件，是我国各级政府和部门管理社会、经济事务的主要工具，不仅数量和种类繁多，而且出台时机、内容要求、效力级别等都难以预知，不仅不可能通过制定名录的方式来进行筛选，也难以通过某一简单标准来判别。据此，对于政策的筛选机制，我国只能采取逐案审查的方式。对于审查主体，一是可考虑由具有广泛代表性和权威性的专业委员会来进行，二是可以由政策的提出部门和相关部门，如环保部、林业部、水利部等共同裁定。当然，我国目前还处于政策环评的探索阶段，如果要把政策环评建设为一项规范的决策辅助制度，还需要通过法律法规对此做出明确规定。

五、我国政策战略环境评价的重点

无论是发达国家还是发展中国家，其早期建立的环境影响评价制度一般仅针对建设项目，基本上不涉及更高层次的决策。由于建设项目在不同国家之间的可比性较强，因此环境影响评价模式也基本相同。然而，随着战略环评的出现和评价对象向决策链上游延伸，评价对象之间的可比性逐渐减弱。再加上不同国家之间在政治体制、决策模式、传统文化等方面的巨大差别，导致评价模式开始出现分野。从目前来看，世界银行对战略环评的分类具有一定代表性。正如前文所述，世界银行根据评价重点将战略环评分为“以影响为核心”的战略环评和“以制度为核心”的战略环评两大类，并把后者直接归入了政策环评的范畴。前者的评价重点仍然是决策实施后对大气、水、生态等环境要素的影响，后者则基本上摒弃了对环境要素的评价，而把重点放在了制度层面。世界银行之所以要提出“以制度为核心”的评价模式，主要原因是其援助对象中有相当多一部分是经济发展水平较低的落后国家。这些国家因制度不健全而造成的资源环境问题远比具体政策的影响要大。因此，在这些国家推动制度完善远比评价政策的具体环境影响更为紧迫，作用也更为深远。尽管“以制度为核心”的评价模式事实上已经超出了人们对传统战略环评的认识，但这一模式对于确定我国的政策环评重点却具有启示意义。

我国作为世界上最大的发展中国家，环境保护制度体系虽然没有西方发达国家那么完善，但要远远好于很多非洲、拉丁美洲及东南亚发展中国家。因此，我国对可持续发展制度体系建设的需求既没有像很多发展中国家那样迫切，但也并非完全没有必要。同时，由于我国政府部门对社会经济活动具有较大影响力，并且我国经济在今后一段时间仍将处于中高速增长阶段，防范决策环境风险仍然十分必要。因此，我国在政策制定阶段也需要认真考虑决策实施后的具体资源环境影响。基于以上考虑，我国的政策环评模式应同时兼顾环境影响和体制机制问题。也就是说，我国的政策环评应该同时借鉴世界银行提出的“以影响为核心”的评价模式和“以制度为核心”的评价模式两方面的优点，可将其称作“影响评价+制度评价”的评价模式。

由于我国的决策体系比较复杂，决策形式多样。因此，对于具体决策来说，在评价过程中到底应该是影响评价多一些还是制度评价多一些，要根据决策的性质、类型和层次等因素来具体确定。总体而言，决策的层次越高，一般空间指向越模糊，越难准确预测其实施后的具体影响。同时，决策的层次越高，政治色彩就越强，因而更应该侧重于制度评价。相反，决策的层次越低，一般而言空间指向和决策内容就越具体，同时受制度的影响也就越小，因而可把评价重点放在具体的环境影响上。基于这一考量，针对我国的主要决策，可总体上对其评价重点作一界定。具体而言，对于各级人民代表大会等立法机构审议通过的普通法律、自治条例和单行条例、地方性法规等法律文件，由于主要是程序性规定以及当事人权利和责任的规定，很少涉及具体的环境问题，因此应主要评价制度层面的问题。对于行政法规和规章，属于政府决策中比较规范的类别，大部分也主要是关于办事程序、责任、权利、义务等方面的规定，规则性较强，因此评价重点可放在制度层面上，即主要分析与相关环境问题有关的制度、体制和机制问题，应通过改进不利于政策可持续实施的制度弊端来预防和减缓其资源环境影响。对于规范性文件、国民经济和社会发展规划、区域规划、重点产业规划等决策，由于内容极其广泛，既包含制度建设方面的内容，也包含区域开发、产业建设和资源配置问题，因而应兼顾影响评价和制度评价。对于我国《环境影响评价法》已经覆盖的“一地三域”和“十个专项”类规划，由于内容比较具体，总体上应该偏重于影响评价，制度评价可作为选择性内容。对于具体的建设项目，世界各国的评价重点基本一致，都是偏重于具体环境影响，可不做制度评价。还有一类决策比较特殊，那就是国家战略。尽管国家战略处于我国决策体系的最高层级，但在内容上一般只是方向性规定，其实施需要依靠后续的行政法规、规章、规范性文件和规划等提出明确要求。从我国目前实施的国家战略来看，大多具有较强的政治色彩，因此不宜将制度评价作为重点。同时，从历史教训和我国正在实施的国家战略来看，其评价更应关注实施后可能导致的环境风险。因此，国家战略尽管层次很高，但其评价重点应该聚焦重大环境影响或环境风险。综上所述，我国各类决策的评价重点如图 6-3 所示。

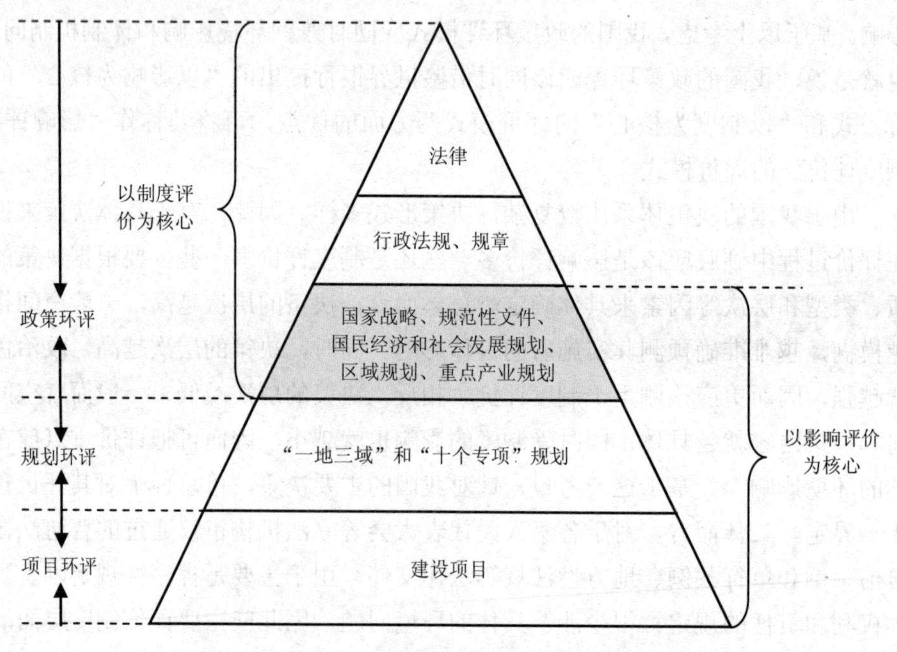

图 6-3　我国的环境影响评价序列及其评价重点

对于政策环评中的环境影响，应聚焦主要问题，并体现出专业化和快速化的特点。为此，首先应追求有限目标，具体而言，应重点聚焦政策所涉及的区域或产业定位、规模、布局、结构、时序等方面的重大问题和关键问题；其次，在评价内容上，应重点关注政策实施的累积影响、长期影响、人群健康影响、对生态安全的影响，以及与国家主要战略意图的协调性等。对于制度评价，应根据政策实施后可能导致的重大资源环境问题，评价现有制度体系的应对能力，分析存在的主要不足和缺陷，最后提出制度建设的方向和要求。

六、我国政策战略环境评价的基本框架

基于完全理性决策模式，科学和规范的政策制定程序包括问题界定、目标确立、方案设计、方案比选、政策发布、政策执行、政策评估、政策调整等几个阶段。作为一项决策辅助工具，政策环评在程序上要与上述政策过程充分融合、全程互动，充分发挥决策参谋作用。当然，就现阶段而言，并非我国所有的政策制定都遵循上述决策流程，但从长期来看，决策科学化、规范化是必然走向。因此，在研究我国政策战略环境评价工作程序时，也应按照完全理性决策模型，并根据我国的具体决策需求来确定。以下针对政策过程的不同环节，分别提出政策环评应开展的主要工作（图 6-4）。

（一）政策问题界定阶段

在政策问题界定阶段，政策制定者需要聚焦政策问题（涉及社会、经济、环境等多个领域），对政策问题的性质、程度、范围等进行分析和描述，并探寻背后的原因。那么，从政策战略环境评价的角度来讲，应充分发挥自己的专业特长，识别与政策问题关联的重大资源环境问题，对其性质、范围、程度等进行描述和分析，并探寻其形成原因，特别是政策和制度原因。同时，应该对上一轮政策进行回顾性评价，分析其资源环境效应，从而为下一阶段确定评价重点提供依据。通过以上工作，在资源环境问题与以往政策之间建立耦合关系，为接下来的政策方案设计提供参考。为了使问题识别和原因分析更加准确，除查阅文献外，还应采取访谈、调查等方式。

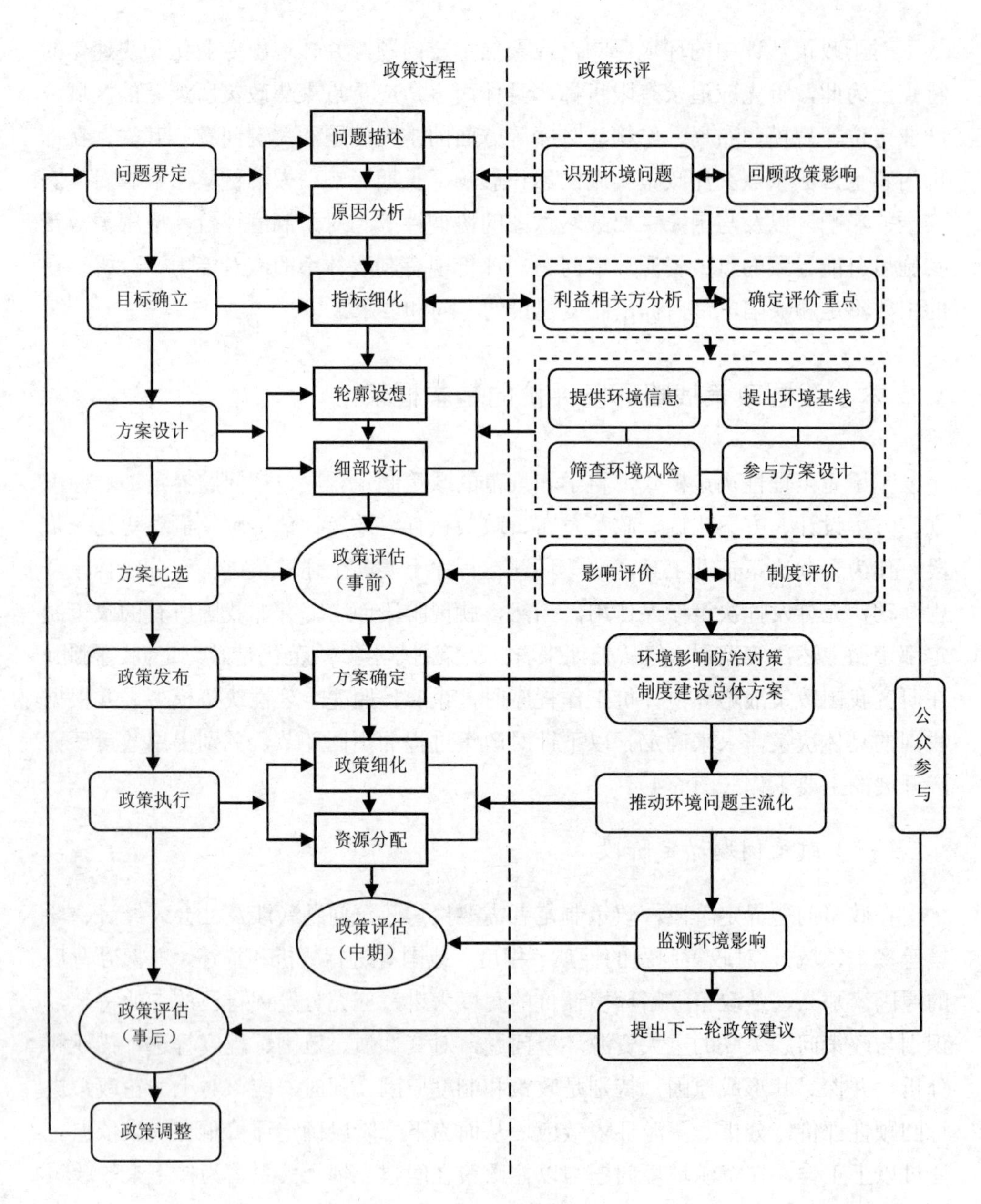

图 6-4　我国政策战略环境评价框架

（二）政策目标确立阶段

在政策目标确立阶段，政策制定者需要针对政策问题提出将来期望达到的政策目标，或者说希望达到的效果。政策目标一般包括定性目标和定量目标两类，可能清晰也可能模糊。如果存在多个政策目标，目标之间也可能存在冲突。当政策目标中包含经济发展速度、产业规模或布局、基础设施建设等指标时，必然会导致显著的资源环境影响。对于政策战略环境评价而言，该阶段的主要任务是确定政策环评的重点工作。在世界银行的战略环评理论体系中，此项工作被称作“确定环境保护优先事项”。对此，应主要从以下几个方面入手：一是根据本轮政策目标，采用一定的方法，分析实现目标可能造成的重大资源环境影响，对其性质、范围、程度等进行初步判断；二是识别与拟议政策有关的资源环境问题，以及这些资源环境问题与上一轮政策之间的关联性；三是识别政策过程中的利益相关方，包括政策制定者、执行者、企业、民间组织、社会公众等，通过访谈、研讨、问卷调查等方式了解不同利益相关方对政策的影响力、对政策的态度、主要利益诉求及其资源环境关切。过去我国很多政策之所以难以贯彻实施，与政府主导政策制定，对政策目标群体的利益诉求考虑不足有很大关系。因此，在确定政策环评需要重点关注的问题时，必须充分征求政策目标群体的意见，特别是那些在政策过程中缺乏主动性的弱势群体的意见。总体而言，政策环评重点任务的确定，应综合考虑政策领域现有的资源环境问题、政策目标隐含的环境影响和利益相关方诉求三方面的因素，尽量取其交集。在以上分析的基础上，提出政策环评需要解决的优先事项。

（三）政策方案设计阶段

在政策方案设计阶段，政策制定者需要根据政策目标形成备选方案。一般来说，首先要充分发挥想象力，从不同角度出发多提出一些可能实现政策目标的轮廓设想，或概念性方案，然后再通过进一步分析排除掉一些明显不可行方案。对于最后筛选出来的较为可行的方案，则进行进一步的细节设计，使其具体化，为下一阶段方案比选做好准备。该阶段对于政策环评而言，主要应发挥四个方面的作用，分别是提供环境信息、提出环境基线、筛查环境风险、参与方案设计。一是政策环评要从专业的角度为政策方案的形成和设计提供必要的资源环境信息，包括环境质量信息、环境敏感对象信息、资源环境承载力信息等，这些信息可以成为政策制定者的重要参考。二是要为政策方案设置环境保护基线或环境底线，如各类禁止开发区域的边界、生态保护红线、污染物排放标准、环境准入负面清单、环境准入标准等。三是要与政策制定者一起对备选方案进行环境风险筛查。对于在概念阶段形成的轮廓设想，政策环评要从环境保护的角度过滤掉那些存在重大资源环境风险的方案。对于那些进入细部设计的方案，政策环评要从防止和减轻环境影响的角度对其提出细节设计要求。通过该项工作，政策环评可充分发挥在早期阶段防治重大资源环境影响的作用。四是参与方案设计。除为政策制定者提供环境信息、提出环境基线、筛查环境风险外，政策环评还应积极参与政策方案设计，无论是在政策方案的轮廓设想阶段还是在细部设计阶段，都应该主动为方案设计出谋划策。

（四）政策方案比选阶段

在政策方案比选阶段，政策分析人员需要对完成细部设计的备选方案进行比选，即根据一定的评价标准从社会、经济、环境等多个维度全面评估各个备选方案的优劣。对于政策环评而言，应重点评估各个方案实施后可能造成的环境风险，以及现有制度对重点资源环境问题的管理能力。具体而言，应从两个方面入手：

一是评估重大资源环境影响。与建设项目和规划相比，政策实施的不确定性较大，因而精确预测政策的环境影响意义不大。同时，政策环评不应追求全面和系统，应聚焦主要和重大环境问题。因此，应把评价重点放在环境风险上来。对于环境风险产生的原因，主要有两个方面：一是政策方案本身隐含环境风险，如我国的城镇化政策、西部大开发政策、海洋开发政策等均涉及重大开发活动，必然对环境产生显著影响；二是政策环境变化导致的资源环境风险，包括政治、经济、自然及国际环境等。例如，在市场经济环境下，如果还坚持过去的计划经济思路，就容易导致产业的无序发展，近年来的多晶硅、风电等行业的产能过剩，就是典型例子。对于环境风险，应重点评估三个方面：首先，中长期生态风险，主要是政策实施是否会导致生态系统结构和功能的重大改变，生态系统内物种的突变，植被演替过程的中断或改变，生物多样性的减少等。其次，环境质量风险，即政策实施是否会使区域环境质量显著下降，进而对生态系统和人居环境产生重大影响。最后，人体健康风险，要把污染物排放与人体健康联系起来，预测污染物对人体健康产生有害影响的可能性，包括致癌风险评估、致畸风险评估、化学品健康风险评估、发育毒物健康风险评估、生殖环境影响评估等。该阶段需要对每个政策方案存在的环境风险进行评价和对比，对可能发生的环境风险的性质、程度、范围等进行判断。

二是评估制度保障。政策的执行效果与其依存的体制、机制、机构等制度层面的问题密切相关，如果制度存在重大缺陷，政策在执行过程中就容易出现偏差，从而引发资源环境问题。为此，需要评估现有制度对重点资源环境问题或环境保护优先事项的处置能力，分析政策执行在制度层面的有利和不利因素。具体而言，应重点关注以下几个方面：首先，评价现有法规、体制、机制、政策等对政策环评重点工作或环境保护优先事项的处置能力。例如，中央政府在2014年提出，到2020年要引导约1亿人在中西部地区实现就近城镇化。如果对此开展政策环评的话，就需要分析现有制度、体制、政策等能否有效应对因1亿人口就近城镇化对中西部地区造成的生态、水资源、大气环境等方面的冲击，识别制度层面存在的不足。其次，分析政策在实施过程中可能遇到的制度约束。尽管在制定政策时人们一般会基于完全理性模式，倾向于把政策制定看作是一个线性过程。然而，在实施过程中，政策面临的制度和体制环境却非常复杂，常常会受到来自方方面面的干扰。因此，厘清不同利益相关者在政策执行阶段对政策的态度非常重要，如政策执行机构、政策目标群体对政策是否支持，他们对政策实施的影响力，以及他们的哪些行为可能导致重大资源环境问题等。在我国，一些政策之所以走样，与地方保护主义有很大关系。最后，解决环境保护优先事项所需要的政策资源是否充足。如果政策的实施缺乏组织、人力和资金保障，则无论是政策本身还是政策环评成果都难以得到落实。

（五）政策方案发布阶段

在政策方案发布阶段，会基于各个备选方案的社会、经济、环境影响，最终确定一个最优的方案并向社会公布。该阶段对于政策环评而言，主要任务有两项：一是针对最终选定的政策方案，提出预防和减缓不良环境影响的对策措施，尽量减小政策实施带来的负面影响；二是针对政策实施存在的制度缺陷和不足，提出制度建设建议，特别是环境保护制度、机制、政策等方面的优化建议，从而使政策实施具有一个良好的制度基础和制度环境，以保障政策环评所关注的重点环境问题能够得到有效处置。

（六）政策方案执行阶段

在政策执行阶段，政策执行机构将把政策要求转化为更具可操作性的实施方案，并投入一定的人力、物力，将其由设想变为现实，产生实质性的社会、经济和环境后果。对于政策环评来说，主要任务是推动环境问题的主流化。具体而言，主要有以下几个方面：一是借助媒体广泛宣传政策环评成果，使社会公众充分了解政策实施可能带来的环境影响及其防治措施，形成强大的环境支持群体，使社会公众能够自觉监督政策环评成果的落实情况。二是对主要的利益相关方，如政策执行机构、直接受政策影响的企业或个人等进行培训，进一步提高其环境意识，增强落实政策环评成果的能力，从而使政策环评确定的优先事项能够得到很好的落实。

在政策执行一段时间后，政策的制定部门一般会对政策的实施情况进行中期评估，总结政策在执行过程中存在的问题，以便及时改进。对于政策环评而言，应该把政策执行过程中发现的重大资源环境问题及其处置情况，特别是那些非预期资源环境问题及时反馈给政策制定部门和执行部门，使相关部门能够及时改进管理，减小资源环境代价。其中，根据政策跟踪监测形成的报告，可以作为政策中期评估报告的重要内容。

（七）政策（事后）评估阶段

在政策（事后）评估阶段，政策制定者一般会对照政策目标和实际效果，对政策的成败得失进行全面总结，从而决定下阶段政策的走向，即终止、延续还是调整。对于政策环评而言，应将政策实施实际产生的资源环境影响与当初的预测进行对比，对二者之间的差距进行分析，找出原因，为下一轮政策的制定提出环境保护政策建议。如果政策实施后造成了超出当初设想的重大资源环境问题，也可以提出终止政策的建议。

七、我国政策战略环境评价的实施要求

（一）政策战略环境评价的介入时机

作为高层次的战略环评，政策环评同样强调早期介入，这在欧盟、美国、加

拿大等国的相关法规中都有明确规定。其中，欧盟的影响评价是在政策建议开始形成时介入；美国的政策环评是在拟议政策建议提出之后，替代方案形成的过程中介入；加拿大则主张在政策概念形成之时就介入。政策环评的早期介入，可在决策链前端参与谋划备选方案，剔除环境不可行性方案，并及早发现拟议方案中不利于可持续发展的因素，真正起到从决策源头防范重大资源环境风险的作用。因为政策环评的目的是加强决策过程中的环境考量并最终影响决策，因此西方国家普遍选择在政策出台之前开展政策环评。由于我国的决策体制与西方国家明显不同，决策的程序化和透明度不高，因而难以完全做到在政策出台前介入，政策环评的开展时机应更加灵活，可分别在政策问题识别、进入政府议程和政策形成阶段介入。如果在政策问题识别阶段介入，可对相关资源环境问题的性质、程度、原因等进行分析，引起社会关注，并提出对策建议供政策制定部门在制定备选方案时参考；如果在政策问题进入政府议程之时介入，政策环评应发挥决策参谋作用，与政策制定部门一起制定政策方案。该阶段是政策窗口打开之时，如果政策环评能够及时介入，可对政策方案的形成起到引导和把关作用；如果在政策形成阶段介入，政策环评则应从资源环境角度参与各方案的比选。考虑到政策环评在我国还缺乏坚实的法律基础，在实践上也处于探索阶段，因而在以上三个阶段开展政策环评往往难度较大。为此，也可以在政策的执行过程中甚至政策过程结束后开展评价，类似于政策的中期评估和事后评估。前者可及时发现政策执行过程中的资源环境问题并进行补救，后者则可对政策的成败得失进行全面评估，为下一阶段的政策走向提出处置建议。从国际上高层次战略环评的发展趋势来看，早期介入的要求正在不断淡化，决策参与的职能则有强化的倾向。为此，我国开展政策环评，也应首先强调其决策参与职能，淡化对介入时机的要求。

（二）政策战略环境评价的牵头单位

政策环评尽管评价的对象层次较高，但仍然是一种决策辅助工具，主要是发挥决策建议作用，并不具有“一票否决”功能，因而国际上的通行做法是由政策制定部门牵头开展。例如，美国是由政策草案的提出部门牵头，其他相关部门配合一起完成。世界银行在发展中国家实施的政策环评试点项目也都突出强调了国家所有权（country ownership），认为政策环评的推进不宜削弱决策主体的主导权。例如，世界银行在中国开展的湖北交通运输规划环评（世界银行将其归入政策环评范畴），就是由湖北省交通厅牵头开展。之所以要由政策制定部门牵头开展，主要原因在于：如果政策制定部门感到政策环评是对其权力的制约，则往往不愿意开展此项工作。如果由其他部门，如环保部门牵头开展政策环评，则其评价工作很难融入政策过程，评价工作也难以得到足够的信息支持。此外，由政策制定部门牵头开展政策环评，也有利于评价成果的落实。为此，我国开展政策环评，也不宜过分强调环保部门的利益，更不能使其成为部门争权的工具，应参照国际通行做法，由政策制定部门组织开展，环保部门可发挥咨询和指导作用。但在政策环评推广阶段，环保部门可主动组织和发起一些试点项目，以发挥示范效应，争取舆论支持。

（三）政策战略环境评价的公众参与

从西方国家和国际组织的政策环评实践来看，公众参与一般在整个工作中发挥着统领作用。拟议政策是否应该开展环境评价、工作重点如何确定、替代方案和对策措施是否得当等核心问题，都需要通过广泛的公众参与来确定。在某种程度上，政策环评已经成为社会公众参与政策制定的重要途径。在政策文件正式发布之后，社会公众对于监督政策实施仍然发挥着主体作用。具体而言，通过广泛的公众参与，可以起到以下作用：一是阐明政策的合法性、必要性和科学性，并使社会公众充分了解政策的形成过程，这是政治民主化的基本要求，也是信息公开的应有之意；二是充分发挥社会公众的聪明才智，广泛征集社会公众的合理化建议，以使政策方案更加科学、合理；三是使社会公众充分认识与政策相关的环境问题的重要性，形成强大的环境保护舆论力量和支持群体，并自觉参与到环保工作中来，发挥社会公众对政策实施的监督职能。借鉴国际经验，我国在政策环评的开展过程中也应将公众参与置于核心位置。具体而言，一是政策环评的目标及其优先性要由社会公众，特别是利益相关者决定，充分反映社会公众的利益诉求；二是除增加直接利益相关者的参与数量外，还应深化民间环保组织、社会团体、行业协会等的参与程度；三是通过公众参与促进利益相关者妥协，并争取社会各界对政策的理解和支持；四是要让公众参与贯穿整个政策过程，不仅要听取社会公众的合理化建议，更要重视公众参与渠道的建设，使公众参与能够贯穿整个政策周期，发挥后期监督作用。

（四）政策战略环境评价的推进路径

政策环评作为一项有利于可持续发展的决策辅助工具，对于提高决策科学化水平具有重要作用。在我国这样决策体制不完善、资源环境问题突出的发展中国家，这项工作比西方国家更具紧迫性和现实意义。然而，从国内来看，无论是政策战略环评实践还是理论方法储备都严重不足，现有法律法规也没有明确提出开展政策战略环境评价的要求，因而要使决策部门自觉开展政策环评几乎没有什么可能。在这种情况下，政策环评的推进应采取循序渐进的方式。在规范的评价机制建立起来之前，我国环境保护的综合管理部门，即环境保护部应主动承担起组织、领导此项工作的责任。具体而言，应主动跟踪和参与国务院其他部委和省级政府重大经济、技术政策的制定过程，及时组织开展政策出台前的环境影响评价和实施过程中的环境影响跟踪评价，提出决策制定和修正的合理化建议。地方各级环保部门也应组织开展针对本级政府部门制定的重大政策的环境影响评价。通过主动参与、主动服务的方式，从环境保护角度为政策制定部门提出合理化政策建议，使政策制定部门逐步认识到政策环评对于政策制定的优化作用，在取得决策部门的认同后，再逐步实现法制化。在理念推广阶段，应契合政策制定部门提高决策科学化水平的内在需求，将能力建设作为优先目标。为此，就需要通过研讨、培训等多种手段，使决策部门的官员充分认识现有决策体系中环境考量的不足和开展政策环评的必要性。同时，通过对典型案例的报道和成功经验的宣传，逐步培养支持政策环评的社会群体和舆论力量。待条件成熟后，再争取将政策环评要求写入法律，变成决策部门的自觉行为。尽管政策环评在我国尚处于起步阶段，但终极目标是实现常态化、规范化、标准化。为此，从培育市场主体的角度出发，政策环评的承担单位应适当向国内的环评队伍倾斜，特别是成功开展过规划环评的单位。另外，与政策环评专业化和快速化的特点相适应，政策环评在形式上可以不拘一格，既可以对政策的环境影响进行全面评价，也可以专门对某一问题开展专题评价；既可以开展政策出台前的预断性评价，也可以开展政策出台后的过程性评价或总结性评价。例如，对于可能存在重大环境风险的政策，可以开展环境风险专题评价；对于主要涉及某一环境要素的政策，可以开展针对环境要素的专题评价；对于已经导致了不良资源环境后果的政策，可以及时开展过程性和总结性评价。

参考文献

[1] 澳大利亚环境与能源部. 2016. Ownership of protected areas. http：//www. environment. gov. au/land/nrs/about-nrs/ownership，2016-10-25.

[2] 包蕾萍. 2009. 中国计划生育政策 50 年评估及未来方向. 社会科学，6：67-77.

[3] 蔡玉梅，顾林生，李景玉，等. 2008. 日本六次国土综合开发规划的演变及启示. 中国土地科学，22（6）：76-80.

[4] 曹端海. 2012. 从新加坡土地管理经验谈土地可持续利用. 中国国土资源经济，6：20-23.

[5] 陈德湖. 2004. 排污权交易理论及其研究综述. 外国经济与管理，26（5）：45-48.

[6] 陈利，毛亚婕. 2012. 荷兰空间规划及对我国国土空间规划的启示. 经济师，6：18-20.

[7] 陈利. 2012. 荷兰国土空间规划及对中国主体功能区规划的启示. 云南地理环境研究，24（2）：90-97.

[8] 陈世香，王笑含. 2009. 中国公共政策评估：回顾与展望. 理论月刊，9：135-138.

[9] 陈振明. 2002. 公共政策分析. 北京：中国人民大学出版社，5-9.

[10] 陈振明. 2003. 政策科学-公共政策分析导论. 北京：中国人民大学出版社，131-161.

[11] 邓华龙，许景文. 1988. 日本大气二氧化硫污染的控制. 上海环境科学，7（11）：8-10.

[12] 董幼鸿. 2008. 日本政府政策评价及其对建构我国政策评价制度的启示——兼析日本《政策评价法》. 理论与改革，2：71-74.

[13] 杜一平. 2013. 日本行政评价制度研究. 法制与社会，9：27-28.

[14] 范平，姚桓. 2013. 中国共产党党章教程（修订版）. 北京：中国方正出版社，201-305.

[15] 耿海清. 2014. 煤炭行业环境管理类型区划分——以内蒙古为例. 自然资源学报，29（7）：1136-1144.

[16] 国务院办公厅. 2017. 2015 年国务院大督查情况通报，http：//www. gov. cn/ducha/2016-02/04/content_5039387. htm，2017-02-09.

[17] 黄秉维. 1959. 中国综合自然区划草案. 科学通报，18：594-602.

[18] 黄季焜，胡瑞法，智华勇. 2009. 基层农业技术推广体系 30 年发展与改革：政策评估和建议. 农业技术经济，1：4-10.

[19] 黄润源，李传轩. 2008. 国外环境税法律制度的发展实践及对我国的启示. 改革与战略，24（12）：200-203.

[20] 姜欢欢，李瑞娟，高颖楠. 2015. 美国机动车污染控制经验及其对中国的启示研究. 环境污染与防治，37（10）：104-110.

[21] 姜雅. 2009. 日本国土规划的历史沿革及启示. 国土资源情报，12：2-6.

[22] 颉雅君，龚勤林. 2002. 中外区域经济政策的比较及其对西部大开发的启示. 软科学，16（4）：64-67.

[23] 鞠美庭，朱坦. 2003. 国际战略环评实践追踪及中国对规划实施环境影响评价的管理程序和技术路线探讨. 重庆环境科学，25（11）：124-127.

[24] 李国平. 2001. 日本国土结构演化及其方向的初步研究. 人文地理，16（5）：66-71.

[25] 李建军，武玉坤，姜国兵. 2009. 公共政策学. 广州：华南理工大学出版社，5-10.

[26] 李玲，刘剑筠. 2010. 中美总量控制政策对比分析. 环境科学导刊，29（6）：14 -18.

[27] 李若愚. 2016. 我国绿色金融发展现状及政策建议. 宏观经济管理，1：58-60.

[28] 李巍，王华东，姜文来. 1996. 政策评价研究. 上海环境科学，15（11）：5-7.

[29] 李晓华. 2010. 产业结构演变与产业政策的互动关系研究. 学习与探索，186（1）：139-142.

[30] 李晓亮. 2014. 我国污染物排放总量控制制度的现状与问题分析. 中国环境科学学会学术年会论文集（2014），870-876.

[31] 李珧等，敖阳利. 2017. 何谓国家公园？ http：//news. ifeng. com/a/20160503/48659296_0. shtml，2017-03-04.

[32] 林永波，张世贤. 1982. 公共政策. 台北：五南图书出版公司，4-12.

[33] 刘葭. 2009. 中国政策环境评价的现状与发展趋势. 海峡科学，32（8）：11-12.

[34] 刘舒生，林红. 1995. 国外总量控制下的排污交易政策. 环境科学研究，8（2）：56-59.

[35] 马克和. 2015. 国外水资源税费实践及借鉴. 税务研究，5：117-120.

[36] 马蔚纯，林健枝，陈立民，等. 2000. 战略环境评价（SEA）及其研究进展. 环境科学，21（5）：107-112.

[37] 毛显强，李向前，涂莹燕，等. 2005. 农业贸易政策环境影响评价的案例研究. 中国人口·资源与环境，15（6）：40-45.

[38] 毛显强，汤维，刘昭阳，等. 2010. 贸易政策的环境影响评价导则研究. 中国人口·资源与环境，20（8）：86-91.

[39] 曲格平. 2003. 《环境影响评价法》：环境问题从源头抓起. http：//www. people. com. cn/GB/huanbao/55/20030109/904644. html，2003-01-09.

[40] 全国人大环境与资源保护委员会法案室. 2003. 中华人民共和国环境影响评价法释义. 北京：中国法制出版社，18-22.

[41] 任景明，喻元秀，王如松. 2009. 中国农业政策环境影响初步分析. 中国农学通报，25（15）：223-229.

[42] 任景明. 2005. 建立政策评价制度确保科学发展. 政策前沿，6：25-30.

[43] 沈传亮. 2012. 中国现行决策体制的特点分析. 中国党政干部论坛，8：29-31.

[44] 史为磊. 2011. 决策. 北京：国家行政学院出版社，1-8.

[45] 汪劲. 2006. 中外环境影响评价制度比较研究. 北京：北京大学出版社，31-35.

[46] 王才强，沙永杰，魏娟娟. 2012. 新加坡的城市规划与发展. 上海城市规划，3：136-143.

[47] 王桂娟，许文，杨姝影，等. 2015. 强化和健全财政对绿色贷款的贴息机制. http：//greenfinance. org. cn/displaynews. php？id=201，2015-05-26.

[48] 王佳存. 2012. 从 Solyndra 看美国科技与金融结合——以美国能源贷款担保项目为例. 科技与经济，27（3）：55-58.

[49] 王开广. 2015. 我国建立各类自然保护区 2729 个. http：//legal. people. com. cn/n/2015/0522/c188502-27039230. html，2015-05-22.

[50] 王群，李玉娇. 2015. 我国的排污权交易制度研究. 法制与社会，3（下）：30-33.

[51] 王田，谢旭轩，高虎，等. 2010. 英国可再生能源义务政策最新进展及对我国的启示. 中国能源，34（6）：31-34.

[52] 王应临，杨锐，埃卡特·兰格. 2013. 英国国家公园管理体系述评. 中国园林，9：11-20.

[53] 王颖，顾朝林，李晓江. 2014. 中外城市增长边界研究进展. 国际城市规划，29（4）：1-11.

[54] 王智，蒋明康，朱广庆，等. 2004. IUCN 保护区分类系统与中国自然保护区分类标准的比较. 农村生态环境，20（2）：72-76.

[55] 魏莉华. 1998. 美国土地用途管制制度及其借鉴. 中国土地科学，12（3）：42-46.

[56] 魏淑艳. 2006. 中国的精英决策模式及发展趋势. 公共管理学报，3（3）：28-33.

[57] 温军. 2012. 中国少数民族经济政策评估（1949—2001）. 国情报告（2003，上），302-327.

[58] 吴柯君. 2011. 美国二氧化硫排放权交易机制发展进程及启示. 金融服务法评论，1：205-218.

[59] 吴玉萍，胡涛，毛显强，等. 2011. 贸易政策环境影响评价方法论初探. 环境与可持续发展，3：35-40.

[60] 伍启元. 1989. 公共政策. 香港：商务印书馆，1-10.

[61] 席承藩，张俊民. 1982. 中国土壤区划的依据与分区. 土壤学报，19（2）：97-110.

[62] 夏友照，解焱. 2011. 保护地管理类别和功能分区结合体系. 应用与环境生物学报，17(6)：767-773.

[63] 谢明. 2011. 公共政策分析概论. 北京：中国人民大学出版社，96-106.

[64] 新华网. 2014. 我国已有240处国家地质公园和29处世界地质公园. http://news.xinhuanet.com/2014-01/18/c_119026256.htm，2014-01-18.

[65] 徐鹤，朱坦，吴婧. 2003. 天津市污水资源化政策的战略环境评价. 上海环境科学，22(4)：241-245.

[66] 许建飞. 2014. 浅析20世纪英国大气环境保护立法状况——以治理伦敦烟雾污染为例. 法制与社会，5（上）：91-93.

[67] 闫静，吴晓清，罗志云，等. 2016. 国外大气污染防治现状综述. 中国环保产业，2：56-60.

[68] 俞可平. 2009. 人民至上——60年来我国的民主政治建设. 理论视野，12：31-35.

[69] 杨万忠. 1999. 经济地理学导论. 上海：华东师范大学出版社，153-168.

[70] 翟国方，刘力，王园，等. 2016. 日本空间规划体系产生、发展及其机制. http://www.docin.com/p-1136811451.html，2016-10-23.

[71] 翟国方. 2009. 日本国土规划的演变及启示. 国际城市规划，24（4）：85-90.

[72] 张可云. 2005. 区域经济政策. 北京：商务印书馆，105-109.

[73] 张茂聪，杜文静. 2013. 教育政策评估：基本问题与研究反思. 教育科学研究，10：19-24.

[74] 张慕良. 2011. 列宁设计的民主集中制是啥样. 北京日报，2011-02-28.

[75] 张书海，冯长春，刘长青. 2014. 荷兰空间规划体系及其新动向. 国际城市规划，29（5）：89-94.

[76] 郑度，葛全胜，张雪芹，等. 2005. 中国区划工作的回顾与展望. 地理研究，24(3)：330-344.

[77] 周光辉. 2011. 当代中国决策体制的形成与变革. 中国社会科学，3：101-121.

[78] 中国森林公园网. 2016. 2015年森林公园建设经营情况. http：//www.forestry.gov.cn/portal/slgy/s/2452/content-862765.html，2016-04-14.

[79] 周军英，汪云岗，钱谊. 1999. 日本的二氧化硫污染控制对策. 污染防治技术，12（1）：42-45.

[80] 周立三. 1981. 中国综合农业区划. 北京：农业出版社，1-265.

[81] 朱华晟，陈婉婧，任灵芝. 2013. 美国国家公园的管理体制. 城市问题，214（5）：89-95.

[82] 朱庆云，温旭虹，宫兰斌. 2004. 美国加州汽车排放法规和汽油标准的发展. 石油商技，22（3）：44-47.

[83] 住房和城乡建设部. 2012. 中国风景名胜区事业发展公报（1982—2012）. 北京：住房和

城乡建设部，1-17.

[84] Agena，Carl-August，Dreesmann，et al. 2009. Die Umstellung auf ökologischen Landbau als Kompensationsmaßnahme für Eingriffe in Natur und Landschaft. Natur und Recht，31（9）：594-608.

[85] Bailey R G. 1983. Delineation of ecosystem regions. Environmental management，7：365-373.

[86] Bailey R G. 1985. Ecological regionalization in Canada and the United States. Geoforum，6（3）：265-275.

[87] Barker A，Stockdale A. 2001. Out of the wideness？Achieving Sustainable Development within Scottish National Park. Journal of Environmental Management，61（3）：227-241.

[88] Barry Sadler. 2005. Strategic Environmental Assessment at the Policy Level：Recent Progress，Current Status and Future prospects. Typografie Jaroslav Lapač，1-5.

[89] Bengston David，Fletcher Jennifer，Nelson Kristen. 2004. Public Policies for Managing Urban Growth and Protecting Open Space：Policy Instruments and Lessons Learned in the United States. Landscape and Urban Planning，69：271-286.

[90] Chaker A，El-Fadl K，Chamas L，et al. 2006. A review of strategic environmental assessment in 12 selected countries. Environmental Impact Assessment Review，26：15-56.

[91] Christopher Wood. 2003. Environmental Impact Assessment：A comparative Review. UK：Pearson Education，331-333.

[92] Commission on Global Governance. 1995. Our Global Neighborhood. London：Oxford University Press，21-25.

[93] Cristina del Campo，Carlos M F，Monteiro，et al. 2008. The European regional policy and the socio-economic diversity of European regions：A multivariate analysis. European Journal of Operational Research，187：600-612.

[94] Dwyer A，Zoppou C，Nielsen O，et al. 2004. Quantifying social vulnerability：a methodology for identifying those at risk to natural hazards. Geoscience Australia Record，1-2.

[95] Fernando Loayza. 2012. Strategic Environmental Assessment in the World Bank-Learning from Recent Experience and Challenges. Washington，DC：World Bank，8-21.

[96] Fischer T B. 2007. Theory and Practice of Strategic Environmental Assessment. London：Earthscan Publication Ltd，1-11.

[97] Fredric C Menz. 2002. 美国机动车污染控制（上）. 世界环境，4：26-28.

[98] Fricke C. 2014. Spatial Governance across Border Revisited：organizational Forms and Spatial

Planning in Metropolitan Cross-border Retions. European Planning Studies，23（5）：1-22.

[99] HSE. 2017. Registration，Evaluation，Authorisation & restriction of Chemicals（REACH）. http：//www. hse. gov. uk/reach/index. htm，2017-02-21.

[100] Johnson，Kenneth P，Kort，et al. 2004. 2004 Redefinition of the BEA Economic Areas. Survey of Current Business，11：68-75.

[101] Joseph S，David H，James L，et al. 2011. Introduction to Public Policy：An Evolutionary Approach. 北京：中国人民大学出版社，97-102.

[102] Mark Tewdwr-Jones. 2012. Spatial Planning and Governance：Understanding UK Planning（Planning Environment，Cities）. Palgrave Macmillan，28（2）：341-342.

[103] Merriam C H. 2010. Life zones and crop zones of the United States. Montana：Kessinger Publishing，1-79.

[104] New Realm Media. 2017. Australian National Parks. http：//www. australiannationalparks. com，2017-02-27.

[105] Partidario R. 1999. Strategic environmental assessment：principles and potential. London：Blackwell Science/Oxford，60-73.

[106] Sadler B，Verheem R. 1996. SEA：Status，Challenges and Future Directions. Ministry of Housing，Spatial Planning and the Environment . The Hague：Report 53，5-33.

[107] Slunge D，Loayza F. 2012. Greening Growth through Strategic Environmental Assessment of Sector Reforms. Public Administration and Development，32（3）：245-261.

[108] Sybert Richard. 1991. Urban Growth Boundaries. Governor's Office of Planning and Research（California） and Overnor's Interagency Council on Growth Management，1-15.

[109] Therivel R，Wilson E，Thompson S，et al. 1992. Strategic Environmental assessment. London：Earthscan Publication Ltd，1-33.

[110] Therivel R. 2004. Strategic Environmental Assessment in Action. London：Sterling VA，1-45.

[111] UNEP. 2004. Environmental Impact Assessment and Strategic Environmental Assessment：Towards an Integrated Approach. New York：United Nations，3-34.

[112] United States Department of Agriculture（USDA）. 2014. Draft Environmental Impact Statement for Travel Management on the Tonto National Forest. Washington，DC：USDA Forest Service，13-69.

[113] Veatch J O. 1950. The Geographic Significance of the Soil Type. Annals of the Association of American Geographers，40（1）：84-88.

[114] Veatch J O. 1938. The Idea of the Natural Land Type. Soil Sci Soc，2：499-503.

[115] Verheem R，Tonk J. 2000. Strategic environmental assessment：one concept，multiple forms. Impact Assessment and Project Appraisal，18（3）：177-182.

[116] Vries D，Priemus H. 2003. Megacorridors in north-west Europe：issues for transnational spatial governance. Journal of Transport Geography，11（3）：225-233.

[117] World Bank. 2011. Strategic Environmental Assessment in Policy and Sector Reform. Washington，DC：World Bank，1-53.

[118] World Bank. 2016. Ukraine Country Environmental Analysis. Washington，DC：World Bank，1-74.

[119] World Bank. 2005. Integrating Environmental Considerations in Policy Formulation：Lessons form Policy-Based Strategic Environmental Assessment （SEA） Experience. Washington，DC：World Bank，39-56.